GAME

THEORY

本成果受到中国人民大学 2022 年度"中央高校建设世界一流大学（学科）和特色发展引导专项资金"支持

博弈论教程

从单人决策到策略互动

From Individual Choices to
Strategic Behavior

李军林 / 著

社会科学文献出版社
SOCIAL SCIENCES ACADEMIC PRESS (CHINA)

前　言

　　谈到博弈论，人们可能会立刻想到冯·诺伊曼和摩根斯坦的巨著《博弈论与经济行为》，然后就是约翰·纳什、罗伯特·奥曼、莱茵哈德·泽尔滕、罗伊德·夏普利、约翰·海萨尼等诺贝尔经济学奖得主的名字。这些诺贝尔经济学奖得主其实也都是数学家。的确，在 20 世纪 50~60 年代博弈论学科发展时期，多是数学家们在进行研究。对博弈论及其相关问题的关注主要停留在数学领域，所取得的进展也主要由数学家完成。博弈论作为一种分析工具，基于理性选择理论，研究两个或两个以上个体之间的相互作用。它以数学模型来探讨、模拟理性决策者所做的选择，运用理论化及专业化的方式来解释"行为人为什么要这样做，而不是那样做"。因此，每个理性决策者都企图预测其他人可能的选择，以确定自己的最佳决策。如何合理地对这些相互依存的策略做出选择，便是博弈论的主题。博弈论让决策科学的理论体系焕发出了强大的思想活力，对其研究领域做出了极具价值的扩展。

　　自 20 世纪 80 年代以来，博弈论逐渐成为经济学的一种重要研究方法与分析工具，几乎应用于经济学的所有领域——产业组织、国际贸易、劳动经济学，以及微观经济学与宏观经济学，大大拓展并更新了这些理论原有的研究方法。尤其是在信息经济学领域，早期理论经济学家对信息问题的处理方式就是将其搁置在脚注中，几乎不纳入主流经济学标准模型的研究视野。而博弈论的研究方法与分析工具则极大地推动了信息经济学的理论构建与发展。如果没有博弈论，难以想象会有今日信息经济学的重要成果（至少获得了两次诺贝尔经济学奖），也不会有信息经济学对经济问题的分析，甚至与经济理论的交叉融合。今天，博弈论依然是经济学家们的必备分析工具之一。许多经济学领域的重要研究成果都离不开博弈论，而且这些成果又进一步推进并完善了博弈论。1994 年、2005 年、2007 年、2012 年和 2020 年的诺贝尔经济学奖都花落博弈论研究学者就是一个很好的说明。

近年来，社会科学之间、社会科学与理工农医学科之间交叉融合，取得了一些突破性的进展，整体推进了社会科学向前发展。其中的一个特点就是现代社会科学的理论基础更加依赖个人行为理论，这恰恰为博弈论促进现代社会科学的发展提供了难得的机遇。博弈论因其研究范式的独特性，必然成为现代社会科学的重要分析工具。

本书从个人理性选择出发，结合笔者的研究偏好与兴趣，系统地给出了博弈论的基本概念、主要内容及核心思想。侧重于理论构建的设想和主要概念的解释，本书对一些重要的结果和结论给出了完整证明。

全书共 7 章，首先讨论理性行为人进行决策的基本分析框架，因为单人决策可以看作博弈的特殊情形——在对手策略既定不变时的选择，为后文博弈论的引入做了必要的铺垫与准备。其次重点介绍几种类型的博弈——完全信息静态博弈、完全信息动态博弈、非完全信息静态博弈及非完全信息动态博弈，并讨论与这四种博弈相对应的四个均衡概念——纳什均衡、子博弈完美纳什均衡、贝叶斯纳什均衡及完美贝叶斯纳什均衡。此外，本书还特别给出了一些经典实例，旨在帮助读者准确理解这四个均衡概念的联系与区别，以及区别背后的理论内核。

目　录

第1章　理性选择基础

萧伯纳曾经说过：生活不是寻找自我，而是创造自我。我们通过每天所做的选择来创造我们的生活。确实如此，我们每天都要面对各种各样的决策问题，比如早餐要吃什么，午休时间听什么音乐，周末该看什么书籍，迷路了要朝哪个方向走，企业经理可能还要就是否开展一项新的研发计划做出决策，高考生需要根据自己的成绩填报志愿。现实中的各种选择不胜枚举。

本书第 1 章介绍了理性选择基础与研究范式，从分析单人决策问题引出多人博弈的策略互动。单人决策的分析语言相对规范，可以表达各类决策问题。研究范式在选择、偏好与效用之间建立起了相对严密的逻辑联系，为分析博弈策略互动奠定了研究基础。

1.1　单人决策问题初步

尽管真实世界中存在多种多样的决策问题，既有单人决策问题，也有更为复杂的多人或集体决策问题，但需要注意的是，单人决策始终是最基础的分析起点。这是因为单人决策主要考虑一个人在进行选择时，怎样才是理性的；在多人决策的情境中，你在选择你的行为时，也知道我将独立选择某个行为（本质上这仍然是单人决策），结果将取决于双方最后的选择。本书从单人决策问题出发，引入规范的分析语言与基本假设，然后从偏好关系到收益函数，最终给出一个基准的理性选择范式。

1.1.1　行动、结果与偏好

回顾前文提到的决策问题——选择早餐、音乐和书籍，选择路的方向，决定是否启动一项研发计划，或高考生填报志愿。这些问题似乎有着共同的结构：一个个体或参与人需要从多个备选项中选择其一，每个选择都会产生某个结果，且该结果的后果将由参与人自己承担（有时候也由其他参与人承担）。事实上，这一简单的观察结果提供了一个在任何决策问题中都适用的定义。

一个决策问题（Decision Problem）由以下三个特征构成。

（1）行动（Actions）：参与人所能选择的所有备选项。

（2）结果（Outcomes）：由任一行动得到的可能后果。

（3）偏好（Preferences）：参与人对可能结果集从最想要到最不想要的排序。

偏好关系（Preference Relation）进一步描述了该参与人的偏好，$x \succeq y$ 表示 "x 至少与 y 一样好"。遵从经济学和决策理论中的传统定义，本书将偏好表达为一个 "弱" 序。也就是说，"x 至少与 y 一样好" 的陈述和 "x 优于 y 或 x 与 y 一样好" 是一致的。为了区分这两种情形，我们使用严格偏好关系（Strict Preference Relation）$x > y$ 表示 "x 严格优于 y"，以及无差异关系（Indifference Relation）$x \sim y$ 表示 "x 与 y 一样好"。

需要注意的是，很多决策问题并不一定像选择吃什么早餐那样行动与结果是相同的。例如，一起聚餐的朋友喝多了，你需要决定是任其违法醉驾回家还是帮他打车回家。前者的结果必然是发生违法犯罪行为甚至交通事故（因为他确实是烂醉），而帮他打车的结果则是他安全到家。对于这个决策问题，参与人的行动和结果就不再相同。以上例子中，行动集都是一个有限集，但是在有些情况下我们会有无穷多个可供选择的行动。进一步地，所选择的行动又会产生无穷多的结果。例如，期末考试时，给你两个小时的时间做完一份数学试卷。由你自己来决定用多长时间完成这份试卷，以及是否提前交卷。在这种情下，你的行动集可以描述为一个区间 $A = [0, 2]$。你可以选择区间 A 中的任何行动 a。我们可以用两种方式来表示，即 $0 \leq a \leq 2$ 或者 $a \in [0, 2]$。在这个例子中，如果我们将行动等同于结果，那么结果也是 $X = [0, 2]$。显然，结果——答题时间并不是越长越好。如果你在规定的时间内认真地完成了这份试卷，那么在考场上多待一分钟都是在浪费你的休息时间。

1.1.2 从理性偏好关系到收益函数

在介绍了行动、结果、偏好及偏好关系后，我们需要对参与人思考决策问题的能力提出两个重要的假设[①]。

首先，参与人能够对结果集中的任何两个结果进行排序，即完备性假设。

完备性假设。偏好关系是完备的（Complete），即任意两个结果 x，$y \in X$ 都可以由该偏好关系进行排序，所以要么 $x \succeq y$，要么 $y \succeq x$。

其次，传递性假设可以保证一个参与人能够对结果集中的所有结果进行排序。

传递性假设。偏好关系是可传递的（Transitive），即对于任意三个结果 x，y，$z \in X$，如果 $x \succeq y$ 且 $y \succeq z$，那么 $x \succeq z$。

在某种程度上，完备性假设很容易实现。例如，现在有两种食物供你选择，你应该能够根据自身的喜好程度进行排序（也包括对两种食物的选择无差异，即你认为它们同样可口并且富有营养）；或者现在向你提供两种投资组合，你也应该能够根据自己平衡风险和收益的意愿程度来对它们进行排序。换言之，完备性假设不会让你在两个结果面前犹豫不决。

面对多个结果，完备性假设可以保证两个结果都能被排序，而传递性假设则能保证这种排序不会出现矛盾，即不会产生无法决策的循环。为观察违反传递性假设的偏好关系情况，我们考虑一个参与人严

---

① 这些假设在冯·诺伊曼和摩根斯坦的著作（Neumann and Morgenstern，1947）中也被称为"公理"，后文将会详细介绍。

格偏好牛奶（a）甚于豆浆（b），即 $a>b$；严格偏好豆浆甚于八宝粥（c），即 $b>c$；同时又严格偏好八宝粥甚于牛奶，即 $c>a$。当面对牛奶、豆浆和八宝粥任意二选一的决策问题时，比如 $A=\{a,b\}$，该参与人自然会选择他更偏爱的牛奶。但如果让他三选一时，即 $A=\{a,b,c\}$，这个可怜的家伙将无法做出选择，因为对于其中任一选择，总是存在另一个他更为偏好的选择。因此，通过要求参与人具有完备性和传递性的偏好关系，我们可以基本保证在任何结果集上，他总是可以至少选择一个最优结果——它比结果集中的其他结果更优或至少一样好。我们把满足完备性和传递性的偏好关系称为理性偏好关系（Rational Preference Relation）。决策理论和博弈论往往关注具有这种理性偏好的参与人，因为如果没有这样的偏好，我们就既不能提供预测，也无法进行规范的分析。

当我们把注意力集中在具有理性偏好的参与人身上时，不仅可以得到一个在行动上具有一致性和说服力的参与人，而且能够以一种更加友好、更具操作性的工具——收益函数（Payoff Function）来取代偏好关系。假设你在自家附近的街角开了一家奶茶店。你有三种可能的行动：选择低质量的牛奶（l），成本为 10 元，销售收入为 15 元；选择中等质量的牛奶（m），成本为 15 元，销售收入为 25 元；选择高质量的牛奶（h），成本为 28 元，销售收入为 35 元。因此，行动集 $A=\{l,m,h\}$，结果集由净利润表示，即 $X=\{5,10,7\}$，其中行动 l 获得利润 5 元，行动 m 获得利润 10 元，行动 h 获得利润 7 元。假设你是利润最大化的，因为 $10>7>5$，所以你应该选择备选项 m，得到 10 元利润。

注意，我们在以上例子中将利润最大化替代了理性偏好关系，二者是一致的。我们以一种显而易见的方式来定义利润函数（Profit Function）：每个行动 $a\in A$ 都会得到一个利润 $\pi(a)$。那么无须考虑基于利润结果的偏好关系，我们只需直接看每种行动所得到的利润，并选择最大化利润的行动即可。换言之，我们可以使用利润函数来评价行动和结果。

利润函数是参与人对其行动进行排序更加直接的方式。如果参与人具有理性偏好，那么现在的问题是：我们能否找到类似的方法来解决不关乎利润的那些决策问题呢？基于序数效用论，我们的确可以这样做，因此可以将收益函数（也称作效用函数）定义如下。

定义 1.1　函数 u：$X \rightarrow R$ 是代表偏好关系 $\succeq$ 的收益函数，若对于所有 x，$y \in X$，都有 $x \succeq y \Leftrightarrow u（x）\geq u（y）$。

这一定义是说偏好关系 $\succeq$ 可以由收益函数 u：$X \rightarrow R$ 来表示。该函数是一个实函数，对 X 中每一个选择的结果都赋予了一个实数值 $u（x）$，当且仅当该函数对排序更高的结果赋予更大的值。值得注意的是，用收益函数表征偏好关系的确很方便，但是收益值本身并无任何含义，它是一种序数构造，用于对备选项进行由最喜欢到最不喜欢的排序。因此，本书中的收益值就是微观经济学中效用论的效用值。

理性偏好关系可以用收益值来表示。用收益值来表示一个"至少一样好"和具备传递性的偏好，就是为每一个选项指派一个数字，使得当且仅当第一个选项比第二个选项更好时，它具有更高的收益值。收益值又有多种表现形式，如前文奶茶店例子中的利润。如果存在某种收益指派方式，使得所选择的选项恰好就是那些至少和其他选项具有一样高收益值的选项，那么这样的选择就是收益最大化的。

特别需要注意的是，参与人一定会有一个能表征其理性偏好的收益函数吗？我们给出两个正式的命题，以及规范且相对容易理解的证明。

命题 1.1　如果结果集 X 是有限的，那么 X 上任何理性偏好关系都可以由一个收益函数来表示。

证明：

因为偏好关系是完备且可传递的，所以我们可以找出一个最不被偏好的结果 $\underline{x} \in X$，使得其他所有结果 $y \in X$ 都至少与 $\underline{x}$ 一样好，即对于其他所有 $y \in X$，都有 $y \succeq \underline{x}$。现在定义"最劣结果等价集"X_1，它包括 $\underline{x}$ 以及与 $\underline{x}$ 无差异的结果。那么，集合 X 减去集合 X_1 后剩下的元素可以定义为"次劣结果等价集"X_2。依此类推，直到"最好结果等价集"

X_n 构造完成为止。由于 X 是有限集，且偏好关系 $\succeq$ 是理性的，所以这 n 个等价集的有限集族（Collection）必然存在。现在考虑 n 个任意值 $u_n > u_{n-1} > \cdots > u_2 > u_1$，根据以下函数对其收益赋值：对于任意 $x \in X_k$，有 $u(x) = u_k$。这一收益函数表征了偏好关系 $\succeq$。因为存在收益函数（实函数）能够表示理性偏好关系，序数效用理论给出了逻辑自洽的理性选择方案。

命题 1.2 对于任何选择集 X 而言，如果 X 上的任何偏好关系能被收益函数所表示，则该偏好为理性偏好。

命题 1.2 考虑了结果集是无限的这一情况，略做证明。

证完备性。因为 $u(\cdot)$ 是一个定义在 X 上的实函数，所以必然有：对于任何 $x, y \in X$，要么 $u(x) \geq u(y)$，要么 $u(y) \geq u(x)$。但是由于 $u(\cdot)$ 是一个能表示偏好关系的收益函数，这意味着要么 $x \succeq y$，要么 $y \succeq x$。因此，偏好 $\succeq$ 必定是完备的。

证传递性。假设 $x \succeq y$ 且 $y \succeq z$。由于 $u(\cdot)$ 代表偏好关系 $\succeq$，必然有 $u(x) \geq u(y)$ 且 $u(y) \geq u(z)$。因此，$u(x) \geq u(z)$。由于 $u(\cdot)$ 代表偏好关系 $\succeq$，这意味着 $x \succeq z$。因此，我们已经证明了 $x \succeq y$ 且 $y \succeq z$ 意味着 $x \succeq z$，这样就证明了传递性。证毕。

反之不成立，即不是所有的理性偏好都可以用收益函数表示。考虑字典序偏好关系（Lexicographic Preference Relation）。为简单起见，假设 $X = \mathbb{R}_+^2$。将 $x \succeq y$ 定义为要么 "$x_1 > y_1$"，要么 "$x_1 = y_1$ 和 $x_2 \geq y_2$"。这样的偏好关系称为字典序偏好关系。这个名字源于字典中字的排列方式。也就是说，正如英文字典中英文单词第一个字母在单词排序上具有最高优先权一样，在决定偏好排序时商品 1 也具有最高优先权。当两个商品束中商品 1 的数量相等时，商品 2 的数量决定了消费者的偏好。显然，它满足理性偏好，可以证明不存在能表示这个偏好关系的收益函数。这个结论符合直觉。在这种偏好顺序下，两个不同的商品束不可能是无差异的，无差异集是单点集。因此，在这种情形下，不同的无差异集有两个衡量维度。然而，我们要按照保序的方法为每个无差异集赋予一个不同的收益值，这些收益值却要来自实直线这一单个维度。这是不可能做到的。事实上，为了严格证明这个结论，或多或少需要进行精巧的论证。在此，我们提供了一个简略的证明。

证明：

假设存在某个收益函数 $u(\cdot)$。对于每个 x_1，我们可以选择一个有理数 $r(x_1)$，使得 $u(x_1, 2) > r(x_1) > u(x_1, 1)$。注意，由于消费者的偏好是字典序的，$x_1 > x_1'$ 意味着 $r(x_1) > r(x_1')$ [因为 $r(x_1) > u(x_1, 1) > u(x_1', 2) > r(x_1')$]。因此，函数 $r(\cdot)$ 给出了从实数集（这是个不可数集）到有理数集（这是个可数集）的一一对应，这在数学上是不可能的。因此，不存在能表示字典序偏好关系的收益函数。

为了保证收益函数的存在性，我们必须假设偏好关系是连续的（Continuous）。

定义 1.2　**X 上的偏好关系 $\succsim$ 是连续的，若 $\succsim$ 在极限运算下仍能保留。也就是说，对任何数对序列 $\{(x^n, y^n)\}_{n=1}^{\infty}$，若 $x^n \succsim y^n$ 对所有的 n 都成立，且 $x = \lim_{n \to \infty} x^n$ 和 $y = \lim_{n \to \infty} y^n$，则 $\mathbf{x} \succsim \mathbf{y}$。**

连续性是指消费者的偏好不能有"跳跃"，如不能有下列情形：消费者偏好序列 $\{x^n\}$ 中的每个元素胜于序列 $\{y^n\}$ 中的相应元素，但是在这两个序列的极限点 x 和 y 上，消费者突然偏好 y 胜于 x。

连续性概念的等价表述方法是：对于所有的 x，上轮廓集 $\{y \in X: y \succsim x\}$ 和下轮廓集 $\{y \in X: x \succsim y\}$ 都是闭集。也就是说，这两个集都包含各自的边界。定义 1.2 意味着对于任何点序列 $\{(y^n)\}_{n=1}^{\infty}$，若对于任何 n 都有 $x \succsim y^n$ 且 $y = \lim_{n \to \infty} y^n$，则 $x \succsim y$（令 $x^n = x$ 对于所有 n 成立即可）。因此，定义 1.2 中的连续性意味着下轮廓集是闭集；同样地，它也意味着上轮廓集是闭集。

字典序的偏好是不连续的。为了看清这一点，考虑消费束序列 $x^n = (1/n, 0)$ 和 $y^n = (0, 1)$。对于每一个 n，都有 $x^n > y^n$。但 $\lim_{n \to \infty} y^n = (0, 1) > (0, 0) = \lim_{n \to \infty} x^n$。换句话说，只要 x 的第一个元素（x_1）大于 y 的第一个元素（y_1），即使 $y_2 \gg x_2$，消费者也会偏好 x 胜于 y。但是只要它们的一个元素相等，那么第二个元素就决定了排序，因此在这两个序列的极限点上，消费者的偏好突然发生了转变。

可以证明，偏好的连续性足以保证存在能表示它的收益函数。事实上，它保证了连续的收益函数的存在性。

命题 1.3　若 X 上的偏好关系是连续的，则存在能表示偏好关系的连续的收益函数 $u(x)$。

证明：

令 Z 表示 $\mathbb{R}_+^L$ 中的射线（所有 L 个分量都相等的向量的轨迹），令 e 表示所有 L 个分量都为 1 的向量，则对于所有非负实数 $\alpha \geq 0$，都有 $\alpha e \in Z$。注意，对于每个 $x \in \mathbb{R}_+^L$，单调性意味着 $x \geq 0$。同时也要注意，对于任何 $\bar{\alpha}$，只要它能使得 $\bar{\alpha}e \gg x$，那么就有 $\bar{\alpha}e \succsim x$。可以证明，$\succsim$ 的单调性和连续性意味着存在唯一的 $\alpha(x) \in [0, \bar{\alpha}]$，使得 $\alpha(x)e \sim x$。

根据连续性可知，x 的上轮廓集和下轮廓集都是闭集。因此，$A^+ = \{\alpha \in \mathbb{R}_+ : \bar{\alpha}e \succsim x\}$ 和 $A^- = \{\alpha \in \mathbb{R}_+ : x \succsim \bar{\alpha}e\}$ 是非空且闭的。注意，根据 $\succsim$ 的完备性可知，$\mathbb{R}_+ \subset (A^+ \cup A^-)$。因为 A^+ 和 A^- 都是非空且闭的，加之 $\mathbb{R}_+$ 是联通的，所以 $A^+ \cap A^- \neq \Phi$。因此，存在一个实数 α，使得 $\alpha e \sim x$。而且，根据单调性可知，$\alpha_1 e > \alpha_2 e$ 意味着 $\alpha_1 > \alpha_2$。因此，最多只有一个实数能满足 $\alpha e \sim x$。这个实数便是 $\alpha(x)$。

现在我们将 $\alpha(x)$ 作为收益函数。也就是说，对于每个 x，我们都为其赋予一个收益值 $u(x) = \alpha(x)$。接下来需要检验这个函数的两个性质：一是它代表偏好 $\succsim$ [即 $\alpha(x) \geq \alpha(y) \Leftrightarrow x \succsim y$]；二是它是个连续函数。

下面证明第一个性质，即 $\alpha(x)$ 代表偏好 $\succsim$。这可以从它的构造中推出。正式地，首先假设 $\alpha(x) \geq \alpha(y)$。根据单调性可知，这意味着 $\alpha(x)e \succsim \alpha(y)e$。由于 $x \sim \alpha(x)e$ 和 $y \sim \alpha(y)e$，所以有 $x \succsim y$。其次假设 $x \succsim y$，那么 $\alpha(x)e \sim x \succsim y \sim \alpha(y)e$。根据单调性可知，必有 $\alpha(x) \geq \alpha(y)$。因此，$\alpha(x) \geq \alpha(y) \Leftrightarrow x \succsim y$。

现在证明 $\alpha(x)$ 在所有 x 上都是连续函数。也就是说，对于任何序列 $\{x^n\}_{n=1}^{\infty}$ 且 $x = \lim_{n \to \infty} x^n$，有 $\lim_{n \to \infty} \alpha(x^n) = \alpha(x)$。因此，考虑使 $x = \lim_{n \to \infty} x^n$

的一个序列 $\{x^n\}_{n=1}^{\infty}$ 。我们首先指出序列 $\{\alpha(x^n)\}_{n=1}^{\infty}$ 必定是个收敛序列。根据单调性可知,对于任何 $\varepsilon > 0$ 和使得 $\|x' - x\| \leqslant \varepsilon$ 的所有 x',$\alpha(x')$ 位于 $\mathbb{R}_+$ 的紧子集 $[\alpha_0, \alpha_1]$ 之中。因为 $\{x^n\}_{n=1}^{\infty}$ 收敛至 x,所以存在一个 N,使得对于所有 $n > N$,$\alpha(x^n)$ 都位于这个紧集中。但是位于紧集中的任何无穷序列必定有收敛的子序列。

剩下的任务是证明 $\{\alpha(x^n)\}_{n=1}^{\infty}$ 的所有收敛子序列都收敛于 $\alpha(x)$。为了看清这一点,我们采用反证法,假设不是这样,则存在某个严格递增函数 $m(\cdot)$,这个函数对每个正整数 n 指定了一个正整数值 $m(n)$,使得序列 $\{\alpha(x^{m(n)})\}_{n=1}^{\infty}$ 收敛于 $\alpha' \neq \alpha(x)$。我们首先证明 $\alpha' \neq \alpha(x)$ 产生了矛盾。注意,单调性意味着 $\alpha' e > \alpha(x) e$。现在令 $\hat{\alpha} = \frac{1}{2}[\alpha' + \alpha(x)]$。点 $\hat{\alpha} e$ 是 Z 中 $\alpha' e$ 和 $\alpha(x) e$ 的中点。根据单调性可知,$\hat{\alpha} e \sim \alpha(x) e$。因为 $\alpha(x^{m(n)}) \to \alpha' > \hat{\alpha}$,所以存在一个 $\overline{N}$,使得对于所有 $n > \overline{N}$,有 $\alpha(x^{m(n)}) > \hat{\alpha}$。因此,对于所有这样的 n,有 $x^{m(n)} \sim \alpha(x^{m(n)}) e > \hat{\alpha} e$(后面这个关系由单调性推出)。由于偏好是连续的,意味着 $x \succsim \hat{\alpha} e$。但是由于 $x \sim \alpha(x) e$,有 $\alpha(x) e \succsim \hat{\alpha} e$,这是矛盾的。排除 $\alpha' < \alpha(x)$ 的证明方法与此类似。因此,既然 $\{\alpha(x^n)\}_{n=1}^{\infty}$ 的所有收敛子序列都收敛于 $\alpha(x)$,那么有 $\lim_{n \to \infty} \alpha(x^n) = \alpha(x)$,证毕。

至此,我们可知理性偏好关系不一定都能用收益函数表示,但能用收益函数表示的偏好关系一定是理性偏好关系。引入连续性,偏好关系如果是连续的,就能用连续的收益函数表示。代表偏好关系的收益函数不是唯一的,$u(\cdot)$ 的任何严格递增变换也能代表偏好关系。如果偏好关系是连续的,则存在能代表它的某个连续收益函数。但并不是能代表连续的偏好关系的所有收益函数都是连续的,连续收益函数的任何严格递增但非连续的变换也能代表连续的偏好关系。

1.1.3 理性选择范式

理性选择理论认为,当决策者在各种潜在的行动之间进行选择时,理性会引导他选择最优行动。这一假设不仅适用于个体,而且适用于其他实体——如公司、委员会或者国家政府等。我们在前文明确了理性偏好与收益函数之间的对应关系，那么就可以给出一个理性选择的分析范式。

采用理性选择范式（Rational Choice Paradigm）时，我们实际上做了一些隐含的假设。参与人理性假设是所谓的理性选择范式的基础。

参与人充分理解决策问题，这是因为他知晓：

（1）所有可能的行动 A；

（2）所有可能的结果 X；

（3）每一个行动会如何切实地影响何种结果（将会实现）；

（4）他对结果的理性偏好（收益）。

显然，这些假设是较为严格的，几乎要求参与人知晓关于这一决策问题的一切。但对于现实中的大多数决策问题来说，全部满足以上四个假设是不可能的。尽管如此，它仍然是一个基准状态，在这一状态下，参与人总能以一种系统的、结构化的方式解决其所遇到的决策问题。如果我们放松四个假设中的任何一个，就不能再称其为理性选择。如果假设（1）未知，那么参与人可能不清楚其最优行动方案；如果假设（2）或假设（3）未知，那么参与人可能无法正确预知其行动的真正后果；如果假设（4）未知，那么参与人可能无法正确认识到决策后果对其福利的影响。

为了使理性选择范式可操作，我们必须在行动中进行选择。但我们现在只是定义了基于单人决策问题的结果而非行动的偏好以及收益函数。因此，如果我们能够将偏好定义在行动而非结果上，进而给出收益函数，那么就可以实现理性选择。尽管在一些决策问题中，如选择牛奶、豆浆还是八宝粥，行动和结果是相同的，但情况并非总是如此。我们再来看是否让你醉酒的朋友开车这个问题，其行动和结果就不相同，尽管每个行动还是只能带来一个且只有一个结果：让他酒驾会导致犯罪甚至车祸，帮他打车会让他安全到家。因此，即便偏好和收益被定义在结果上，这种在行动和结果之间的一一对应关系或函数，意味着我们也可以认为偏好和收益是定义在行动上的。此外，我们能够运用行动和结果之间的这种对应关系来定义基于行动的收益：如果 $x(a)$ 是行动 a 的结果，那么行动 a 的收益为 $v(a) = u(x(a))$，即结果 $x(a)$ 的收益。这样一来，我们就可以用 $v(a)$ 来表示行动 a 的收益①。现在，我们可以精确地定义理性参与人。

定义 1.3　面对一个决策问题，参与人有定义在行动上的收益函数 $v(\cdot)$，如果他能够选择一个行动 $a \in A$ 来最大化其收益，那么该参与人是理性的，即当且仅当 $\forall a \in A$，有 $v(a^*) \geqslant v(a)$，$a^* \in A$ 会被选中。

至此，我们将"经济人"正式地定义为：一个具有理性偏好的参与人知晓他所面对的决策问题的所有方面，而且总能从可能的行动集合中选出带给他最高收益的那项行动。以上举例的行动集多是有限的。考虑具有连续行动集的例子，假设在一次聚会上，出于社交考虑，你是否应该喝点红酒。如果你的身体状况不错，平时也喜欢喝点红酒，那么喝点红酒不仅很有滋味，而且可以放松心情，但喝太多红酒也会让你感到身体不适。现在有一瓶容量为 1 升的红酒，因此你的行动集就是 $A = [0, 1]$，这里 $a \in A$ 表示你选择喝的红酒的量。你的偏好由下面这个定义在行动上的收益函数表示：$v(a) = 2a - 4a^2$。那么，你应该喝多少红酒呢？这是一个最大化问题：

$$\max_{a \in [0,1]} 2a - 4a^2$$

取此函数的导数，并令其等于 0，可以求得该问题的解，即最优的行动选择 $a^* = 0.25$，$a^* \in [0, 1]$，这也就比两个普通玻璃杯多一点的量。

1.2　引入不确定性

我们已经引入了一种自洽且精准的分析语言来描述决策问题，但前文所举的例子，如让醉酒的朋友开车还是帮他打车、奶茶店选用怎

---

① 令 x：$A \to X$ 表示从行动映射到结果的函数，令定义在结果上的收益函数为 u：$X \to R$。我们把基于行动的收益函数定义为如下复合函数：v：$A \to R$，其中 $v(a) = u(x(a))$。

样质量的牛奶等，行动和结果之间是一一对应的。但在现实生活中，每个人时时刻刻都在与不确定性打交道。对于一个特定的行动，到底哪个结果会存在不确定性？考虑高考志愿填报的现实情境。一个高考生必须在特定时间内根据自己的高考成绩填报志愿。如果他所填报的学校往年的录取分数线远远高于他的高考成绩，那么结果有较大可能是未被录取，但也有一定的可能性因该高校"断档"而被顺利录取；如果他所填报的学校往年的录取分数线明显低于他的高考成绩，那么结果有较大可能是被顺利录取，但也有一定的可能性因该高校"热门"而未被录取。

参与人应该如何处理这种更为复杂的决策问题呢？使用诸如"这个可能会发生，那个也可能会发生"这样的语言对一个试图在其决策问题上施加某种结构的理性参与人来说并非很有帮助。我们必须引入一种方法，使得参与人能够以一种有意义（Make Sense）的方式来比较那些不确定的结果。就这种方法来说，我们要用到概率、风险和随机结果等概念，同时要描述一个框架，在这个框架中收益是被定义在随机结果之上的。

1.2.1　风险、不确定性和随机结果

为了以一种精确的方式刻画结果的不确定性，我们使用随机事件这个较容易理解的概念。奈特（Knight，1921）最早将可以通过概率刻画的随机事件称为风险（Risk），而不能通过概率刻画的随机事件称为不确定性（Uncertainty）或模糊性（Ambiguity）。对于前者，我们来看最为经典的买彩票（Lotteries）的例子。假设存在两种不同的彩票 g 和 s 可供购买：买彩票 g 有 0.25 的概率什么都得不到，有 0.75 的概率得到 10 元；买彩票 s 有 0.5 的概率什么都得不到，同样有 0.5 的概率得到 10 元。在这里，我们引入一个被称为"自然"的特殊参与人。将这些彩票看作自然所做出的选择会很有好处——自然选择了一个基于结果之上的概率分布，这一概率分布是以参与人所选择的行动为条件的。将其一般化，考虑一个具有 n 种可能结果的决策问题，$X = \{x_1, x_2, \cdots,$

x_n}，定义如下：

定义 1.4　基于结果 $X = \{x_1, x_2, \cdots, x_n\}$ 之上的简单彩票被定义为一个概率分布：$p = (p(x_1), p(x_2), \cdots, p(x_n))$。其中，$p(x_k) \geqslant 0$ 是 x_k 发生的概率，且 $\sum_{k=1}^{n} p(x_k) = 1$。

在买彩票的例子中，若参与人选择买彩票 g，则自然选择买彩票 g 的概率为：$p(10) = 0.75$ 和 $p(0) = 0.25$。同样，若参与人选择买彩票 s，则自然选择买彩票 s 的概率为：$p(10) = 0.5$ 和 $p(0) = 0.5$，二者相等。这是一个离散概率的结果不确定性情形。

接下来描述一个连续概率的结果不确定性情形。假设你在自家后院种了 10 棵桃树，收成以斤来计算。收成的好坏取决于两种投入：一是你每天给它们浇多少水；二是天气情况。你的行动集可以是 0 ~ 200 升中任意量的水（200 升可以将整个桃园浇透），因此 $A \in [0, 200]$。

这一决策的结果集可以是果实桃子的重量，这个重量不会超过 100 斤，因此 $X \in [0, 100]$。每天的温度都在发生连续性的变化。这意味着在既定的浇水量下，最终的收成也会连续变化。我们利用一个累积分布函数（Cumulative Distribution Function，CDF）给出一个一般化的定义[①]。

定义 1.5　在区间 $X = [\underline{x}, \bar{x}]$ 上的一个简单彩票是由累积分布函数 $F: X \to [0, 1]$ 给出的，其中 $F(\hat{x}) = Pr\{x \leqslant \hat{x}\}$ 是结果小于或等于 $\hat{x}$ 的概率。

在连续情形下，因为有无穷多个可能的结果，讨论收获某一确切重量桃子的概率并没有太大意义。不过讨论低于（或者高于）某一重量 x 桃子的概率还是有意义的，这个概率可以由累积分布函数 $F(x)$ [高于的概率为 $1 - F(x)$] 给出。

1.2.2　随机结果评估：与概率相关的期望收益

接下来要提出的一个问题是：面对买彩票的决策，参与人选择买

---

① 这个定义将结果集看成一个有限区间 $X = [\underline{x}, \bar{x}]$，我们可以对实数的任意子集使用相同的定义，包括实数轴 $(-\infty, +\infty)$。定义在实数轴上的彩票，其中一个例子就是正态分布。

彩票 g 还是彩票 s? 尽管结果相对于行动而言并不确定，但买彩票 g 和彩票 s 的收益还是很容易比较的，因为买两种彩票都有相同的结果集，即 10 元或 0 元。选择买彩票 g 意味着有更高的概率得到 10 元，因此可以预期任何思维正常的人都会选择买彩票 g。但如果买两种彩票的结果集不相同，我们又该如何评估随机结果呢？

对于这一问题，冯·诺伊曼和摩根斯坦（Neumann and Morgenstern，1947）最早建立了一套完整的公理体系来解决，即期望效用理论（Expected Utility Theory，EUT）。下面我们介绍这一公理体系。

前提条件是：基于简单抽签集的偏好关系必须能够扩展到更大的复合抽签集。

定义 1.6 **复合抽签是在简单抽签的基础上再抽签。**

因此，复合抽签可以表示为：

$$\hat{L} = [q_1(L_1), q_2(L_2), \cdots, q_J(L_J)]$$

其中，$q_1, q_2, \cdots, q_J$ 是非负数且加总等于 1，$L_1, L_2, \cdots, L_J$ 是 $\mathcal{L}$ 上的抽签。这意味着对每一个 $1 \leq j \leq J$，存在加总等于 1 的非负数 $(p_k^j)_{k=1}^K$，满足：

$$L_j = [p_1^j(A_1), p_2^j(A_2), \cdots, p_K^j(A_K)]$$

复合抽签在很多情况下会自然出现。举个例子，一个人根据天气情况选择上班的出行路径，雨天他走路径 1，晴天他走路径 2。走每条路径所需的时间不定，因为除了天气之外，还取决于许多其他因素。因此，"上班路上所花时间"是一个随机变量，它的值取决于抽签的抽签。明天早晨有一定的概率会下雨，此时，"上班路上所花时间"是影响路径 1 的诸多因素的概率分布；明天早晨也有一个互补的概率是晴天，此时，"上班路上所花时间"是影响路径 2 的诸多因素的概率分布。在合适的假设下，我们没有必要考虑比复合抽签更复杂的抽签（复合抽签的抽签），所有的分析都可以限于一个层次的复合。为了区分这两种类型的抽签，我们将抽签 $L \in \mathcal{L}$ 称为简单抽签，复合抽签的集合称为 $\hat{\mathcal{L}}$。

简单抽签和复合抽签的集合都取决于结果的集合 O，因此我们可以把简单抽签的集合表示为 $L(O)$，把复合抽签的集合表示为 $\mathcal{L}(O)$。为了阅读的方便，我们假定结果的集合 O 是固定的，而且在正式的表述中不写明这个依赖关系（即简单抽签和复合抽签依赖于 O）。事实上，我们所研究的空间就是复合抽签的集合，这个集合中包括简单抽签的集合 L 和结果的集合 O。

假定偏好关系定义在复合抽签的集合上，表示参与人 i 的偏好关系的效用函数是满足如下条件的一个函数 $u_i: \mathcal{L} \rightarrow \mathbb{R}$：

$$u_i(\acute{L}_1) \geqslant u_i(\acute{L}_2) \Leftrightarrow \acute{L}_1 \succsim_i \acute{L}_2, \forall \acute{L}_1, \acute{L}_2 \in \mathcal{L}$$

有了简单抽签的结果，那么 $u_i(A_k)$ 和 $u_i(L)$ 分别对应于结果 A_k 和简单抽签 L 的复合抽签的效用。

因为偏好关系是完备的，所以参与人可以确定自己对任何两个结果 A_i 和 A_j 的偏好。又因为偏好关系是可传递的，所有参与人可以对结果从最偏好到最不偏好进行排序。我们采用如下的方式来表示结果（请注意，结果的集合是有限的）：

$$A_k \succsim_i \cdots \succsim_i A_2 \succsim_i A_1$$

连续性。任何一个理智的决策者都更喜欢得到 300 元而不是 100 元，更喜欢得到 100 元而不是 0 元，也就是说：

$$300 >_i 100 >_i 0$$

对于以 0.9999 的概率得到 300 元（以 0.0001 的概率得到 0 元）和以 1 的概率得到 100 元，可以很合理地认为决策者会偏好前者；对于以 1 的概率得到 100 元和以 0.0001 的概率得到 300 元（以 0.9999 的概率得到 0 元），可以很合理地假定决策者更偏好前者。

正式地，我们可以表示为：

$$[0.9999(300), 0.0001(0)] >_i 100 >_i [0.0001(300), 0.9999(0)]$$

得到 300 元的概率越高（相应地，得到 0 元的概率越低），决策者就越偏好这个抽签。根据连续性，我们可以很合理地假定存在一个特

定的概率 p，使得决策者在确定得到 100 元和得到抽签之间是无差异的，抽签意味着以 p 的概率得到 300 元，以 $1-p$ 的概率得到 0 元：

$$100 \approx_i [p(300), (1-p)(0)]$$

具体的 p 值因人而异。进行多方投资的养老基金希望最大化预期利润，此时 p 值很可能接近 1/3。对于一个风险厌恶的人，p 值将高于 1/3；而对于一个风险喜好的人，p 值将低于 1/3。此外，即便是对同一个人，p 值的大小还取决于具体的情形。例如，一般来讲，人是风险厌恶的，p 值要高于 1/3；然而，如果这个人急需偿还 200 元的债务，100 元对于他而言于事无补，此时 p 值可能暂时低于 1/3（尽管他是一个风险厌恶的人）。公理 1.1 概括了以上例子的思想。

公理 1.1 （连续性）对于任意的三个结果 $A >_i B >_i C$，存在实数 $\theta_i \in [0, 1]$，使得：

$$B \approx_i [\theta_i(A), (1-\theta_i)(C)]$$

单调性。对于一个理性的决策者来说，他喜欢的结果出现的概率越高越好，他不喜欢的结果出现的概率越低越好。公理 1.2 概括了这个非常自然的倾向。

公理 1.2 （单调性）令 $\alpha, \beta \in [0, 1]$，假设 $A >_i B$，那么当且仅当 $\alpha \geqslant \beta$ 时下式成立：

$$[\alpha(A), (1-\alpha)(B)] \succsim_i [\beta(A), (1-\beta)(B)]$$

连续性和单调性的这两个公理意味着定理 1.1 成立。

定理 1.1 如果偏好关系满足连续性公理和单调性公理，并且 $A \succsim_i B \succsim_i C$，那么连续性公理中定义的 θ_i 是唯一的。

推论 1.1 如果 $\overset{'}{L}$ 上的偏好关系满足连续性公理和单调性公理，并且 $A_k >_i A_1$，那么对于每一个 $k=1, 2, \cdots, K$，存在唯一的 $\theta_i^k \in [0, 1]$，满足：

$$A_k \approx_i [\theta_i^k(A_K), (1-\theta_i^k)(A_1)]$$

上述推论和 $A_1 \approx_i [0(A_K), 1(A_1)]$ 以及 $A_K \approx_i [0(A_K),$

1（A_1）]意味着 $\theta_i^1 = 0$，$\theta_i^k = 1$。

公理 1.3 要说明的是，决策者对不同抽签的偏好只取决于每个结果对应的概率，而与抽签方式无关。

公理 1.3 （复合抽签的简化公理）对于每一个 $j = 1$，$\cdots$，J，令 L_j 表示简单抽签：

$$L_j = \left[p_1^j(A_1) , p_2^j(A_2) , \cdots , p_K^j(A_K) \right]$$

令 $\acute{L}$ 表示复合抽签：

$$\acute{L} = \left[q_1(L_1) , q_2(L_2) , \cdots , q_J(L_J) \right]$$

对于每一个 $k = 1$，2，$\cdots$，K，定义：

$$r_k = q_1 p_k^1 + q_2 p_k^2 + \cdots + q_J p_k^J$$

这就是复合抽签 $\acute{L}$ 的结果 A_k 出现的综合概率。
考虑如下的简单抽签：

$$L = \left[r_1(A_1) , r_2(A_2) , \cdots , r_K(A_K) \right]$$

那么 $\acute{L} \approx_i L$。

正如前文所提到的，只要两个抽签中得到各个结果的概率相同，那么这个抽签是一阶段完成还是分几个阶段进行并不重要。这是提出上述公理的动因。除了每个结果对应的综合概率外，这个公理忽略了抽签的其他方面，即没有考虑多阶段抽签可能导致的其他情况，比如多阶段抽签可能会让参与人感到紧张，从而改变了他的偏好或者变得不愿意冒险了。

独立性。我们对偏好关系的最后一个要求与下面的场景有关。假设我们用一个不同的简单抽签替代原来复合抽签中的一个简单抽签，从而得到了一个新的复合抽签。公理 1.4 要求：如果参与人认为这两个简单抽签无差异的话，那么也应该认为这两个复合抽签无差异。

公理 1.4 （独立性）假设 $\acute{L} = \left[q_1(L_1) , q_2(L_2) , \cdots , q_J(L_J) \right]$ 是一个复合抽签，M 是一个简单抽签。如果 $L_j \approx_i M$，那么：

$$\acute{L} \approx_i [\, q_1(L_1)\, ,\, q_{j-1}(L_{j-1})\, ,\, q_j(M)\, ,\, q_{j+1}(L_{j+1})\, ,\cdots,\, q_J(L_J)\,]$$

我们可以用很自然的方式将简化公理和独立性公理推广到任意层次的复合抽签（即结果的抽签的抽签……的抽签的抽签）上。根据对复合抽签的归纳，可以推导出参与人对（任何层次）的复合抽签的偏好关系取决于其对简单抽签的偏好关系。

定理 1.2 刻画的正是参与人具有线性效用函数的情形。

定理 1.2　如果参与人 i 在 $\acute{L}$ 上的偏好关系满足完备性、自反性和传递性，并且满足四个冯·诺伊曼－摩根斯坦公理（公理 1.1、1.2、1.3 和 1.4），那么这个偏好关系就可以用效用函数来表示。

在冯·诺伊曼－摩根斯坦公理下，决策者的偏好能够由特定的效用函数（每个选项的收益乘以相应的概率，然后进行加总）生成，因此可以将建立在"偏好"基础之上的选择问题转化为建立在"效用"基础之上的最大化问题。事实上，这是一种关于加权平均的直观思想。本书尝试使用一种诉诸直觉的方式来体现这一思想，从而以一种精确的方式来处理单人决策问题。为做到这一点，引入下面的定义。

定义 1.7　令 $u(x)$ 是参与人定义在结果集 $X = \{x_1,\ x_2,\ \cdots,\ x_n\}$ 上的收益函数，令 $p = \{p_1,\ p_2,\ \cdots,\ p_m\}$ 是一个定义在 X 上的彩票，其中 $p_k = Pr\,\{x = x_k\}$。定义该参与人得自彩票 p 的期望收益（Expected Payoff）为：

$$E(u(x)\mid p) = \sum_{k=1}^{n} p_k u(x_k) = p_1 u(x_1) + p_2 u(x_2) + \cdots + p_n u(x_n)$$

在这一定义下，更可能出现的收益会得到更高的权数，而不太可能出现的收益只能得到较低的权数。我们重新来看买彩票 g 还是彩票 s 的例子，首先假设该参与人的收益等于利润，因此有 $u(x) = x$。选择买彩票 g 之后，该参与人的期望收益为：

$$v(g) = E(u(x)\mid g) = 0.75 \times 10 + 0.25 \times 0 = 7.5$$

选择买彩票 s 之后，该参与人的期望收益为：

$$v(s) = E(u(x) \mid s) = 0.5 \times 10 + 0.5 \times 0 = 5$$

显然，买彩票 g 是其最优选择，这与我们前文分析的直观感受一样。考虑分布在某个区间 X 上的值的连续统代表结果这种情况，因此有相似的期望收益定义。

定义 1.8　令 $u(x)$ 表示参与人在区间 $X = [\underline{x}, \overline{x}]$ 上的结果的收益函数，该结果是由密度函数为 $f(x)$ 的累积分布函数 $F(x)$ 所确定的彩票。那么，我们可以定义该参与人的期望收益①为：

$$E(u(x)) = \int_{\underline{x}}^{\overline{x}} u(x)f(x)\,\mathrm{d}x$$

为了看一个具有连续行动和结果的例子，我们回顾种桃子的决策问题。其中，你需要选择的是浇水的量，其集合为 $A = [0, 200]$；结果是收成桃子的重量，其集合为 $X = [0, 100]$。假设给定的浇水量选择是 $a \in A$，定义在结果上的分布在数量支撑 $[0, 0.5a]$ 上是均匀的。换言之，即以 a 为条件的 x 的分布由 $x \mid a \sim U[0, 0.5a]$ 给出。例如，如果你浇了 20 升水，那么产出会均匀地分布在重量区间 $[0, 10]$ 上，其累积分布函数由 $F(x \mid a = 20) = \dfrac{x}{10}$（$0 \leq x \leq 10$）给出；而对于所有的 $x > 10$，则由 $F(x \mid a = 20) = 1$ 给出。一般来说，对于 $0 \leq x \leq 0.5a$，其累积分布函数由 $F(x \mid a) = \dfrac{2x}{a}$ 给出；而对于所有的 $x > 0.5a$，则由 $F(x \mid a) = 1$ 给出。对于 $0 \leq x \leq 0.5a$，其密度函数由 $f(x \mid a) = \dfrac{2}{a}$ 给出；而对于所有的 $x > 0.5a$，则由 $f(x \mid a) = 0$ 给出。这样一来，如果你从重量 x 中得到的收益可以由 $u(x)$ 来表示，那么你从行动 $a \in A$ 中得到的期望收益为：

$$v(a) = E(u(x) \mid a) = \int_0^{0.5a} u(x)f(x \mid a)\,\mathrm{d}x = \frac{2}{a}\int_0^{0.5a} u(x)\,\mathrm{d}x$$

---

①　一般来说，如果 $F(\cdot)$ 不可微而使得一些连续分布没有密度函数，那么其期望效用则由下式给出：$E[u(x)] = \int_{x \in X} u(x)\,\mathrm{d}F(x)$。

1.2.3　结果不确定但概率已知情形下的理性选择范式

在基准情形下，我们这样定义了一个理性参与人：他从所有可能行动集中选择最大化其收益的行动。回忆一下第 1.1.3 节中给出的四个理性选择假设，结果不确定性主要影响了其中的第三条，即要求参与人知道"每一个行动会如何切实地影响何种结果（将会实现）"。这一认识是有意义的，它可以保证参与人能够正确觉察当结果具有随机性时的决策问题，所以参与人必然能够充分理解每一个行动如何转换为定义在可能结果集上的彩票（即与概率相关的选择方案）。换言之，参与人知道通过选择行动，他正在选择彩票，而且他还确切地知晓每一个结果的概率是以其行动选择为条件的。

理解了结果不确定性情形下理性选择的条件，再将期望收益作为一种评估随机结果的方式，就可以以一种自然的方式来定义这类决策问题中的理性。

定义 1.9　面对具有定义在结果之上的收益函数 u（·）这样的决策问题，如果参与人选择行动 $a \in A$ 最大化其期望收益，那么他是理性的。也就是说，$a^* \in A$ 会被选中，当且仅当对于所有的 $a \in A$，有 $v(a^*) = E(u(x) \mid a^*) \geqslant E(u(x) \mid a) = v(a)$。

这一定义表明，该参与人理解其每一个行动的随机结果，他将会选择一个能够给他带来最高期望收益的行动。这样一来，结果不确定性情形下的理性选择仍然可以转化成一个最大化问题。

1.2.4　结果的不确定性究竟该如何描述

1954 年，莱昂纳多·萨维奇（Leonard J. Savage）出版了《统计学基础》一书，这是效用理论发展史上的一个重要里程碑。萨维奇的贡献是一般化了冯·诺伊曼和摩根斯坦的模型。在冯·诺伊曼和摩根斯坦的模型中，每个抽签中的每个结果出现的概率是"客观的"，所有参与人都知晓这些概率。当结果的出现是由抛硬币或掷骰子来决定时，他们的模型是有道理的，但是我们在现实生活中所面对的大多数情境，其概率是未知的。萨维奇指出许多事件的客观概率是未知的，主观概率才是影响个人决策的真正原因，于是尝试将决策者的信念建立在各种可能的概率分布上，提出了主观期望效用模型（Subjective Expected Utility Model，SEU 模型）。SEU 模型通过建立一系列公理对选择行为施加约束，满足此公理体系的偏好被称为"理性偏好"，基于此公理体系所做出的选择等价于一个基于主观概率的效用最大化的决策行为。萨维奇的研究使得众多学者认为决策中的信息问题已经成功解决，用主观概率描述全部不确定性事件也成为经济学的惯例。然而，也有学者质疑主观概率分布的存在性，认为 SEU 模型没有为主观概率的偏差留下空间。其中，艾尔斯伯格（Ellsberg，1961）通过摸球实验证实了主观期望效用在不确定性条件下存在悖论。

　　艾尔斯伯格摸球实验是：一个袋子中装有 90 个球，其中红球 30个，蓝球和黄球数量未知，被试者先后参与两次实验。在第一次实验中，被试者选择摸到红球获得奖励或者摸到蓝球获得奖励中的一种奖励方案；在第二次实验中，被试者选择摸到红球或黄球获得奖励或者摸到蓝球或黄球获得奖励中的一种奖励方案。对于奖励方案的选择，艾尔斯伯格观察发现大部分人在第一次实验中选择前者，而在第二次实验中选择后者。根据 SEU 模型，会依次得出红球比蓝球数量多以及红球比蓝球数量少的矛盾结果。通过艾尔斯伯格摸球实验，我们观察到决策者在两次实验下的行为模式具有显著差别，决策者似乎更喜欢风险而规避不确定性。虽然不确定性态度会影响决策者所做出的选择，但是并不意味着决策者是随机做出选择的。拥有不同不确定性态度的个体在一定信息下的选择是具有稳定性的。艾尔斯伯格摸球实验挑战了传统选择公理体系下所建立的各种模型，人们逐渐意识到概率是不满足可加性的，由此利用黎曼积分（Riemann Integral）所计算出的数学期望也没有意义。

　　为了解决这一问题，非可加容度期望效用模型（Choquet Expected Utility Model，CEU 模型）应运而生。吉尔博（Gilboa，1987）、吉尔博和施迈德勒（Gilboa and Schmeidler, 1989）、沙林和瓦克尔（Sarin and Wakker, 1992）通过对事实规律进行总结，用非可加的主观测度取代概率分布，形成了完整的 CEU 公理体系。

1.2.5 阿莱悖论：期望收益的困境

在前文详细介绍的冯·诺伊曼和摩根斯坦的期望效用理论体系中，结果的不确定性被刻画成客观风险概率，这与莫里斯·阿莱（Maurice Allais）于 1952 年发现并提出的阿莱悖论（Allais Paradox）等实际情形并不相符。接下来，我们通过一个例子来展示阿莱悖论。如表 1-1 所示，先考虑现实中 P 和 Q 两种彩票，很多人认为彩票 P 比彩票 Q 要好，即更偏好于买彩票 P（$P > Q$），原因在于：买彩票 P 不会一无所获，总是有收益的；而买彩票 Q 在获得 100 元或 150 元的概率与买彩票 P 相同的前提下，尽管有相对较高的概率（20%）获得最高奖 200 元，但也有 15% 的概率一无所获。

表 1-1 阿莱悖论举例

单位：%

奖金（元）	彩票 P	彩票 Q	彩票 P′	彩票 Q′
0		15	60	75
50	30		30	
100	30	35	5	10
150	35	30	5	
200	5	20		15

考虑 P′ 和 Q′ 两种新增的彩票，现实中很多人会认为 Q′ 比 P′ 要好，即偏好于买彩票 Q′（$Q' > P'$），原因在于：买 P′ 和 Q′ 两种彩票，大概率都是一无所获，如果买彩票 P′ 获奖，则更可能是获得 50 元；但如果买彩票 Q′ 获奖，则更可能是获得 200 元（是 50 元的 4 倍），并且就算获得最小金额的奖 100 元，也大于买彩票 P′ 更可能获得的 50 元。

那么，设预期效用函数为 $U(\cdot)$，则有：

$$U(P) = 0.3U(50) + 0.3U(100) + 0.35U(150) + 0.05U(200)$$
$$U(Q) = 0.15U(0) + 0.35U(100) + 0.3U(150) + 0.2U(200)$$
$$U(P') = 0.6U(0) + 0.3U(50) + 0.05U(100) + 0.05U(150)$$
$$U(Q') = 0.75U(0) + 0.1U(100) + 0.15U(200)$$

而且由 $P > Q$，$Q' > P'$，有 $U(P) > U(Q)$，$U(Q') > U(P')$。由 $U(P) > U(Q)$ 可知：

$$0.3U(50) + 0.3U(100) + 0.35U(150) + 0.05U(200) >$$
$$0.15U(0) + 0.35U(100) + 0.3U(150) + 0.2U(200)$$

化简得到：

$$0.3U(50) + 0.05U(150) > 0.15U(0) + 0.05U(100) + 0.15U(200)$$

对上式两边同时加上 $0.6U(0) + 0.05U(100)$ 得到：

$$0.6U(0) + 0.3U(50) + 0.05U(100) + 0.05U(150) >$$
$$0.75U(0) + 0.1U(100) + 0.15U(200)$$

上式恰好就是 $U(P') > U(Q')$，这与现实中许多人的真实选择是相悖的。

阿莱悖论意味着人们的偏好并不具备期望效用属性，违背了一致性原则。事实上，现实中无法明确得知风险概率结果（不确定性）的情境十分普遍，如国际和国内政治形势变化、金融危机爆发和股票涨跌等。就算是最优秀的经济学家，也无法准确预测 2008 年金融危机的爆发，从而各国都未能提前预防危机发生，导致国民经济受到严重影响；而最资深的股民也无法准确预测股票行情，无法事先对股票涨跌给出可靠的概率分布，只能通过有限信息进行初步预测。更重要的是，决策者必须对这些问题做出决策。直到后来赫伯特·西蒙（Herbert Simon）提出有限理性和满意即可的概念，以及丹尼尔·卡尼曼（Daniel Kahneman）与阿莫斯·特沃斯基（Amos Tversky）提出前景理论，很多决策现象才得到了更好的解释。

1.3 单人决策到多人策略互动——博弈论

单人决策问题，也可以称为个人选择问题，其核心是要研究人做出怎样的选择才是理性的。经济学理论，特别是微观经济学理论始于选择。例如，消费者与厂商的选择就构成了微观经济学中的核心概念、理论模型及相对完整的理论分析体系。单人决策问题的研究是经济学的基础，对经济学理论的设想、构建与发展具有奠基性的作用。正因如此，一些学者在对理性选择理论本身的完善方面做了许多富有建设性的工作（但其中有相当一部分被我们忽略了），为后来相关理论的发展奠定了坚实的基础。

单人决策研究有确定条件和不确定条件之分。例如，与谁共度余生，这一问题的行动与结果是一一对应的、明确的，因此是个人在确定条件下的选择问题。而是否购买中奖率为 0.5% 的彩票与是否下注赌定 2022 年世界杯冠军球队，这两个问题的行动与结果无法一一对应，其结果是一个随机事件，因此是个人在不确定条件下的选择问题。需要注意的是，在彩票选择中，概率是已知的；而在是否下赌注的决策中，概率是未知的。

我们利用可能的行动、行动和结果间的确定关系或概率关系以及决策者在可能结果上的偏好来建构单人决策问题。决策者总是会选择能给他带来最大收益的那些行动。这一基础的理性选择研究框架能给决策问题带来一种系统的、一致性的分析。然而，需要特别指出的是，在此框架内，决定福利的结果是由自身的行动和超出我们控制范围的某种随机性造成的。我们再来看前文举例的高考志愿填报的决策问题。参与人最终是否被录取，不仅取决于其自身的行动，即冒险地"高报"还是稳妥地"低报"，而且取决于其他参与人是"高报"还是"低报"。如果你"高报"了志愿学校，那么自然希望其他参与人都"低报"，这样就可以超预期地被更好的学校录取。在前文的分析中，我们把其他参与人的行动当作自然随机性的一部分来看待和处理。但对于决策主体的参与人而言，将其他参与人（对手）当作随机的"噪声"并非明智之举。就在你试图优化你的决策时，其他参与人也在这样做。每个参与人都在猜测其他参与人在干什么，然后相应地采取行动。所有的参与人都在一种策略环境中行事，彼此猜测，相互影响。这是多人的策略互动，即博弈问题。

博弈论（Game Theory）研究决策主体的行为发生直接相互作用时的决策问题（张维迎，1996）。也就是说，博弈论是一个主体，比如一个人或一个企业的选择受到其他人、其他企业选择的影响，而且反过来又影响其他人、其他企业选择时的决策问题。博弈论又称为"对策论"。现实中，人们的决策行为相互影响的例子数不胜数，我们在生活中遇到的所有事情几乎都是这样的。例如，OPEC（石油输出国组织）成员选择石油产量，寡头市场上企业选择价格和产量，等等。又如，家庭中夫妻之间的行为、国家与国家之间的关系等都是一种博弈。所以，博弈论的应用非常广泛。

博弈论可以划分为合作博弈（Cooperative Game）和非合作博弈（Non-cooperative Game）。1994 年的诺贝尔经济学奖第一次授予了三位对非合作博弈论做出奠基性贡献的学者——纳什（Nash）、泽尔腾（Selten）和海萨尼（Harsanyi）。合作博弈与非合作博弈之间的区别主要在于人们的行为相互作用时，当事人能否达成一个具有约束力的协议。如果能，就是合作博弈；反之，则是非合作博弈。例如，两个寡头企业，如果它们之间达成一个协议，联合起来最大化垄断利润，并且各自按这个协议生产，就是合作博弈。它们面临的问题是如何分享合作带来的剩余。但是如果这两个企业间的协议不具有约束力，也就是说，没有哪一方能够强制另一方遵守这个协议，每个企业都只选择自己的最优产量（或价格），则是非合作博弈。同时，应该指出的是，合作博弈强调的是团体理性（Collective Rationality），强调的是效率（Efficiency）、公正（Fairness）、公平（Equality）；非合作博弈强调的是个人理性、个人最优决策，其结果可能是有效率的，也可能是无效率的。

一般认为，博弈理论始于 1944 年由冯·诺伊曼和摩根斯坦合作撰写的《博弈论与经济行为》（*Theory of Games and Economic Behaviour*）一书的出版。20 世纪 50 年代，合作博弈发展到鼎盛期，包括纳什于 1950 年提出的"讨价还价解"（Bargaining Solution），吉利斯（Gillies）和夏普利（Shapley）于 1953 年提出的关于合作博弈中"核"（Core）、"夏普利值"（Shapley Value）的概念，以及其他一些人的贡献。可以说，20 世纪 50 年代是博弈论巨人出现的年代，同时非合作博弈论也开始创立。纳什在 1950 年和 1951 年发表了两篇关于非合作博弈的重要文章，给出了"纳什均衡"（Nash Equilibrium）的概念，塔克（Tucker）于 1950 年定义了"囚徒困境"① （Prisoners' Dilemma）。二人的著作奠定了现代非合作博弈论的基石。20 世纪 60 年代后又出现了一些重要人物。泽尔腾将纳什均衡的概念引入了动态分析，海萨尼则把非完全信息引入博弈论的研究，构建了非完全信息静态博弈模型，也为非完全信息动态博弈模型的构建奠定了基础。

本书重点讲解非合作博弈理论及其应用，非合作博弈的基本概念包括参与人、行动、策略、信息、收益函数、结果、均衡。参与人指的是博弈中选择行动以最大化自己效用的决策主体（可能是个人，也可能是团体，如国家、企业）；行动是参与人的决策变量；策略是参与人选择行动的规则，它告诉参与人在什么时候选择什么行动；信息指的是参与人在博弈中的知识，特别是有关其他参与人（对手）特征和行动的知识；收益函数是参与人从博弈中获得的收益值（效用水平），它是所有参与人策略或行动的函数，是每个参与人真正关心的；结果是指博弈分析者感兴趣的要素的集合；均衡是所有参与人的最优策略或行动的组合。上述概念中，参与人、行动、结果统称为博弈规则，博弈分析的目的就是讨论行为人在博弈中如何互动。

因此，一般从两个角度对博弈进行划分。第一个角度是参与人的

---

① 1950 年，由就职于兰德公司的梅里尔·弗勒德（Merrill Flood）和梅尔文·德雷希尔（Melvin Dresher）拟订出相关困境的理论，由顾问艾伯特·塔克（Albert Tucker）以囚徒方式阐述，并命名为"囚徒困境"。

行动顺序。从这个角度看，博弈可以划分为静态博弈（Static Game）和动态博弈（Dynamic Game）。静态博弈指的是在博弈中，参与人同时选择行动或虽非同时选择行动但行动者并不知道先行动者采取了什么具体行动；动态博弈是指参与人的行动有先后顺序，并且后行动者能够观察到先行动者所选择的行动。划分博弈的第二个角度是参与人有关其他参与人（对手）的特征、策略空间及收益函数的知识。从这个角度看，博弈可以划分为完全信息博弈和非完全信息博弈。完全信息博弈指的是每个参与人对所有其他参与人（对手）的特征、策略空间及收益函数都掌握准确的知识；否则，就是非完全信息博弈。

将上述两个角度结合起来，我们可以得到四种不同类型的博弈，即完全信息静态博弈、完全信息动态博弈、非完全信息静态博弈、非完全信息动态博弈。与上述四种博弈相对应的是四个均衡的概念，即纳什均衡（Nash Equilibrium）（Nash，1950，1951）、子博弈完美纳什均衡（Subgame Perfect Nash Equilibrium）（Selten，1965）、贝叶斯纳什均衡（Bayesian Nash Equilibrium）（Harsanyi，1967 - 1968）以及完美贝叶斯纳什均衡（Perfect Bayesian Nash Equilibrium）。表 1 - 2 概括了四种博弈及其对应的四个均衡概念，也大致反映了三位诺贝尔经济学奖得主在非合作博弈论中的贡献。

表 1 - 2　博弈的分类及其对应的均衡概念

信息	行动顺序	
	静态	动态
完全信息	完全信息静态博弈 纳什均衡 （代表人物：纳什）	完全信息动态博弈 子博弈完美纳什均衡 （代表人物：泽尔腾）
非完全信息	非完全信息静态博弈 贝叶斯纳什均衡 （代表人物：海萨尼）	非完全信息动态博弈 完美贝叶斯纳什均衡 （代表人物：泽尔腾、 克瑞普斯和威尔逊）

1.4 总结

- 一个简单决策问题包含三个部分：行动、结果和偏好。

- 满足完备性和传递性的偏好关系称为理性偏好关系。

- 理性偏好关系不一定都能用收益函数表示，但能用收益函数表示的偏好关系一定是理性偏好关系。偏好关系如果是连续的，就能用连续的收益函数表示。

- 一个理性的参与人有定义在结果上的完备性和传递性偏好，因而总能从其可能的行动中找出最优的备选项。这些偏好可以由定义在结果上的收益（或利润）函数以及相对应的定义在行动上的收益函数来表征。因此，理性参与人总是力所能及地从可能的行动集中选出能够带给他最高可能收益的那个行动。通过最大化定义在其备选行动集上的收益函数，理性参与人会选择最优决策。

- 理性选择假设：参与人充分理解决策问题，这是因为他知晓：①所有可能的行动 A；②所有可能的结果 X；③每一个行动会如何切实地影响何种结果（将会实现）；④他对结果的理性偏好（收益）。

- 放松理性选择假设中的第三条，考虑结果的不确定性，可以通过概率描述的结果不确定性称为风险，而不能通过概率刻画的结果不确定性称为不确定性，也称模糊性。

- 当理性决策者以结果上概率分布的形式对决策问题进行结构化时，其中的概率分布称为彩票。每一个彩票都可以由它为参与人提供的期望收益予以评估。理性参与人总会选择能够带给他最高期望收益的行动。

- 期望效用理论体系下，决策者的偏好能够由特定的效用函数（每个选项的收益乘以相应的概率，然后进行加总）生成，因此可以将建立在"偏好"基础之上的选择问题转化为建立在"效用"基础之上的最大化问题。

- 在结果不确定但概率已知的情形下，理性选择假设的第三条由

"每一个行动会如何切实地影响何种结果（将会实现）"放松为"参与人知道通过选择行动，他正在选择彩票，而且他还确切地知晓每一个结果的概率是以其行动选择为条件的"。

- 结果不确定情形下的理性选择仍然可以视作一个最大化问题。
- 尽管博弈论研究的是多人选择，但从方法论上看，它仍然是个人的单人选择，即单人决策。因为博弈中的每个人都将独立地选择某个行为。
- 单人决策研究有确定条件和不确定条件之分。前者的行动与结果是一一对应的、明确的，后者的行动与结果无法一一对应，其结果是一个随机事件。
- 博弈论研究决策主体的行为发生直接相互作用时的决策以及这种决策的均衡问题，有合作博弈和非合作博弈之分。
- 非合作博弈的基本概念包括参与人、行动、策略、信息、收益函数、结果、均衡。参与人指的是博弈中选择行动以最大化自己效用的决策主体；行动是参与人的决策变量；策略是参与人选择行动的规则，它告诉参与人在什么时候选择什么行动；信息指的是参与人在博弈中的知识，特别是有关其他参与人（对手）特征和行动的知识；收益函数是参与人从博弈中获得的收益值（效用水平），它是所有参与人策略或行动的函数；结果是指博弈分析者感兴趣的要素的集合；均衡是所有参与人的最优策略或行动的组合。
- 存在完全信息静态博弈、完全信息动态博弈、非完全信息静态博弈、非完全信息动态博弈四种博弈，分别对应纳什均衡、子博弈完美纳什均衡、贝叶斯纳什均衡和完美贝叶斯纳什均衡四个解的概念。

1.5　习题

1. 如果某决策者在 (x_1, x_2) 和 (y_1, y_2) 都可选的情况下选择了 (x_1, x_2)，能否断定该消费者有 $(x_1, x_2) > (y_1, y_2)$ 的偏好关系？

2. 小李的消费行动集由四种商品组合 $\{a, b, c, d\}$ 组成。他认为 a 严格偏好于 b，b 严格偏好于 c，c 严格偏好于 d，d 严格偏好于 a。

（1）请问小李的偏好满足完备性假设吗？满足传递性假设吗？小李的偏好是合理的吗？是理性的吗？请解释。

（2）能否找到一个效用函数来表示小李的偏好？如果能，请写出；如果不能，请解释。

3. 在一个自助早餐店里，一个牛肉饼价值 3 元，一个煮鸡蛋价值 1.5 元。消费者总是用钱来衡量价值。也就是说，吃第一个牛肉饼可以得到收益 7.2 元，而每加一个牛肉饼，都只能得到之前的一半价值（第二个牛肉饼带给你的价值为 3.6 元，第三个牛肉饼带给你的价值只有 1.8 元，依此类推）。同样，你吃第一个煮鸡蛋得到的收益为 2.4 元，每加一个煮鸡蛋，你的效用将减半（1.2 元、0.6 元……）。假定吃牛肉饼得到的收益不会受到吃多少个煮鸡蛋的影响，反之亦然。

（1）给定 7.5 元的预算，你可以采取的可能行动集是什么？

（2）你应当如何在这家自助早餐店里将所有钱花掉？请用理性选择的观点来论证你的答案。

（3）现在假设一个煮鸡蛋的价格提升到 2 元，你会有多少种可能的行动？相比问题（2）的答案会变化吗？

4. 回想一下本章中你需要喝多少红酒的例子。假设收益函数为 $\theta a - 4a^2$，其中 θ 是一个取决于你身体状况的参数。每个人都有一个不同的 θ 值。在整个人群中，以下几点是人所共知的：①最小的 θ 值为 0.2；②最大的 θ 值为 6；③高个子比小个子有更高的 θ 值。

（1）如果 $\theta = 1$，你该喝多少红酒？$\theta = 4$ 呢？

（2）请证明：一般来说，小个子应该比高个子少喝红酒。

（3）一个人应该喝超过 1 升的红酒吗？

5. 设一种彩票中奖 1000 元的概率为 0.2，中奖 100 元的概率为 0.5，未中奖的概率为 0.3，请计算该彩票的期望收入。若一个人对该彩票的出价超过彩票的期望收入，请写出这个人的效用函数形式（提示：形式不唯一）。

6. 考虑下列四种彩票的选择：

彩票	收益		
	10000 元	1000 元	0 元
1	0.10	0.90	0.00
2	0.20	0.60	0.20
3	0.02	0.06	0.92
4	0.01	0.09	0.90

上表矩阵中的数字表示每一种结果发生的概率（如对于彩票 1，得到 10000 元的概率为 0.10）。如果有人告诉你，他在彩票"1"与"2"之间严格偏好于"1"，在彩票"3"和"4"之间严格偏好于"3"。请说明他的选择一致吗？是理性选择吗？

7. 一个参与人现有三种可供消遣的娱乐活动——踢一场足球比赛、打一场拳击比赛，或者来一次徒步旅行，每种娱乐活动的收益取决于天气。下表给出了在两个相关天气事件中行为人的收益。

备选项	雨天的收益	晴天的收益
足球赛	1	2
拳击赛	3	0
徒步旅行	0	1

令 p 表示下雨的概率。

（1）是否存在这样一个备选项，无论 p 为多少，理性的参与人都不会选择它？

（2）作为 p 的函数的最优决策是什么？

8. 如下表所示，在圣彼得堡有这样一种掷币游戏：设定掷出正面或者反面为成功，如果游戏者第一次投掷成功，则获得奖金 2 元，游戏结束；如果游戏者第一次投掷不成功就继续投掷，如果第二次投掷成功则获得奖金 4 元，游戏结束；如果游戏者投掷不成功就一直投掷，直到投掷成功，然后游戏结束。如果第 n 次投掷成功，则获得奖金 2^n

元，游戏结束。每次掷币都需要收取 1 元的固定费用。

次数	$P(n)$	奖金（元）	期望收益
1	1/2	2	1
2	1/4	4	1
3	1/8	8	1
……	……	……	……
9	1/512	512	1
……	……	……	……
n	$1/2^n$	2^n	1

假设游戏者希望实现自己期望收益的最大化，那么他会花费多少钱去参与这个游戏？这与现实直觉相符吗？请解释。

9. 假设全球暴发了一种新型疾病，预期会令 200 万人丧生。世界各国都想尽一切办法去抗击这种疾病。终于，有两种不同的方案能够抵制这种疾病。假定这些方案的后果经过了精确的科学估计，结果如下。

方案 1：100 万人得救。

方案 2：有 1/3 的概率 200 万人得救，有 2/3 的概率无人获救。

在以上两个备选项给出后，实验发现 72% 的被试偏向方案 1，而 28% 的被试偏向方案 2。

现在将以上两种方案的表述做一下变更。

方案 1：100 万人将死去。

方案 2：有 1/3 的概率无人死亡，有 2/3 的概率 200 万人都将死去。

还会有更多的人选择方案 1 吗？请说明。

参考文献

［1］ 张维迎：《博弈论与信息经济学》，上海三联书店、上海人民出版社，1996。

［2］ Ellsberg, D., "Risk, Ambiguity, and the Savage Axioms", *Quar-*

terly Journal of Economics, 1961, 75 (4), pp. 643 – 669.

[3] Gilboa, I. , "Expected Utility with Purely Subjective Non-additive Probabilities", *Journal of Mathematical Economics*, 1987, 16 (1), pp. 65 – 88.

[4] Gilboa, I. , Schmeidler, D. , "Maxmin Expected Utility with Non-unique Prior", *Journal of Mathematical Economics*, 1989, 18 (2), pp. 141 – 153.

[5] Gillies, D. B. , "Some Theorems on N-person Games", Ph. D. Thesis, Princeton University, Department of Mathematics, 1953.

[6] Harsanyi, J. C. , "Games with Incomplete Information Played by 'Bayesian' Players", *Management Science*, 1967 – 1968, 14, pp. 159 – 182, 320 – 334, 486 – 502.

[7] Knight, F. H. , *Risk, Uncertainty and Profit*, Houghton Mifflin Company, 1921.

[8] Kreps, D. M. , Wilson, R. B. , "Sequential Equilibria", *Econometrica*, 1982, 50, pp. 863 – 894.

[9] Nash, J. F. , "Equilibrium Points in N-Person Games", *Proceedings of the National Academy of Sciences*, 1950, 36 (1), pp. 48 – 49.

[10] Nash, J. F. , "Noncooperative Games", *Annals of Mathematics*, 1951, 54, pp. 289 – 295.

[11] Neumann, J. V. , Morgenstern, O. , *Theory of Games and Economic Behavior*, Princeton University Press, 1947.

[12] Sarin, R. , Wakker, P. P. , "A Simple Axiomatization of Nonadditive Expected Utility", *Econometrica*, 1992, 60 (6), pp. 1255 – 1272.

[13] Savage, L. J. , *Foundations of Statistics*, Wiley: New York, 1954.

[14] Selten, R. , "Reexamination of the Perfectness Concept for Equilibrium Points in Extensive Games", *International Journal of Game Theory*, 1975, 4, pp. 25 – 55.

[15] Selten, R. , "Spieltheoretische Behandlung eines Oligopolmodells mit

Nach-fragetragheit", *Zeitschrift fuer die gesampte Staatswissenschaft*, 1965, 121, pp. 301 – 329, 667 – 689.

[16] Shapley, L. S., "A Value for N-Person Games", *Contributions to the Theory of Games*, 1953, 2, pp. 307 – 317.

[17] Tadelis, S., *Game Theory*: *An Introduction*, Princeton University Press, 2012.

第2章　完全信息静态博弈

在多人策略互动的博弈中，参与人都试图猜测其环境和行动如何影响自己及其对手所要面对的结果，以及理解其他参与人对这些结果的评价。这样一来，我们面临的最大困难就在于参与人如何猜测其他参与人的行动。本章从最基础的完全信息静态博弈（Static Games of Complete Information）开始讲解，重点分析策略性思考的难题。

静态，是指博弈各方"同时"且"独立"地行动，而且只选择一次。换言之，当一个参与人选择自己的行动时，不会被告知其他参与人具体选择的行动是哪一个，但是知道其他参与人可以选择的所有行动集合。一旦参与人都做出了自己的选择，这些选择会给出一个特定的结果，或者给出一个定义在结果上的概率分布。

在解释完全信息的含义之前，需要先引入共同知识（Common Knowledge）这一概念。如果每个人都知道事件 A，且每个人都知道每个人知道事件 A，依此类推，以至无穷，我们就称事件 A 是共同知识。共同知识是非常重要的。在博弈中，给定我关于你对这个博弈的理解，你如何做出你的选择。你的理解会纳入你关于我的理解的信念①中，依此类推。共同知识假设能够很好地让所有参与人以自己的能力完成这种推理。对于绝大多数博弈模型而言，如果没有共同知识，分析几乎是不可能的事情。

完全信息，即所有参与人所有可能的行动、所有可能的结果、行动的每一组合如何影响结果的实现，以及每个参与人对结果的偏好对于所有参与人来说都是共同知识。回顾第 1 章单人决策问题中的参与人理性假设，参与人充分理解决策问题，这是因为他知晓所有可能的

---

① 后文的定义 2.5 给出了对"信念"的正式定义。

行动、所有可能的结果、每一个行动会如何切实地影响何种结果（将会实现），以及他对结果的理性偏好（收益）。显然，相对于单人决策问题中的参与人理性假设，策略分析中的共同知识假设更强一些。

概括来讲，参与人之间没有行动顺序以及信息上的差别。具备这种特征的博弈称为完全信息静态博弈。因为策略是参与人根据所了解的信息选择的规则，在静态博弈中策略与行动是一致的。完全信息静态博弈只需用参与人、策略、收益这三个要素来描述。完全信息静态博弈中纳什均衡（Nash Equilibrium，NE）如何实现和求解是本章的核心内容。

2.1 预备知识

2.1.1 博弈的策略式表述

以一种简约且一般性的方法来表征博弈，有助于把握博弈的策略本质。下面给出的标准式博弈的定义就是一种极为普遍的表征方式。

定义 2.1 博弈的策略式又称为标准式（Normal Form），主要用来表示静态博弈。用 $G = \langle N, S_i, u_i \rangle$，$i=1, 2, \cdots, n$ 来表示一个博弈。

（1）参与人集合。有 n 个参与人，$N = \{1, 2, \cdots, n\}$ 为参与人的集合，可以是自然、自然人、企业、集团、国家等，即参与博弈的各方，i 表示第 i 个参与人，$-i$ 表示除参与人 i 之外的所有其他参与人。

（2）策略组合。策略可以理解为博弈参与人对对方任何行为的反应。它是一整套行动安排，是完备的，包含所有可能的情况。每个参与人可选择的全部策略的集合称为"策略集合"，分别以 $S_1, \cdots, S_{i-1}$，$S_i, S_{i+1}, \cdots, S_n$ 表示；由每个参与人 $i = 1, 2, \cdots, n$ 的策略 s_i 所构成的向量 $s = (s_1, s_2, \cdots, s_n)$ 称为一个策略组合，其中 $s_i \in S_i$，n 个参与人的策略集 $S_1, S_2, \cdots, S_n$ 的乘积集合①$S = \prod_{i=1}^{n} S_i = \{(S_1, S_2, \cdots,$

---

① 这种表述序对的方法称为笛卡尔（Descartes）乘积，又叫直积。设 A、B 是任意两个集合，在集合 A 中任意取一个元素 x，在集合 B 中任意取一个元素 y，组成一个有序对 (x, y)，把这样的有序对作为新的元素，全部有序对构成的集合称为集合 A 和集合 B 的直积，记为 $A \times B$，即 $A \times B = \{(x, y) \mid x \in A$ 且 $y \in B\}$。可以应用到 n 个集合。

S_n) | $s_i \in S_i, i = 1, 2, \cdots, n$} 称为策略组合集合。$s = (s_1, s_2, \cdots, s_n)$ 表示最后选择的具体行动，即在某一次博弈中的一个策略组合。

为方便起见，策略组合 $(s_1, s_2, \cdots, s_n)$ 可以记为 $s = (s_i, s_{-i})$，且 $s_{-i} = (s_1, \cdots, s_{i-1}, s_{i+1}, \cdots, s_n)$ 表示除参与人 i 之外的所有其他参与人的策略组合。

（3）收益函数。每个参与人的收益通过收益函数 $u_i(s_i, s_{-i})$ 来表示，参与人 $i \in N$ 的收益函数是定义在策略组合集合 S 上的实值映射：$u_i(s_i, s_{-i}) : S \to R, s \in S$。$R$ 为实数集合。收益函数 $u_i(s_i, s_{-i})$ 的定义为每个参与人 i 的收益不仅取决于自己的策略 s_i，而且取决于其他参与人 $-i$ 的策略组合 s_{-i}，参与人彼此之间的收益是相互影响和制约的。

在完全信息静态博弈中以上信息都是已知的，是共同知识。需要特别强调的是，这种表征是一般化的，它能够刻画诸多情形：每个参与人 $i \in N$ 必须同时选择一个可能的策略 $s_i \in S_i$。这里的"同时"表示每个参与人是在不知道其他参与人的选择的情况下选择策略，并不要求在同一时间进行选择，这是一种更一般意义上的决策结构。在策略选出之后，给定 $s_i(s_1, s_2, \cdots, s_n) \in R$，每个参与人可以实现其收益，其中 $(s_1, s_2, \cdots, s_n)$ 表示由参与人选出的策略组合。从现在开始，标准式博弈就是一个由参与人集合、策略组合和收益函数构成的三元组集合。为了让读者对博弈问题和博弈论有更多直觉上的理解和认识，接下来介绍一些简单但经典的博弈问题。

2.1.2 举例：田忌赛马

我国古代一个关于计谋的著名故事，讲的是齐国大将田忌的谋士孙膑如何运用计谋帮助田忌在与齐威王赛马时以弱胜强。在故事中，齐威王经常让田忌与他赛马，赛马规则如下：每次双方各出 3 匹马，一对一地比 3 场，每一场输方输 1000 斤铜给赢方。齐威王的 3 匹马和田忌的 3 匹马按实力都可以分为上、中、下三等，但齐威王的上、中、下三等马分别比田忌的上、中、下三等马略胜一筹，因为总是同等次马进行比赛，因此田忌每次都连输 3 场。实际上田忌的上等马虽然不如齐威王的上等马，却比齐威王的中等马和下等马都要好，而田忌的中等马比齐威王的下等马也要好一些，田忌每次都连输 3 场有些冤枉。后来田忌的谋士孙膑给他出主意，让他用自己的下等马对抗齐威王的上等马，上等马对抗齐威王的中等马，中等马对抗齐威王的下等马。这样，虽然第一场田忌必输无疑，但后两场都能获胜，二胜一负，田忌反而能赢齐威王 1000 斤铜。这个著名故事生动地告诉我们巧用策略有多重要，在实力、条件一定的情况下，对己方力量和有利条件的巧妙调度与运用往往会起到意想不到的效果。如果这个故事到这里结束，还只是一个单方面运用策略的简单问题。

因为只有田忌一方在安排马的出场次序方面运用策略，齐威王一方没有运用策略与田忌的策略相对抗，这并不是真正的现代意义上的博弈。实际上，一旦齐威王发觉田忌在使用计谋，明白自己为什么输钱时，必然也会改变自己 3 匹马出场的次序，以免再落入田忌的圈套，从而使双方的赛马变成具有策略依存特性的决策较量，这构成了典型的博弈问题。

此时问题变成：齐威王和田忌双方都清楚各自马的实力，即齐威王的 3 匹马分别比田忌的 3 匹马略强一些，也都明白输赢的关键是双方马的出场次序。对于齐威王来说，理想的出场次序是各场比赛己方出场马的等级与田忌方出场马的等级相同，即不管先后次序如何，只要以自己的上等马对田忌的上等马，自己的中等马对田忌的中等马，自己的下等马对田忌的下等马，就能连赢 3 场；次佳是 3 场中有一场是同等级马比赛，或者自己的下等马、上等马和中等马分别对田忌的上等马、中等马和下等马，这两种情况都能实现两胜一负，还能赢1000 斤铜；最坏情况是田忌最希望的那种，即自己的上、中、下等马分别对田忌的下、上、中等马，这样一胜两负，反而要输 1000 斤铜。齐威王的赢就是田忌的输，对齐威王最好的情况就是对田忌最坏的情况，对齐威王最坏的情况就是对田忌最好的情况。这意味着，必须规定双方在决定马的出场次序时不能预先知道对方马的出场次序，并且一旦决定，谁也不准反悔改变，否则双方都想等对方决定之后再做决定，或见到形势不利就想换马，那比赛就无法进行了。当然，齐威王也可以利用权力硬性规定必须相同等级的马进行比赛。但这时不再存在策略较量，就不再是一个博弈问题了。

齐威王与田忌赛马的故事可以表达成一个博弈问题：①有两个参与人，即齐威王和田忌；②两个参与人可选择的策略是己方马的出场次序，因为 3 匹马的出场次序共有 3！＝3×2＝6 种，因此双方各有 6 种可选择策略，如"上中下""上下中"等；③双方同时选择策略；④如果把赢 1000 斤铜记收益为 1，输 1000 斤铜记收益为 －1，则两个博弈方的收益如表 2－1 所示的收益矩阵（Payoff Matrix）中数组，每个数组表示对应行和列代表的双方策略组合下的各自收益。其中，前一个数字是齐威王的收益，后一个数字是田忌的收益。这种以数组矩阵（或者说"双矩阵"①）形式出现的收益矩阵，是表示博弈问题的一种常用方法。

表 2－1　田忌赛马博弈的收益矩阵

田忌

		上中下	上下中	中上下	中下上	下上中	下中上
齐威王	上中下	3，－3	1，－1	1，－1	1，－1	－1，1	1，－1
	上下中	1，－1	3，－3	1，－1	1，－1	1，－1	－1，1
	中上下	1，－1	－1，1	3，－3	1，－1	1，－1	1，－1
	中下上	－1，1	1，－1	1，－1	3，－3	1，－1	1，－1
	下上中	1，－1	1，－1	1，－1	－1，1	3，－3	1，－1
	下中上	1，－1	1，－1	－1，1	1，－1	1，－1	3，－3

2.1.3　举例：囚徒困境

囚徒困境是博弈论中最有名的例子之一。该问题虽然简单，却能

---

① 根据定义，在一个传统的矩阵中，对应着行列组合的每一项都必须是一个单个的数或者元素，但这里每一项都是一个有着两个元素的向量——两个参与人各自的支付。事实上，严格地说存在两个矩阵，每个参与人一个矩阵。尽管如此，本书还是称之为一个矩阵。

很好地反映博弈问题的根本特征，也是有效解释众多经济现象的基本模型。该问题提出后引发了大量的相关研究，对博弈论的发展起到了不小的推动作用。它是一个完全信息静态博弈，有两个参与人，他们是一起严重犯罪案件——武装抢劫的两个嫌疑人。现在没有足够的证据指控这两名合伙嫌犯有罪，法庭将根据两人的口供进行量刑。

（1）若一人坦白并能作证检控对方，而对方抵赖，前者因认罪态度良好被释放，后者获刑 10 年。

（2）若二人都保持抵赖（互相"合作"），因证据不足二人均获刑 1 年。

（3）若二人都选择坦白（互相"背叛"），则二人均获刑 8 年。

分别以 0 表示释放的收益，−8 表示选择坦白获刑 8 年的收益，−10表示对方坦白而自己抵赖获刑 10 年的收益，−1 表示双方均抵赖获刑 1 年的收益，则结果可以通过表 2 − 2 的收益矩阵来描述：每个单元格的序对分别表示囚徒 1 和囚徒 2 的收益。

表 2 − 2　囚徒困境博弈的收益矩阵

囚徒 2

		坦白 C	抵赖 D
囚徒 1	坦白 C	−8，−8	0，−10
	抵赖 D	−10，0	−1，−1

在这个囚徒困境博弈 $G = \langle N, S_1, S_2, u_1, u_2 \rangle$ 中，$N = \{1, 2\}$，分别表示两个囚徒，两个参与人具有相同的策略集合 $S_1 = S_2 = \{$坦白 C，抵赖 $D\}$。对于策略组合 $s = (s_1, s_2)$，$s_i \in S_i$，$i = 1, 2$，囚徒 1 的所有策略组合为 (C, C)、(C, D)、(D, C)、(D, D)，囚徒 2 的所有策略组合同样为 (C, C)、(C, D)、(D, C)、(D, D)。两个参与人的收益函数如下：

$$u_1(s_1, s_2) = \begin{cases} -8 & s_1 = C, s_2 = C \\ 0 & s_1 = C, s_2 = D \\ -10 & s_1 = D, s_2 = C \\ -1 & s_1 = D, s_2 = D \end{cases}$$

$$u_2(s_1, s_2) = \begin{cases} -8 & s_1 = C, s_2 = C \\ 0 & s_1 = D, s_2 = C \\ -10 & s_1 = C, s_2 = D \\ -1 & s_1 = D, s_2 = D \end{cases}$$

2.1.4 举例：石头剪刀布

石头剪刀布是孩子们非常喜欢玩的游戏。石头（R）压得上剪刀（S），剪刀压得上布（P），而布又压得上石头。我们令胜者的支付为 1，败者的支付为 -1，令平局时（即每个人都选择了同样的行动）每个人的支付为 0。这是一个二人博弈，$N = \{1, 2\}$，每个参与人有三个策略，$S = \{R, P, S\}$。我们已经给出了收益，那么该博弈的收益矩阵见表 2-3。

表 2-3 石头剪刀布博弈的收益矩阵

参与人 2

参与人 1	石头（R）	布（P）	剪刀（S）
石头（R）	0, 0	-1, 1	1, -1
布（P）	1, -1	0, 0	-1, 1
剪刀（S）	-1, 1	1, -1	0, 0

2.2 博弈的解

从理想的角度看，我们不仅希望能为参与人该如何行动提供建议，而且试图预测参与人会如何行动。为了做到这一点，仅仅表征博弈是不够的，需要采用某个方法来求解博弈。本节首先给出了一些标准，以便对评估各种博弈分析方法有所帮助。

解概念（Solution Concept）就是分析博弈的一种方法，目的是将所有可能结果的集合限制在那些比其他结果更合理的结果上。也就是说，我们会考虑某些关于参与人行为和信念的合理且一致的假设。这些假设可以将结果的空间分成"更可能的"和"不那么可能的"。进一步地，我们总是希望将解概念运用到一个更为广大的博弈集中，以扩大它的应用范围。对于任意一个可以作为解概念的预测之一而出现的策略组合，可以用"均衡"（Equilibrium）来表达。均衡通常被看作理论的一个真实预测。更宽泛地说，均衡是可能的预测。这是因为理论经常无法对所有现行的策略选择给出解释。在有些情况下，我们会看到同一个博弈有多个均衡预测，但有时候这也是理论的一个优点而非缺点。

2.2.1　假设与框架

为了设定均衡分析的一般背景，我们将反复梳理那些自始至终坚持的假设。

（1）参与人是"理性的"。参与人选择其行动 $s_i \in S_i$ 以最大化其收益，从而与博弈中体现的信念相一致，进而参与人了解博弈的一切——行动、结果以及所有参与人的偏好。

（2）共同知识。"每个参与人是理性的"在所有参与人之间是共同知识。

（3）自执行（Self-enforcement）。解概念的任何预测（或均衡）都必然是自执行的。这一假设将结果的集合限制在合理的结果之上。

"任一均衡都是自执行的"这一假设是非合作博弈理论的核心。纵贯本书，我们假设参与人在以下意义上从事非合作行为：每个参与人都能控制自身的行动，并且只有在他发现一个行动能带给他更大利益时才会坚持这一行动。也就是说，如果一个策略组合是一个均衡，那么我们要求给定其他人的选择后，每个参与人对自己的选择总是满意的。如果将博弈看成对环境的一个完备描述，那么自执行均衡的条件是很自然的。如果还有一些外部的其他团体可以通过势力或禁令的运用来执行策略组合，那么我们分析的这个博弈可能并没有对真正的环境给出充分的描述。在这种情况下，我们应该将第三方也作为一个参与人纳入博弈模型中，他也拥有可以执行的行动或策略。

2.2.2 解概念的评价

一旦认定了某一特定的解概念，我们就需要对这些解或预测的性质做出评价。本书引入了三个标准——存在性、唯一性和不变性，以帮助我们评价各类解概念。

（1）存在性：它的适用频率如何？一个解概念只有在它可以被运用到广泛的博弈类型上的时候才是有价值的，而不能只是局限在一个较小的、受限的博弈类型上。一个解概念应该能够进行一般性应用，而不应以一种特定的形式在特定的情境或博弈中才适用。也就是说，当将一个解概念运用到不同的博弈类型上的时候，我们要求它可以保证一个均衡解的存在。我们的目标就是寻找一个能够在众多策略性情境下适用的一般性方法。

（2）唯一性：它所限制的行为有多少？就像我们要求解概念可以被广泛应用一样，我们也希望它能够更有意义。因为它要把结果的集合限制在一个有关合理结果的更小集合上。事实上，我们可能会认为，找到一个唯一的结果作为预测是最理想的。唯一性是与存在性相对应的一个重要性质。"一切皆有可能发生"总会使得该解是可能解中的一个。显然，这个解概念毫无用处。好的解概念能够在存在性（因为存在性，解概念可以在很多博弈中使用）和唯一性（因为唯一性，我们能够施加某种智识洞见到可能发生的事情上）之间取得平衡。

（3）不变性：它对微小变化的敏感度如何？撇开存在性和唯一性不谈，不变性更为微妙。它在使一个解概念成为一个合理的解概念方面所起的作用举足轻重。也就是说，这个解概念对于博弈结构的微小变化是不会有所改变的。当然，"微小变化"这个表述需要我们加以准确界定。

评价解的结果的过程将为我们就所期待的参与人通过其心智而取得结果提供一些洞见。反过来，这些洞见也可以引导我们朝可能改变博弈环境的方向行进，以改善参与人的社会结果。对于一个结果是不是社会合意的结果，经济学家们使用了一个特定的标准。如果还有不同的结果，它可以在不损害任何其他人福利的情况下使得某些人的境况变得更好，那么现在的这个结果就不应被视为社会合意的。为研究社会科学问题，我们希望那些非社会合意的结果最好都不出现，据此引入帕累托最优的标准。这个标准与效率或"没有浪费"的思想是一脉相承的，也就是将源自既定博弈中的所有可能收益均在参与人之间进行分配。我们将此正式地写出来。

定义 2.2 策略组合 $s \in S$ 帕累托优于（Pareto Dominate）策略组合 $s' \in S$，如果 $v_i(s) \geqslant v_i(s')$，任意 $i \in N$ 且至少对于 $i \in N$ 有 $v_i(s) > v_i(s')$①。如果一个策略组合不劣于任何其他策略组合，我们就说它是帕累托最优的（Pareto Optimality）。

我们希望参与人的行为都能与帕累托标准一致，并能找到协调帕累托最优结果的方法，避免帕累托劣策略的出现。但正如我们一次又一次看到的那样，在很多博弈中这一结果是无法实现的。接下来，我们通过具体的例子求解和评价博弈的解来展示这一点。

2.2.3 理性参与人不会选择严格劣的策略

在开始分析之前，我们先引入严格劣策略、占优策略和占优均衡的定义。

定义 2.3 在标准式的博弈 $G = \langle N, S_i, u_i \rangle$ 中，令 s_i' 和 s_i'' 代表参与人 i 的两个可行策略，即 $\exists s_i', s_i'' \in S_i$，如果 $\forall s_{-i} \in S_{-i}$，有 $u_i(s_i', s_{-i}) < u_i(s_i'', s_{-i})$，对其他参与人在其策略空间 $s_i' s_i''$ 中每一组可能的策略 s_{-i} 均成立，则称策略 s_i' 相对于策略 s_i'' 是严格劣策略。

对应地，"严格优于"表示无论其他参与人的策略是什么，若策略 s 产生的收益严格大于策略 s' 产生的收益（即全为 >），那么策略 s 严格优于策略 s'。如果一个策略严格优于其他策略，那么这个策略为占优策略。当博弈各方都达到占优策略时，我们称这个均衡为占优均衡。

---

① 在这种情况下，我们也可以说 s' 帕累托劣于 s。

　　理性偏好假设的表现为博弈各方以追求效用最大化为目标。以囚徒困境为例，面对各自的处境和情形，两个囚徒会如何选择呢？我们可以知道，囚徒 1 的偏好序为 $(C, D) \succ (D, D) \succ (C, C) \succ (D, C)$，相应的效用函数和收益（根据效用函数的定义，偏好序由收益的具体实数值的序来表示）为：

$$u_1(C,D) = 0 > u_1(D,D) = -1 > u_1(C,C) = -8 > u_1(D,C) = -10$$

　　囚徒 2 具有同样的偏好关系和收益。由此，问题分析就变得简单了。在"囚徒困境"的例子中，无论囚徒 2 怎样选择，对于囚徒 1 来说，选择"抵赖 D"是严格劣策略，因为"抵赖"的收益分别为 -10 和 -1，均小于在同种情况下选择"坦白"的收益 -8 和 0，即在表 2 - 2 中第二行第一个数字分别小于第一行第一个数字。同样，对于囚徒 2 来说，选择"抵赖 D"是严格劣策略，因为"抵赖"的收益分别为 -10 和 -1，均小于在同种情况下选择"坦白"的收益 -8 和 0，即在表 2 - 2 中第二列第二个数字分别小于第一列第二个数字。

　　由于两个人都会不约而同地选择"坦白"这个优于"抵赖"的策略，因此博弈的结果出现在（坦白 C，坦白 C）这个均衡上。两个人因追求各自的效用最大化目标而分别获刑 8 年，收益为 -8，这远小于两个人均选择"抵赖"这个策略的结果，收益为 -1。

　　既然每个人都做了对于自己而言的最优选择，为什么我们称这是一个困境？答案之一是"总收益"下降了。把两个人的收益相加，可以发现这并非两个人这一团体的最佳选择。此外，在这里收益的绝对大小并不重要，重要的是它的相对大小。如果收益的相对大小不做改变，选择坦白仍是"占优策略"，那么最终双方还是都会选择坦白。

　　由于是静态博弈，两个人不能沟通；即便两个人能沟通，也不能保证有足够的"强制力"来约束各方在关键时刻不会背叛对方，所以很难出现合作的结果，除非面对重复博弈（详见第 3 章）的情况，才有可能从困境中走出来。对于任何双变量矩阵，将上例的具体收益 0，-1，-8，-10 换成任意的 T，R，P，S，只要满足 $T > R > P > S$，上述结论就依然成立，博弈均衡和收益密切相关。

我们可以断言：理性参与人不会选择严格劣的策略。

"囚徒困境"的例子让我们看到个体理性的选择结果导致集体不理性，从而导致集体利益下降，（抵赖，抵赖）的策略组合符合帕累托效率。在现实生活中，这样的博弈在教育、集体协作、军事、市场竞争和日常生活中都很常见。从集体协作的角度看，"搭便车"行为促使每个人都不愿意尽全力。一个研究团队在一起做课题，如果所有人都选择积极努力去完成，那么课题完成的效果是最好的；但是如果有人选择敷衍，有人选择积极努力，即敷衍的人"搭便车"使得积极努力的人做得更多，那么最后往往是团队中的人都选择敷衍而不愿意尽自己的全力去做好。在军事领域，军备竞赛和是否研发核武器都是经典的例子。在市场竞争方面，家电企业（如美的和海尔等）、手机企业（如苹果和华为等）、打车软件（如滴滴和优步等）、电商平台（如淘宝、京东和苏宁易购等）的"双十一"活动与"年中"大促等也都是"囚徒困境"的实例。规章、协议往往很容易被弃之不顾，每个人都想背叛对方而期望对方合作，结果就是都会背叛，于是"困境"不可避免地出现了。

接下来讨论弱占优的情况。

弱占优。无论其他参与人的策略是什么，若策略 s 产生的收益不低于 s' 的收益且至少存在两个策略收益相等（即存在 =），那么 s 弱占优于 s'。

需要注意的是，严格占优一定是弱占优，弱占优不一定是严格占优。举一个智猪博弈的例子。两头猪被关在同一个猪圈里，猪圈的一端安装了一个特制的杠杆，另一端安装了食槽。当一头猪压下杠杆时，会有 10 单位的食物进入食槽中，但压杠杆的猪会付出 2 单位的成本。如果大猪先到食槽，则小猪只能吃到 1 单位的剩饭；如果小猪先到食槽，则它能吃到 4 单位的食物。如果两头猪同时到食槽，则小猪能吃到 3 单位的食物。这样，如果采取策略组合（压杠杆，压杠杆），大猪将得到 5 单位的食物，小猪可以得到 1 单位的食物。表 2-4 展示了两头猪的收益情况。

表 2 - 4　智猪博弈的收益矩阵

		大猪	
		压杠杆	等待
小猪	压杠杆	1, 5	-1, 9
	等待	4, 4	0, 0

　　答案是大猪不压杠杆而坐享其成吗？事实并非如此。在这种情况下，"弱即力量"。因此，小猪坐享其成而大猪去压杠杆。为什么会有这样的结果呢？

　　问题在于小猪有占优策略。如果大猪压杠杆，小猪最好在食槽旁边等待，这样做不仅可以得到更多的食物，而且免去了压杠杆的消耗，小猪的收益为 4，远大于 1。如果大猪在食槽旁边等待而小猪去压杠杆，则小猪得到的收益为 - 1，小于 0。因此，若小猪是理性的，则无论大猪怎么做，都选择在食槽旁边等待。

　　由于大猪没有占优策略，所以如果小猪去压杠杆，它会在食槽旁边等待；如果小猪在食槽旁边等待，则大猪会去压杠杆。如果大猪是理性的，且相信小猪也是理性的，那么它知道小猪不会去压杠杆。在这种情况下，大猪只能自己去压杠杆。所以，如果两头猪都是理性的，并且都相信对方是理性的，那么博弈的结果就是大猪去压杠杆，小猪在食槽旁边等待。

2.2.4　严格劣策略反复消去法

　　通过前文的描述，我们知道参与人是理性的，即满足以下两个要求。

　　（1）理性参与人绝不会选择一个劣策略。

　　（2）如果一个理性参与人有严格优势策略，那么他一定会选择它。

　　自然地，我们可以利用第二个要求来定义严格优势的解概念。但其客观缺点是经常不存在优势策略解。那么，我们就必须去考虑可以应用到一个更大的博弈类型上的不同的替代性方法，换一个角度说，即参与人对相对劣策略的选择考虑。思考第一个要求——理性参与人绝不会选择一个劣策略，因为参与人无法针对其他参与人的策略选择使自己这一劣策略成为最优行动。博弈的核心思想就是换位思考、由己推人、由人推己的过程。先来看共同知识的概念。

首先，如果（a）参与人 1 是理性的，可以排除掉参与人 1 选择 Z 的可能性。

其次，如果（b）参与人 2 是理性的，并且他知道（a），可以判断出参与人 2 不会选择 B。

再次，如果（c）参与人 1 是理性的，并且他知道（b），可以保证参与人 1 不会选择 X。

最后，如果（d）参与人 2 是理性的，并且他知道（c），可以确定参与人 2 不会选择 A。因此，为了预测到（y，C）会被选择，只要满足：

（1）参与人 1 和 2 都是理性的；

（2）参与人 1 和 2 知道双方都是理性的；

（3）参与人 1 和 2 知道"双方知道双方都是理性的"；

（4）参与人 1 和 2 知道双方都知道"双方知道双方都是理性的"；

……

将（1）至（4）外推到无穷，得到的这个无界的命题链就是理性共同知识（Common Knowledge of Rationality）（Aumann，1976）。

理性共同知识描述了这样一种状态：在任何更高的层次上，不仅所有参与人知道参与人是理性的，而且他本人知道自己被知道是理性的。也就是说，在"第二层"上被知道（指参与人知道什么是对手所知道的知识），在"第三层"上被知道（意味着每个参与人都知道对手知道他自己所知道的知识），等等。这种逐层升高的"知道"与"被知道"可以表述为理性的阶数，即"我知道""他知道我知道""我知道他知道我知道"等，直到无穷。通常来说，理性人的阶数为无穷阶，即理性是无穷递归的，这些无穷递归可以得到一个极限，即一个确定的结果（理性人）。但并非所有的无穷递归都能得到这样的结果，比如华容道，华容道中无均衡，为发散博弈，结果由运气随机决定。

接下来我们举一个例子（见表 2 - 5）。

表 2 – 5　换位思考的收益矩阵

参与人 2

		A	B
参与人 1	A	0，0	-1，-1
	B	-3，3	1，1

在表 2 – 5 中，参与人 1 没有优势和劣势策略，因为参与人 1 选择 B 策略时收益 $-3 < 0$ 而 $1 > -1$，选择 A 策略时也同样面临无法比较优劣的问题，请思考一下参与人 1 会怎样选择。

理性的参与人 1 在只考虑自己收益的情况下是无法做出明确判断的。但此时，只要考虑一下参与人 2 的情况就会做出自己的判断：选择 A 策略。因为对于参与人 2 来说，B 策略是严格劣策略，理性的参与人是不会选择 B 策略的，B 策略首先会被剔除（见表 2 – 6）。

表 2 – 6　换位思考（消除严格劣策略）的收益矩阵

参与人 2

A

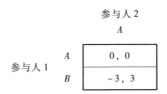

基于此，当参与人 1 能够如此推断时也会选择 A 策略，即结果是 $(A，A)$，收益是 $(0，0)$。

严格劣策略反复消去法的思路是：找到某个参与人的严格劣策略（假定存在），把这个严格劣策略消去，重新构造一个不包含已剔除策略的新的博弈，继续在这个新的博弈中剔除某个参与人的劣策略，一直重复这个过程，直到只剩下唯一的策略组合为止。剩下的唯一的策略组合就是这个博弈的均衡解。如果这种唯一的策略组合是存在的，我们就说该博弈是重复剔除可解。

我们再来看下面的一个例子（见表 2 – 7）。

表 2 – 7　原始博弈的收益矩阵

参与人 2

		A	B	C
	X	2，7	2，0	2，2
参与人 1	Y	7，0	1，1	3，2
	Z	4，1	0，4	1，3

在表 2 – 7 中，两个参与人同样不存在明显占优的策略。但对于参与人 1 的理性假设，Z 策略相对于 Y 策略是严格劣策略，无论参与人 2 怎样选择，参与人 1 选择 Z 策略的各项收益均小于选择 Y 策略的各项收益。同样，参与人 2 也是理性的，按此思路考虑问题也会预测到参与人 1 拒绝选择 Z 策略，一旦上述情况发生，则 Z 策略被剔除，博弈就简化为表 2 – 8。

表 2 – 8　第一次剔除严格劣策略后的收益矩阵

参与人 2

		A	B	C
	X	2，7	2，0	2，2
参与人 1	Y	7，0	1，1	3，2

继续分析表 2 – 8，对于参与人 2 来说，B 策略严格劣于 C 策略，因此参与人 1 知道参与人 2 是理性的，就会排除参与人 2 选择 B 策略的可能性。这里需要特别注意的是，我们认定参与人 1 能够如此推断，暗含着参与人 1 有一个信念，那就是知道参与人 2 知道参与人 1（自己）是理性的。一旦 B 策略被剔除，博弈便如表 2 – 9 所示。

表 2 – 9　第二次剔除严格劣策略后的收益矩阵

参与人 2

		A	C
	X	2，7	2，2
参与人 1	Y	7，0	3，2

在表 2 - 9 中，参与人 1 有新的严格劣策略 X，因此当参与人 2 知道参与 1 是基于表 2 - 8 的收益矩阵考虑问题时，参与人 2 就会排除参与人 1 选择 X 策略的可能性。同样，暗含着参与人 1 知道"参与人 2 知道参与人 1 是理性的"。一旦 X 策略被剔除，参与人 2 便面临如表 2 - 10 所示的收益矩阵。

表 2 - 10　第三次剔除严格劣策略后的收益矩阵

	参与人 2	
	A	C
参与人 1　Y	7, 0	3, 2

在表 2 - 10 中，参与人 2 当然会选择 C 策略，因为他能得到最大收益。由此，通过不断地剔除严格劣策略，可以得到结论：只有（Y, C）能够（或者应该）被选择。基于以上参与人理性假设的分析，这是唯一结果。

严格劣策略反复消去法并不能保证对所有的博弈结果进行求解，有些博弈没有可以剔除的严格劣策略。我们通过一个经典性别战的例子来展示（见表 2 - 11）。

表 2 - 11　性别战之一的收益矩阵

		男孩	
		歌剧	足球
女孩	歌剧	2, 1	0, 0
	足球	0, 0	1, 2

这个例子描述了一起约会的男孩和女孩，男孩更偏爱"足球"（收益为 2），女孩更偏爱"歌剧"（收益为 2），每个人对分开表示同等的不愿意（收益均为 0），即更偏好在一起而不是单独行动或者取消约会。这个博弈就不能通过剔除的方法来求解，那么就需要更强的假设和定义来分析。这就是 2.4 节将要介绍的纳什均衡。

2.3 信念与最优反应

博弈与单人决策问题的不同在于，在单人决策问题中，一旦你理解了行动、结果和决策问题的偏好，就可以选出你认为的最优或者最佳行动。然而，在一个博弈中，你的最优决策不仅取决于博弈的结构，而且取决于其他参与人的行动。对于策略是离散的博弈，可以通过依次检验每个策略来观察是否满足博弈均衡的条件；但对于连续或者复杂的策略，我们又该如何求解呢？

在介绍纳什均衡前，我们有必要给出最优反应和最优反应函数的一般定义。

考虑参与人 i，给定其他所有参与人 $-i$ 的行动，参与人的各种行动产生不同的收益，我们感兴趣的是最有利行动，即最优反应行动——给参与人 i 带来最大收益的那些行动。

在性别战的例子中，如果男孩选择"歌剧"，女孩的最优反应行动是选择"歌剧"；如果男孩选择"足球"，女孩的最优反应行动是选择"足球"。针对男孩的每一个行动，女孩都有单一的最优反应行动。根据对称性，男孩针对女孩的每一个行动的最优行动同样如此。在有些博弈中，参与人的最优行动可能不止一个。这种非单值的情况就用对应来表示。

当其他参与人的策略为 s_{-i} 时，参与人 i 的最优行动集合记为 $B_i(s_{-i})$，比如在性别战的例子中 B_1（歌剧 s_2）= {歌剧} s_1，B_1（足球 s_2）= {足球} s_1。正式地，给出定义 2.4 如下。

定义 2.4　定义映射 $B_i(\cdot)$，$i \in N$ 为：

$$B_i(s_{-i}) = \{s_i \in S_i \mid u_i(s_i, s_{-i}) \geqslant u_i(s_i', s_{-i}), \forall s_i \in S_i\}$$

对于参与人 i，当给定其他参与人的行动 s_{-i} 时，$B_i(s_{-i})$ 中的任何一个行动至少和参与人 i 的其他每一个行动一样好。$B_i(\cdot)$ 为参与人 i 的最优反应对应[①]（Best-response Correspondence）。

---

① 最优反应函数是特殊的、点对点的最优反应对应。

在这里，B_i（·）是集值函数，是定义在从一个集合到另一个集合的映射。具体来说，就是把非 $-i$ 参与人的行动 s_{-i} 构成的集合映射到参与人 i 的最优反应行动 s_i 的集合中去。这个定义对于策略行为和理性概念的重要性怎么强调都不为过。事实上，理性意味着给定一个参与人对其对手行为的信念，他必须就其信念做出最优行动选择。也就是说，一个相信其对手在采取某个策略 $s_{-i} \in S_{-i}$ 的理性参与人总会针对 s_{-i} 选择一个最优反应。

设 $s_i{}'$ 是参与人 i 针对其对手采取 $s_{-i}{}'$ 策略的最优反应，我们暂且假定对于 i 的对手可以采取的其他行动组合而言 $s_i{}'$ 不是最优反应。一个理性参与人 i 何时会选择采取 $s_i{}'$ 呢？答案可以直接从理性中得到：他只有在其关于其他参与人的行为之信念为 $s_i{}'$ 的使用提供了合理基础时才采取 $s_i{}'$，或者说只有在他相信其对手会采取 $s_{-i}{}'$ 时才会采取 $s_i{}'$。

引入信念以及体现为对信念的最优反应的行动等概念对策略行为的分析极为重要。而如果一个参与人足够幸运，总是在他有严格优势策略的博弈中采取行动，那么他关于其他人行为的信念就没有用武之地了。该参与人的严格优势策略是其最优反应。这一点独立于其对手的行动，因此它总是一个最优反应。但是，如果没有严格优势策略存在，参与人必须扪心自问："我认为对手将会做什么？"这个问题的答案应该可以指导他的行为。

为了让这类推理更加准确，我们需要定义参与人的信念。在一个定义明确的博弈中，参与人所应思考的唯一问题就是他推断对手在做什么。因此，我们给出如下定义。

定义 2.5　参与人 i 的信念（Belief）就是其关于对手所有可能选择策略的一个组合（One Profile）s_{-i}，$s_{-i} = (s_1, \cdots, s_{i-1}, s_{i+1}, \cdots, s_n)$ 表示除参与人 i 之外其他参与人的策略组合。

给定一个参与人关于其对手策略的一个特定的信念，他将能够就该信念形成一个最优反应。参与人针对其对手特定策略的这一最优反应可以是唯一的，就像前文所列举的那些博弈那样。还是以性别战博弈为例。当男孩相信女孩打算去看歌剧时，他唯一的最优反应也是去看歌剧。同样，如果他相信女孩会去看足球赛，那么他也应该去看足球赛。对于每一个独一无二的信念，总是存在一个最优反应。因此，我们可以将理性参与人当成他拥有一本食谱书，里面像下面这样列了一张表：如果我认为对手选择 s_{-i}，那么我应该选择 s_i；如果我认为对手选择 s_{-i}'，那么我应该选择 s_i'……这张表应该一直持续下去，直到它穷尽了参与人 i 的对手所能选择的所有策略。如果我们把这张最优反应表看成一个计划，那么这个计划就把信念映射到了行动的一个选择上，这一行动的选择必然是对该信念的最优反应。我们可以把它看成参与人 i 的最优反应函数。

然而，可能在一些博弈中参与人对某些信念有不止一个最优反应策略。我们不能将从参与人对手的策略 S_{-i} 映射到参与人 i 的行动上的最优反应看成一个函数，因为函数的定义仅适合于只有一个行动是最优反应的情况。因此，我们给出如下定义。

定义 2.6 参与人 i 对每一个 $s_{-i} \in S_{-i}$ 的最优反应对应选出了一个子集 $BR_i\ (s_{-i})\ \subset S_i$，其中每一个策略 $s_i \in BR_i\ (s_{-i})$ 都是 s_{-i} 的一个最优反应。

也就是说，给定参与人 i 关于其对手 s_{-i} 的一个信念，针对 s_{-i} 他所有可能的最优反应策略可以用 $BR_i(s_{-i})$ 来表示。如果针对 s_{-i} 他有唯一一个最优反应，那么 $BR_i(s_{-i})$ 将只包含来自 S_i 的唯一一个策略。

定义了根据对手的选择的单方最优行动，当所有参与人的最优反应行动凑在一起时，会是什么结果呢？我们来看博弈论中最重要的概念之一——纳什均衡。

2.4 纳什均衡

各种非合作博弈模型的概念都是建立在纳什均衡基础之上的。本节介绍纳什均衡的定义、性质、求解的方法，它是博弈论的重要基础。根据理性假设，每个参与人都会选择最优的可行性策略。一般地，在博弈中，任何已知的参与人的最优行动依赖于其他参与人的行动。必须对其他参与人的行动形成一个"信念"。进一步地，理性的基本假设在某种意义上可以理解为参与人以其对对手做法的期望（或信念）为基础来最大化各自的期望收益。

纳什均衡有两个必要条件，具体如下。

（1）给定一些关于对手所采取策略的明确信念，参与人的策略是最优反应。

（2）每个参与人持有的信念必须是对对手实际采取策略的一个精确的事先预测。

正是这种行动与预测的一致性导致的封闭性产生了纳什均衡。纳什均衡中所有参与人都有效用最大化策略。参与人都是理性的，并且信念是正确的。更一般地，参与人有两个基本动机。

（1）不会偏离。参与人都不会改变自己的策略，也不会反悔。如果其他人不改变，自己改变没有任何好处，没有必要反悔。

（2）自我实施的信念，即参与人自己一定会这么做。

这个策略组合构成了一个纳什均衡。通俗地讲，给定你的策略，我的策略是最好的策略；给定我的策略，你的策略也是最好的策略。也就是说，双方在给定的策略下不愿意调整自己的策略。纳什均衡既符合直觉又具有普适性，因此被广泛采用。

2.4.1　纳什均衡的定义

定义 2.7　**在 n 个参与人的博弈 $G = \langle N, S_i, u_i \rangle$ 中，称策略组合 $s^* = (s_1^*, \cdots, s_i^*, \cdots, s_n^*)$（其中 $s_i^* \in S_i$, $s_{-i}^* \in S \setminus S_i$）对于 $\forall_i$ 为 G 的一个纳什均衡。如果对于 $\forall i \in N$, s_i^* 是 i 在对手策略组合为 $s_{-i} = s_{-i}^*$ 条件下参与人 i 的最优反应策略，即 $u_i(s_i^*, s_{-i}^*) \geq u_i(s_i, s_{-i}^*)$ 对于 $\forall s_i \in S_i$ 成立，也就是说 s_i^* 是以下最优化问题的解：**

$$\max_{s_i \in S_i} u_i(s_i, s_{-i}^*)$$

纳什均衡的定义用来模拟参与人之间的稳定状态，具有理性的参与人 i 会选择纳什均衡中的策略 s_i^*，因为他能够预期对手会选择 s_{-i}^*，而 s_i^* 是关于 s_{-i}^* 的最优反应。那么，对手为什么会选择 s_{-i}^* 呢？因为如果对手不选择 s_{-i}^*，则参与人 i 选择 s_i^* 可能会使对手的收益下降。这样，信念一致性决定 $s^* = (s_1^*, \cdots, s_i^*, s_n^*)$ 是纳什均衡。

当所有参与人的最优反应行动凑在一起时，每个参与人的行动是关于其他参与人行动的最优反应。正式地，我们再用最优反应函数来定义纳什均衡。

定义 2.8 策略组合 s^* 是纳什均衡，当且仅当每个参与人的行动是对其他参与人行动的最优反应：$s_i^* \in BR_i \left(s_{-i}^* \right)$，$\forall_i$。当最优反应行动映射是单值时，记 $BR_i \left(s_{-i} \right) = \{ br_i \left(s_{-i} \right) \}$，可以等价地表示为：$s_i^* = br_i \left(s_{-i}^* \right)$。

当 $n = 2$ 时，参与人 1 和 2 满足以下条件：

$$\begin{cases} s_1^* = br_1(s_2^*) \\ s_2^* = br_2(s_1^*) \end{cases}$$

(s_1^*, s_2^*) 是纳什均衡，即参与人 1 的行动 s_1^* 是对参与人 2 的行动 s_2^* 的最优反应，并且参与人 2 的行动 s_2^* 是对参与人 1 的行动 s_1^* 的最优反应。

根据最优反应函数与纳什均衡的关系，可以求解纳什均衡：①求每个参与人的最优反应函数；②求解满足定义 2.7 的具体行动。联立方程的解。

假设有两个参与人的情形，s_1、s_2 表示各自的策略；BR_1 表示参与人 1 针对参与人 2 的策略的最优反应函数，即已知参与人 2 的策略，参与人 1 的选择策略；BR_2 表示参与人 2 针对参与人 1 的策略的最优反应函数，即已知参与人 1 的策略，参与人 2 的选择策略；交点 (s_1^*, s_2^*) 即均衡点，两个参与人同时达到最优（见图 2 - 1）。

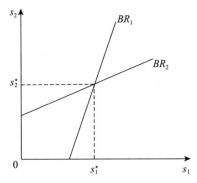

图 2 - 1 最优反应函数与纳什均衡

2.4.2　纳什均衡的求解

接下来，本书将通过几个例子来帮助大家理解和求解纳什均衡。首先，需要指出的是，一些博弈是可以通过定义求解纳什均衡的。例如，在一条道路上两辆车相向行驶。若两车都坚持不转向，结果是两车相撞，收益均为 0；若两车均转向，收益均为 2；若一车转向而另一车坚持不转向，则转向的车收益为 1，不转向的车收益为 3（可认为先转向的车由于被人视为"怯懦"而降低了收益）。收益矩阵见表 2 - 12。

表 2 - 12　车辆对撞的收益矩阵

司机 2

		转向（A）	坚持（B）
司机 1	转向（A）	2，2	1，3
	坚持（B）	3，1	0，0

（A，B）、（B，A）是纳什均衡。此时，他们各自的对手的行动与其预期一致。因此，没有人有动机改变策略。我们直接利用定义来验证（A，B）、（B，A）是纳什均衡。

证明（B，A）：$\begin{cases} u_1(B, A) \geqslant u_1(A, A) \\ u_2(B, A) \geqslant u_2(B, B) \\ u_1(B, A) \geqslant u_1(B, A) \\ u_2(B, A) \geqslant u_2(B, A) \end{cases}$ 一定成立，可省略。

在表 2 - 2 给出的囚徒困境的例子中，$s^* = (C, C)$ 是唯一的纳什均衡。

对于 $i = 1$，预期 $s_2^* = C$，$u_1(C, C) = -8 \geqslant u_1(s_1, C)$

$$= \begin{cases} -8 & S_1 = C \\ -10 & S_1 = D \end{cases}$$

对于 $i = 2$，预期 $s_1^* = C$，$u_2(C, C) = -8 \geqslant u_2(s_2, C)$

$$= \begin{cases} -8 & S_2 = C \\ -10 & S_2 = D \end{cases}$$

所以，$s^* = (C, C)$ 是纳什均衡。

其他的策略组合 (C, D)、(D, C)、(D, D) 都不是纳什均衡。具体来看，对于两个参与人来说，(D, D) 是不稳定的，不满足定义 2.7。首先，对于参与人 1，当参与人 2 选择"$s_2 = $抵赖 D"时 $u_1 (D, D) = -1$，参与人 1 会选择"$s_1 = $坦白 C"，因 $u_1 (C, D) = 0$，$u_1 (C, D) = 0 > u_1 (D, D) = -1$，参与人 1 会偏离 (D, D) 而选择 (C, D)，一旦参与人 2 推测到参与人 1 选择"$s_1 = $坦白 C"时，因 $u_2 (C, D) = -10$，而 $u_2 (C, D) < u_2 (C, C)$，参与人 2 会选择"$s_2 = $坦白 C"，这样会使两人的选择稳定在 $s^* = (C, C)$；其次，对于参与人 2，当参与人 1 选择"$s_1 = $抵赖 D"时，同样会出现偏离。只要有一方出现偏离就不再构成均衡。

同样的分析过程如下。

针对 (C, D) 的组合，其不满足定义 2.7。因为当参与人 1 选择"$s_1 = $坦白 C"时，参与人 2 选择"$s_2 = $坦白 C"的收益大于选择"$s_2 = $抵赖 D"的收益。

针对 (D, C) 的组合，其不满足定义 2.7。因为当参与人 2 选择"$s_2 = $坦白 C"时，参与人 1 选择"$s_1 = $坦白 C"的收益大于选择"$s_1 = $抵赖 D"的收益。

总之，囚徒困境中唯一的纳什均衡是 $s^* = (C, C)$，只要一个参与人相信（或预期）对手将选择"坦白"，那么自己选择"坦白"就是最优行动。在完全信息静态博弈中，由于博弈双方彼此拥有对对方的共同知识，不会出现前文分析的 (C, D)、(D, C)、(D, D) 的博弈过程，而是双方根据所掌握的收益等信息和自己的预期经过一个回合就决定选择 $s^* = (C, C)$，博弈也就结束了。上述分析过程只不过是模拟一下两个人共同知识和信念的形成过程而已。

再看表 2 - 11 中性别战的收益矩阵，我们依据定义依次检验男孩和女孩的每一对策略是否为纳什均衡。

（歌剧，歌剧）。如果女孩偏离"歌剧"转而选择"足球"，她的收益会从 2 降为 0；如果男孩偏离"歌剧"转而选择"足球"，他的收益会从 1 降为 0。可见，任何一个参与人的偏离都会减少自己的收益，因此（歌剧，歌剧）是纳什均衡。

（歌剧，足球）。如果女孩偏离"歌剧"转而选择"足球"，她的收益会从 0 增加到 1，因此（歌剧，足球）不是纳什均衡（如果男孩偏离"足球"转而选择"歌剧"，他的收益会从 0 增加到 1，但是证明策略组合不是纳什均衡只要有一个人偏离就足够了）。

（足球，歌剧）。同样，如果女孩偏离"足球"转而选择"歌剧"，她的收益会从 0 增加到 2，这不是纳什均衡。

（足球，足球）。如果女孩偏离"足球"转而选择"歌剧"，她的收益会从 1 减少到 0；如果男孩偏离"足球"转而选择"歌剧"，他的收益会从 2 减少到 0。可见，任何人的偏离都会减少收益，因此（足球，足球）也是纳什均衡。

（歌剧，歌剧）和（足球，足球）这两个纳什均衡结果说明只要两个人都选择"足球"或者"歌剧"就不会有人偏离，尽管其中某一方的收益相较于选择另一个行动来说不是最高的，但两个人在一起比独处要好，这样一方就会迁就另一方。这两个均衡也都符合稳定的社会规范：①双方都选择女孩喜欢的结局的相关行动；②双方都选择男孩喜欢的结局的相关行动。也可以设想这种场景：当一个人打开电视时，若刚好播放歌剧，两个人就都看歌剧；若刚好播放足球赛，两个人就都看足球赛；若播放的既不是歌剧也不是足球赛，就调换频道。倘若收益发生变化，博弈会有怎样的含义呢？请看性别战的变体（见表 2 - 13）。

表 2 - 13　性别战之二的收益矩阵

		男孩	
		歌剧	足球
女孩	歌剧	2, 2	0, 0
	足球	0, 0	1, 1

在这个博弈中，显然（歌剧，歌剧）、（足球，足球）都是纳什均衡。其中，（足球，足球）对于双方来说是"次优"，但也是稳定状态。也就是说，次优的状态也会被接受。这就是一种协调博弈。尽管不是最优的方案，但广为接受。

与性别战之一、之二不同，我们现在设定（歌剧，歌剧）、（足球，足球）两个纳什均衡的收益相等，也就是两个均衡没有次优和更优之分（见表 2 - 14）。既然选哪一个都是选，那究竟该选哪一个呢？在博弈的结构上没有任何线索可以确定哪一个均衡会发生。无论是男孩还是女孩提出"歌剧"或者"足球"都会得到对方的同意，促使均衡出现在"歌剧"或者"足球"上。人们面临这种两难选择时，往往不知所措、左右为难，甚至可能会出现混乱和极端的情形。饿死驴子①的故事时有发生，这种协调博弈需要有领导力的人物振臂一呼，大家就会选择有领导力的人物指向的行动从而达到均衡，如陈胜、吴广云集响应②、破釜沉舟等。或者是一种两可的选择，等待事情的发展，"持两端以观望"③。可见，现实社会中沟通和领导力很重要，人们在迷茫和举棋不定时需要强有力的声音和指引，或许这就是英雄诞生的时刻。在上述博弈中存在多个纳什均衡，其中的某个均衡可能由于某些原因或属性更能引起大家的兴趣，促使大家倾向于这一均衡而非其他均衡，谢林（Schelling，1960）把这类均衡称为聚点均衡。

表 2 - 14　性别战之三的收益矩阵

		男孩	
		歌剧	足球
女孩	歌剧	1, 1	0, 0
	足球	0, 0	1, 1

更一般地，我们还可以利用最优反应函数求解纳什均衡。

在系统介绍完纳什均衡的核心知识后，我们再来思考重复剔除劣

---

① 拉·封丹（1621～1695）是法国寓言诗人。《拉·封丹寓言》中有一头著名的布利丹毛驴，它面对两捆干草，不知该吃哪一捆好，最后竟然饿死了。布利丹毛驴面临的问题就是经济学家所说的选择问题。

② 据《史记·陈涉世家》记载："会天大雨，道不通，度已失期。失期，法皆斩。陈胜、吴广乃谋曰：'今亡亦死，举大计亦死，等死，死国可乎？'"

③ 据《史记·魏子列传》记载："魏王恐，使人止晋鄙，留军壁邺，名为救赵，实持两端以观望。"

策略与纳什均衡的关系。首先，给出命题 2.1。

命题 2.1　在 n 个参与人的有限 $G = \langle N, S_i, u_i \rangle$ 中，如果策略 $s^* = (s_1^*, \cdots, s_i^*, \cdots, s_n^*)$ 是一个纳什均衡，那么它不会被重复剔除劣策略所剔除。

证明：

采用反证法。若命题不成立，设在 $s^* = (s_1^*, \cdots, s_i^*, \cdots, s_n^*)$ 中，s_i^* 首先被剔除，而 s_{-i}^* 未被剔除，则必存在 $s_i \in S_i$，严格占优 s_i^*，即 $u_i(s_i^*, s_{-i}^*) < u_i(s_i, s_{-i}^*)$ 成立，这与 s^* 是纳什均衡矛盾。

我们仍然以性别战博弈的例子来说明（见表 2-15）。在这个博弈中，男孩和女孩都不喜欢"斗牛"，以至于不能忍受在一起看斗牛，因为该情形下每个人的效用都是最低的：u_1（斗牛，斗牛）$= u_2$（斗牛，斗牛）$= -2$。进一步分析可知，男孩 $s_2 =$ "斗牛"策略是严格劣策略，因为 $u_2(s_1, 斗牛) < u_2(s_1, 足球)$，$u_2(s_1, 斗牛) < u_2(s_1, 歌剧)$。同样分析可知，女孩 $s_1 =$ "斗牛"策略是严格劣策略，因为 u_1（斗牛，s_2）$< u_1$（足球，s_2），u_1（斗牛，s_2）$< u_1$（歌剧，s_2）。

表 2-15　性别战之四的收益矩阵

		男孩		
		歌剧	足球	斗牛
女孩	歌剧	2, 1	0, 0	0, -1
	足球	0, 0	1, 2	0, -1
	斗牛	-1, 0	-1, 0	-2, -2

剔除严格劣策略，这样博弈就简化为表 2-16 的情形。

表 2-16　性别战之四（剔除严格劣策略）的收益矩阵

		男孩	
		歌剧	足球
女孩	歌剧	2, 1	0, 0
	足球	0, 0	1, 2

可见，纳什均衡（歌剧，歌剧）、（足球，足球）是不会被重复剔除严格劣策略所剔除的。给出命题 2.2 将其一般化。

命题 2.2 在 n 个参与人的有限 $G = \langle N, S_i, u_i \rangle$ 中，如果重复剔除劣策略剔除了除策略 $s^* = (s_1^*, \cdots, s_i^*, \cdots, s_n^*)$ 以外的所有策略，那么这一策略组合是唯一一个纳什均衡。

2.5 一些经典博弈模型

2.5.1 古诺双寡头模型

在竞争环境下，买方与卖方都是价格的接受者，以单一的消费者或厂商作为分析对象，且其行为不受其他消费者或者厂商的影响。而在垄断竞争的环境下，市场中只有少数几个厂商，任何一方都无法忽视其他厂商的存在，各厂商之间的策略是相互影响的。经济学家在分析这类问题时，建立了垄断竞争的博弈分析模型。第一个模型是由古诺于 1838 年提出的，被称为古诺双寡头模型（Cournot Duopoly Model），也被称为"古诺模型"。具体来看，行业由两个寡头企业垄断：两个企业生产同质产品，面对相同的市场价格，价格由所有厂商的总供给和市场需求决定，若总供给为 Q，那么市场价格就是 $P(Q)$，P 称为逆需求函数。令 q_1、q_2 代表企业 1、企业 2 各自的产量，市场的总供给 $Q = q_1 + q_2$，$P(Q) = a - Q$ 表示市场出清时的价格 [当 $Q \leq a$ 时，$P(Q) = a - Q$；当 $Q > a$ 时，$P(Q) = 0$]。设企业 i（$i = 1, 2$）生产 q_i 的总成本 $C_i(q_i) = cq_i$，企业不存在固定成本，边际成本为常数 c，假定 $c < a$，两个企业同时以产量为决策变量。

为求解纳什均衡，博弈的标准式 $G = \langle N, S_i, u_i \rangle$ 如下。

（1）参与人集合：$N = 1, 2$，$i \in N$。

（2）策略组合：策略空间 $S_i = [0, a]$，策略为产量 $0 \leq q_i \leq a$。

（3）收益函数：两个寡头企业的利润函数。

对于第一个企业，利润函数为：

$$\pi_1(q_1,q_2)=q_1\big[P(q_1+q_2)-c\big]$$

对于第二个企业，利润函数为：

$$\pi_2(q_1,q_2)=q_2\big[P(q_1+q_2)-c\big]$$

根据纳什均衡的定义，第一个企业必须满足：

$$\pi_1(q_1^*,q_2^*)\geqslant\pi_1(q_1,q_2^*),q_1\in[0,a]$$

这等价于在给定第二个企业产量 q_2^* 的情况下求第一个企业利润最大化时的解：

$$\max_{0\leqslant q_1\leqslant a}\pi_1(q_1,q_2^*)=\max_{0\leqslant q_1\leqslant a}q_1\big[P(q_1+q_2^*)-c\big]$$

采取同样的方法分析第二个企业，则有：

$$\max_{0\leqslant q_2\leqslant a}\pi_2(q_1^*,q_2)=\max_{0\leqslant q_2\leqslant a}q_2\big[P(q_1^*+q_2)-c\big]$$

根据二次函数最值的一阶条件，求解方程组，并定义最优反应函数：

$$\begin{cases}q_1=BR_1(q_2)=\dfrac{1}{2}(a-q_2^*-c)\\[2mm]q_2=BR_2(q_1)=\dfrac{1}{2}(a-q_1^*-c)\end{cases}$$

纳什均衡 (q_1^*,q_2^*) 即如下方程组的解：

$$\begin{cases}q_1=\dfrac{1}{2}(a-q_2^*-c)\\[2mm]q_2=\dfrac{1}{2}(a-q_1^*-c)\end{cases}$$

解得 $q_1^*=q_2^*=\dfrac{a-c}{3}$。两个企业的最优反应函数见图 2-2。其中，$BR_1(q_2)$、$BR_2(q_1)$ 分别为企业 1、企业 2 的最优反应函数，交点 (q_1^*,q_2^*) 即纳什均衡。

每个企业在达到纳什均衡时获得的利润为：

$$\pi_1(q_1^*,q_2^*)=\pi_2(q_1^*,q_2^*)=\dfrac{1}{9}(a-c)^2$$

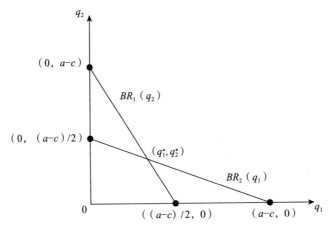

图 2 - 2　古诺双寡头模型的最优反应函数与纳什均衡

　　为了与垄断的情形相比较，假设两个企业串谋在一起，形成卡特尔（相当于一个企业），求其利润最大化时的产量和利润分别是多少。

$$\max_{0 \leqslant Q \leqslant a} \pi(Q) = Q(a - Q - c)$$

求一阶条件，垄断产量和利润分别为：

$$Q = (a - c)/2$$
$$\pi_Q = (a - c)^2/8$$

　　这表明两个企业联合起来，只生产产量 $Q = (a - c)/2$ 就能实现两个企业的总利润最大化，这个利润大于两个企业竞争情况下的利润之和 $q_1 = 3(a - c)/8$（q_1^*，q_2^*），而产量小于两个企业展开竞争时的总产量 $2(a - c)/3$。那么，两个企业能否达成协议形成稳定的联盟呢？由于两个企业的成本相同，各自生产 $(a - c)/4$ 的产量就能达到利润最大化并且均分利润，各自分得利润 $(a - c)^2/8$，大于古诺竞争下各自的利润 $(a - c)^2/9$。但此时两个企业都有动机偏离这个产量。因为在垄断的情况下，产量较低，市场价格较高，每个企业都试图提高自己的产量，而不顾及产量提高导致的市场出清价格降低。假设企业 2 起初遵守联盟产量 $(a - c)/4$，此时企业 1 根据自己的最优反应函数生产 $q_1 = 3(a - c)/8$，这个产量大于结成联盟时制定的单方产量（$a-c$）/4，获得的利润为 9（$a-c$）^{2}/64，而企业 2 会进一步对企业 1 的产量 $q_1=3$（$a-c$）/8 做出自己的最优反应，反过来企业 1 同样面临企业 2 再次调整产量的问题，这样一直持续到（q_1^*，q_2^*）＝（（$a-c$）/3，（$a-c$）/3）时为止。采取同样的方法分析企业 1 遵守联盟产量的情形也得出同样的结果。可见，双方都有偏离联盟的动机，古诺模型所揭示的也是一种囚徒困境。

2.5.2　伯川德模型

伯川德模型（Bertrand Model）由法国经济学家约瑟夫·伯川德（Joseph Bertrand）于 1883 年建立。与古诺模型把厂商的产量作为竞争手段不同，伯川德模型是以价格为决策变量进行分析的竞争模型。该模型的基本假设如下。

（1）寡头厂商选择价格进行竞争。

（2）寡头厂商的产品是同质的，面临相同的需求曲线 $Q=Q$（P）。

（3）寡头厂商的成本函数相同，且 $AC=MC=C$。

（4）$\mathrm{d}P_j/\mathrm{d}P_i=0$，$j\neq i$（即厂商间的价格变化相互独立）。

（5）寡头厂商的生产能力不受限制。

假定两个企业以同样的边际成本 c 生产同样的产品（生产函数）。市场的需求函数为 $q=D$（p）。企业的利润函数为：

$$\Pi_i(p_i,p_j)=(p_i-c)D_i(p_i,p_j)$$

其中，D_i 由下式决定：

$$D_i(P_i,P_j)=\begin{cases} Q(P_i) & \text{if } P_i<P_j \\ \dfrac{1}{2}Q(P_i) & \text{if } P_i=P_j \\ 0 & \text{if } P_i>P_j \end{cases}$$

博弈的均衡是一对价格（p_i^*，p_j^*），满足 Π_i（p_i^*，p_j^*）$\geq \Pi_i$（p_i，p_j^*）。

接下来讨论五种情形。

情形 1：$p_1^*>p_2^*>c$。

此时，由于企业 1 的定价高于企业 2，企业 1 没有市场需求，利润为 0。如果企业 1 的定价 $p_1 = p_2^* - \varepsilon$，则它可以赢得整个市场。因此，对于企业 1 来说，定价高于对手不是一个最佳策略。相应地，企业 2 也不会索取一个高于对手的价格。因此，定价高于对手的情形不会形成均衡。

情形 2：$p_1^* = p_2^* > c$。

此时，企业 1 的利润 $\prod_1^1 = D\ (p_1^*)\ (p_1^* - c)\ /2$。但是如果企业 1 稍微把价格降低一点至 $p_1^* - \varepsilon$，则利润为 $\prod_1^2 = D(p_1^* - \varepsilon)(p_1^* - c - \varepsilon)\ /2$。显然，对于足够小的 ε，$\prod_1^2 > \prod_1^1$。

情形 3：$p_1^* > p_2^* = c$。

此时，企业 2 只要稍微将价格提高一点至 $c + \varepsilon$，即可赢得整个市场。可见，高于对手的定价且高于成本是不可取的。

情形 4：$p_1^* = p_2^* = c$。

容易证明，这种情形就是均衡，没有企业愿意偏离。

情形 5：$p_1^* = p_2^* < c$。

这种情形没有企业会生产，没有意义。

根据伯川德模型，谁的价格低谁就将赢得整个市场，而谁的价格高谁就将失去整个市场，因此寡头之间会相互削价，直至价格等于各自的边际成本为止，即均衡解为：$p_1^* = p_2^* = c$。由求解伯川德均衡可以得出两个结论：第一，寡头市场的均衡价格为 $P = MC$；第二，寡头的长期经济利润为 0。这个结论表明，只要市场中企业数量不小于 2 个，无论实际数量是多少，都会出现完全竞争的结果——这显然与实际经验不符，因此被称为伯川德悖论。

之所以会出现伯川德悖论，原因就在于伯川德模型的三个假设。

（1）企业没有生产能力的限制。

（2）寡头的产品同质。

（3）寡头的成本函数相同。

放松上述假设，则伯川德悖论就不复存在。差别产品价格模型通过取消假设（2），即通过引入产品差异假设解决了伯川德悖论问题。

2.5.3　豪泰林模型

豪泰林模型（Hotelling Model）是一个经典的空间竞争模型，最早由豪泰林于 1929 年提出。具体地，存在一个长度为 1 的"线形城市"，消费者均匀分布在［0，1］区间上。城市中有两个企业，生产的产品是同质的，单位成本为 c。一个典型消费者的位置为 x，单位运输费用为 t。消费者的需求是 0 或 1。这里的关键假设是"运输费用"，它可以解释为产品差异、消费者口味、转换成本、交易费用等所有附加在同质产品上的差异性因素。

考虑价格竞争的纳什均衡。两个企业同时选择自己的销售价格，企业的位置是给定的，从而产品的差异程度是给定的，企业在此基础上进行价格竞争。假定成本为二次型，不存在剩余需求，且价格对于消费者剩余而言不太高。我们分别考虑两个企业的三种代表性位置。

情形 1：两个企业在城市的两个端点，如图 2-3 所示。

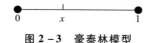

图 2-3　豪泰林模型

消费者的位置代表企业 1 面临的需求，即 $x = D_1(p_1, p_2)$。其经济含义是，若 x 处的消费者愿意购买企业 1 的产品，那么显然在他左边的所有消费者都会去购买企业 1 的产品，从而企业 2 面临的需求就是 $1-x$。

消费者的最优决策应使得他在购买企业 1 或企业 2 的产品时没有差别，即：

$$p_1 + tx = p_2 + t(1-x)$$

由消费者均衡得到两个企业面临的需求函数为：

$$D_1(p_1, p_2) = x = \frac{p_2 - p_1 + t}{2t}$$

$$D_2(p_1, p_2) = 1 - x = \frac{p_1 - p_2 + t}{2t}$$

企业 i 的利润函数为：

$$\pi(p_i, p_j) = (p_i - c)\frac{p_j - p_i + t}{2t}; i = 1, 2; i \times j = 2$$

反应函数为利润最大化的一阶条件，联立方程得：

$$\begin{cases} 2p_i = p_j + c + t \\ 2p_j = p_i + c + t \end{cases}$$

解得：

$$p_i^* = p_j^* = c + t$$

每个企业的均衡利润为：

$$\pi_1 = \pi_2 = \frac{t}{2}$$

结论：①运输费用代表产品差异化，产品差异化程度越高，企业的价格越高，意味着企业对附近消费者的垄断力增强；②企业的均衡利润与产品差异化程度正相关；③当 $t = 0$ 时，得到伯川德竞争均衡的结果；④对于线性的距离成本，结论也是一样的。

情形 2：两个企业位于同一地点，情形 1 是差异化的极端，位于同一地点是另一个极端，差异化程度最小。

假设两个企业都位于 x_0，那么一个典型消费者的均衡策略使得 $p_1 + t(x - x_0) = p_2 + t(x - x_0)$ 成立，则 $p_1 = p_2$，均衡为伯川德结果：

$$p_1^* = p_2^* = c, \pi_1 = \pi_2 = 0$$

情形 3：两个企业位置任意的情况。假定企业 1 位于 $a \geqslant 0$ 处，企业 2 位于 $1 - b$ 处，其中 $b > 0$，且 $1 - b - a \geqslant 0$（这意味着企业 1 在企业 2 的左边，$a = b = 0$ 表示两个企业在两个端点，$a + b = 1$ 则表示两个企业在同一地点）。使用二次型成本函数，那么一个典型消费者的均衡策略使下式成立：

$$p_1 + t(x-a) = p_2 + t[x-(1-b)]$$

解得：

$$D_1(p_1,p_2) = x = \frac{1-b+a}{2} + \frac{p_2-p_1}{2t(1-a-b)}$$

$$D_2(p_1,p_2) = 1-x = \frac{1-a+b}{2} + \frac{p_1-p_2}{2t(1-a-b)}$$

利润函数为：

$$\pi_1 = (p_1-c)D_1(p_1,p_2)$$

$$\pi_2 = (p_2-c)D_2(p_1,p_2)$$

联立反应函数方程求解得：

$$\begin{cases} p_1(a,b) = c + t(1-a-b)(1+\frac{a-b}{3}) \\ p_2(a,b) = c + t(1-a-b)(1+\frac{b-a}{3}) \end{cases}$$

$a=b=0$ 时得到第一种情形，$a+b=1$ 时即伯川德模型。

2.6　混合策略纳什均衡

我们再来看猜硬币的博弈（见表 2-17）。两个人同时选择出示硬币的正面或反面，如果出示的是相同的一面，那么参与人 2 从收益中给参与人 1 一元钱，否则由参与人 1 从收益中给参与人 2 一元钱。在这个博弈中，两个参与人的收益正好相反，一方得到的正是另一方失去的，参与人 1 想采取与参与人 2 相同的行动，而参与人 2 则想采取相反的行动。依次分析参与人的 4 个策略组合，容易发现并没有前文定义 2.7 的纳什均衡。对于策略（正面，正面）和（反面，反面），若参与人 2 偏离，则收益会增加，由 -1 到 +1；对于策略（正面，反面）和（反面，正面），若参与人 1 偏离，则收益会增加，由 -1 到 +1。为解决这类问题，必须引入新概念——混合策略纳什均衡。

表 2 - 17 猜硬币博弈的收益矩阵

参与人 2

		正面	反面
参与人 1	正面	1，-1	-1，1
	反面	-1，1	1，-1

猜硬币博弈具有如下特征。

（1）无纯策略纳什均衡。

（2）零和博弈（Zero-sum Game）。

（3）游戏的原则：隐藏自己的策略，猜测对手的策略。

（4）根据随机性来确定自己的行动或收益。

在这个博弈中，每个参与人都竭力猜测对手的策略，而不让对手有机可乘，猜到自己的策略，因此参与人的最优行动是不确定的，博弈的结果必然包括这种不确定性。我们可以通过引入混合策略的概念，解释一个参与人对其他参与人行动的不确定性。

参与人 i 的一个混合策略是在其策略空间 S_i 中策略的概率分布。对于猜硬币博弈来说，S_i 中的纯策略有两个，分别为正面和反面，参与人 i 的混合策略为概率分布 $(q, 1-q)$，其中 q 表示正面出现的概率，$1-q$ 表示反面出现的概率。

更一般地，假设参与人 i 有 K 个纯策略 $S_i = \{s_{i1}, \cdots, s_{ik}\}$，则参与人 i 的一个混合策略为概率分布 $(p_{i1}, \cdots, p_{ik})$，其中 p_{ik} 表示参与人 i 选择策略 s_{ik} 的概率，对于 $k=1,2,\cdots,K, \sum p_{ik}=1$。

定义 2.9 （混合策略）对于博弈 $G = \langle N, S_i, u_i \rangle$，假设 $S_i = \{s_{i1}, \cdots, s_{ik}\}$，则参与人 i 的一个混合策略为概率分布 $p_i = (p_{i1}, \cdots, p_{ik})$，其中 $\forall k=1, 2, \cdots, K, 0 \leq p_{ik} \leq 1, \sum p_{ik}=1$。

根据上述定义，纯策略是混合策略的特例，纯策略 s_i 等价于混合策略 $a_i = (1, 0, \cdots, 0)$，即选择纯策略 s_i 的概率为 1，选择其他策略的概率为 0。我们允许博弈参与人在各自的行动策略空间上选择一个概率分布，而不是限制其必须选择一个确定性的行动。也就是说，将每一个纯策略对应一个概率，在猜硬币博弈中，参与人 1 选择每个行动的概率为 1/2，记为混合策略 a_1，满足 a_1（正面）= 1/2 和 a_1（反面）= 1/2。同样，参与人 2 选择每个行动的概率为 1/2，记为混合策略 a_2，满足 a_2（正面）= 1/2 和 a_2（反面）= 1/2。二者的策略记作混合策略（1/2，1/2）（见表 2 - 18）。

表 2 - 18　纯策略与混合策略

类型	参与人 1		参与人 2	
纯策略	正面	反面	正面	反面
混合策略 a_1	1/2	1/2	1/2	1/2

当参与人随机地采取纯策略时，博弈的结果本身就是随机的，参与人的收益偏好通过冯·诺伊曼 - 摩根斯坦收益偏好（VNM）来刻画，其纯策略收益函数的期望值称为贝努利收益函数。

定义 2.10　（混合策略纳什均衡）混合策略 a^* 是纳什均衡，如果对于每个参与人 i 和参与人 i 的每一个混合策略 a_i，参与人 i 关于 a^* 的期望收益值至少与关于 (a_i, a^*_{-i}) 的期望收益值一样好，即等价地，对于 $\forall i$ 有：

$$U_i(a^*) \geqslant U_i(a_i, a^*_{-i})$$

对于参与人 i 的每一个混合策略 a_i 均成立。其中，$U_i(a)$ 表示参与人 i 的混合策略 a 的期望收益值。

定义 2.11　（最优反应对应）对于混合策略型博弈，当其他参与人 $-i$ 的混合策略为 a_{-i} 时，$B_i(a_{-i})$ 是参与人 i 相应的最优混合策略集。从混合策略纳什均衡的定义看，当且仅当每个参与人的混合策略是对应其他参与人混合策略的最优反应，即当且仅当对于每个参与人 i，$a^*_i \in B_i(a^*_i)$ 时，混合策略 a^* 是混合策略纳什均衡。

以猜硬币博弈为例，每个参与人关于另一个参与人的混合策略的最优反应，要么是单一的纯策略，要么是所有混合策略的集合。

一般地，考虑两个参与人的博弈，其收益对应的概率见表 2 - 19。

表 2 - 19　混合策略的收益矩阵

参与人 2

		L (q)	R $(1-q)$
参与人 1	T (p)	pq	$p(1-q)$
	B $(1-p)$	$(1-p)q$	$(1-p)(1-q)$

其中，参与人 1 的行动为 T、B，相应的概率为 p 和 $1-p$；参与人 2 的行动为 L、R，相应的概率为 q 和 $1-q$。当参与人的决策是独立事件时，行动组合 (a_1, a_2) 发生的概率是相应参与人各相应混合策略概率的乘积，(T, L) 以概率 pq 发生，依此类推，共有四种情况。

由此，可以计算参与人 1 的混合策略的期望收益值：

$$pq \times u_1(T,L) + p(1-q) \times u_1(T,R) + (1-p)q \times u_1(B,L) + (1-p)(1-q) \times u_1(B,R)$$

根据期望收益值的大小来比较参与人的最优选择。在猜硬币博弈中，假设 p 表示参与人 1 的混合策略中是"正面"的概率，q 表示参与人 2 的混合策略中是"正面"的概率。那么，在给定参与人 2 的混合策略的条件下，参与人 1 采取纯策略是"正面"的期望收益值为：

$$q \times 1 + (1-q) \times (-1) = 2q - 1$$

采取纯策略是"反面"的期望收益值为：

$$q \times (-1) + (1-q) \times 1 = 1 - 2q$$

如果 $q < 1/2$，那么参与人 1 采取纯策略是"反面"的期望收益大于"正面"的期望收益，也大于任何一个指派概率给"正面"的混合策略的期望收益。如果 $q > 1/2$，那么参与人 1 采取纯策略是"正面"的期望收益大于"反面"的期望收益，也大于任何一个指派概率给"反面"的混合策略的期望收益。如果 $q = 1/2$，那么参与人采取纯策略是"正面"与"反面"的期望收益没有差别，所有混合策略的期望收益都相同。令 $B_1(q)$ 为参与人 1 对应 q 的最优反应，则有：

$$B_1(q) = \begin{cases} 0 & \text{if } q < 1/2 \\ p & \text{if } q = 1/2 \\ 1 & \text{if } q > 1/2 \end{cases}$$

同样，对参与人 2 进行分析，可得到其反应函数 $B_2(p)$ 为：

$$B_2(p) = \begin{cases} 1 & \text{if} \quad p < 1/2 \\ q & \text{if} \quad p = 1/2 \\ 0 & \text{if} \quad p > 1/2 \end{cases}$$

两个参与人的最优反应函数见图 2-4。

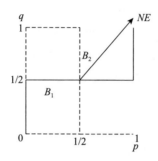

图 2-4　最优反应函数与混合策略纳什均衡

在任何博弈中，纳什均衡（包括纯策略纳什均衡和混合策略纳什均衡）都表现为参与人之间最优反应对应的交点，即使该博弈的参与人在两人以上，有些或全部参与人有两个以上的纯策略。然而遗憾的是，唯一一种可以用图示描述参与人之间最优反应对应博弈的，就是每个参与人只有两个纯策略的两人博弈。下面用一个例子论证任何这种两人博弈都存在纳什均衡（可能包含混合策略）。如表 2-20 所示，博弈中参与人 1 的收益已知，参与人 2 的收益未知。

表 2-20　两人博弈论证举例

参与人 2

		L（左）	R（右）
	U（上）	X,	Y,
参与人 1	D（下）	Z,	W,

考虑参与人 1 的收益情况。X 和 Z、Y 和 W 的相对大小对博弈的结果十分重要，主要分为以下四种情况：①$X > Z$ 且 $Y > W$；②$X < Z$ 且 $Y < W$；③$X > Z$ 且 $Y < W$；④$X < Z$ 且 $Y > W$。我们首先讨论这四种情况，

其次分析涉及 $X = Z$ 或 $Y = W$ 时的情况。

图 2 - 5 给出了四种情况下该博弈混合策略的最优反应曲线。对于参与人 1，在情况（1）中，U（上）严格优于 D（下）；在情况（2）中，D（下）严格优于 U（上）。根据前文给出的严格劣策略的定义，可知当且仅当参与人 i（对其他参与人所选择的策略）不能做出这样的推断，使选择策略 s_i 成为最优反应时，则 s_i 为严格劣策略。因此，如果 $(q，1 - q)$ 是参与人 2 的一个混合策略，其中 q 为参与人 2 选择 L（左）的概率，那么在情况（1）中，没有 q 能使参与人 1 选择 D（下）成为最优，并且在情况（2）中，没有 q 能使参与人 1 选择 U（上）成为最优。令 $(p，1 - p)$ 表示参与人 1 的一个混合策略，其中 p 是参与人 1 选择 U（上）的概率，可以在图 2 - 5 中分别看到情况（1）和情况（2）的最优反应对应。在这两种情况下，最优反应对应事实上也是最优反应函数，因为没有 q 值使得参与人 1 有多个最优反应。

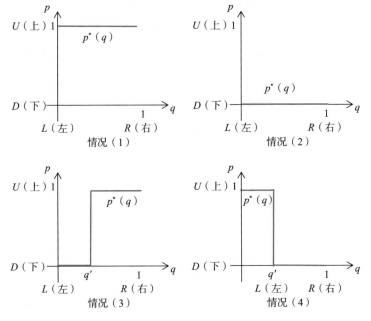

图 2 - 5　四种情况下博弈混合策略的最优反应曲线（一）

注：参与人 1 的收益已知，参与人 2 的收益未知。

在情况（3）和情况（4）中，U（上）和 D（下）都不是严格劣策略。那么，对于某些 q 值，必定选择 U（上）是最优的；而对于另一些 q 值，选择 D（下）是最优的。令 $q' = (W - Y)/(X - Z + W - Y)$，那么在情况（3）中，当 $q > q'$ 时 U（上）是最优的，当 $q < q'$ 时 D（下）是最优的；而在情况（4）中则恰好相反。在两种情况下，当 $q = q'$ 时任何可行的 p 都是最优的。

由于 $X = Z$ 时 $q' = 1$，而 $Y = W$ 时 $q' = 0$，在所有包含 $X = Z$ 或 $Y = W$ 的情况下，最优反应对应将呈 "L" 状。我们可以设想图 2 - 5 中情况（3）和情况（4）在 $q' = 0$ 及 $q' = 1$ 时的情况。

考虑参与人 2 的情况，在表 2 - 20 中分别加入任意参与人 2 的收益，经过与上述类似的计算可以得到同样的四个最优反应对应（见图 2 - 6）。

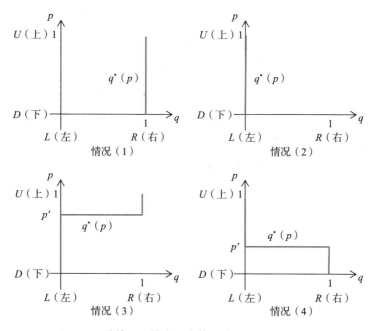

图 2 - 6　四种情况下博弈混合策略的最优反应曲线（二）

注：参与人 1 的收益未知，参与人 2 的收益已知。

决定性的一点在于，给定参与人 1 的四种最优反应对应的任何一

种 ［图 2 - 5 或图 2 - 6 中的任何一条 $p^*(q)$］，以及参与人 2 的四种最优反应对应的任何一种 ［图 2 - 5 或图 2 - 6 中的任何一条 $q^*(p)$］，这一组最优反应对应至少有一个交点，于是博弈至少有一个纳什均衡，有 16 种可能的最优反应对应组合情况可逐一检验。可能出现的情况有：①唯一的纯策略纳什均衡；②唯一的混合策略纳什均衡；③两个纯策略纳什均衡和一个混合策略纳什均衡。下一节我们将讨论在更一般的博弈中纳什均衡的存在性。如果上述关于两人两个纯策略博弈的论证不使用图示的方法而采用数学方法，则可以适用于一般的任意有限策略空间的 n 人博弈。

2.7　纳什定理

定理 2.1　（纳什定理）在 n 个参与人的标准博弈 $G = \langle N, S_i, u_i \rangle$ 中，如果 n 是有限的，且对于每个 i，S_i 是有限的，则博弈至少存在一个纳什均衡，均衡可能包含混合策略。

纳什均衡的概念在数学上就是一个不动点的概念。因此，纳什定理的证明要用到不动点定理。在给出纳什定理（又称"存在性定理"）及其证明之前，我们先来介绍不动点的概念并给出不动点定理。什么是不动点呢？考虑一个方程 $f(x) = x$，其中 x 为方程的解。我们将 $f(\cdot)$ 视为一种"变换"，即 $f(\cdot)$ 是将 x 对应为 $y = f(x)$ 的变换，其中 x 和 y 分别是属于集合 X 和 Y 的两个元素，即 $x \in X$，$y \in Y$。如果 $X = Y$，则方程 $f(x) = x$ 的几何意义是：变换 $f(\cdot)$ 将 x 变为自己，即 x 在 $f(\cdot)$ 变换下是不变的，故称 $f(x) = x$ 的解为变换 $f(\cdot)$ 的不动点。

一般地，我们可以将所有的方程都表示为如下形式：

$$y(x) = 0$$

在上式两端加上一个 x，则变为 $y(x) + x = x$。令 $f(x) = y(x) + x$，则有：

$$f(x) = x$$

　　所以，一般地，方程求解的问题本质上是寻找变换的不动点的问题。

　　对于这样一种非常一般的问题，数学家们感到十分高兴的是，$y(x)=0$ 居然在不太严格的条件下存在解，即不动点是较为广泛地存在的。例如，图 2-7 表明不动点是曲线 $f(\cdot)$ 与 45°线的交点。当函数 $f(x)$ 定义在 $x\in[0,1]$ 区间上且因变量 $y=f(x)$ 的值域也为 $[0,1]$ 区间时，如果 $f(x)$ 是连续的，则必然存在不动点。

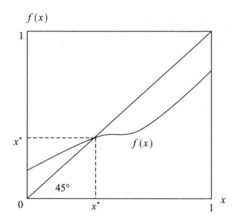

图 2-7　[0, 1] 区间上自变换函数的不动点

　　那么，这种现象到底具有多大的一般性意义呢？

　　荷兰数学家鲁伊兹·布劳威尔（Luitzen Brouwer）在很久以前就注意到这一现象，他得出了如下的一般性定理，即著名的布劳威尔不动点定理。

　　定理 2.2　（布劳威尔不动点定理）设 $f(x)$ 是定义在集合 X 上的实函数，且 $f(x)\in X$，$\forall x\in X$。如果 $f(x)$ 是连续的，X 为一非空的有界凸闭集，则至少存在一个 $x^*\in X$ 使 $f(x^*)=x^*$，即 $f(x)$ 至少存在一个不动点。

　　有意思的是，布劳威尔不动点定理存在很强的几何直观（Aumann，1976），但其数学证明十分艰深，需要动用代数拓扑这类让职业数学家也望而生畏的超级抽象数学工具（Aumann，1987）。在此，我们不给出布劳威尔不动点定理的证明，但举例说明该不动点定理的具体应用。

考虑下面一个 2×2 的博弈，见表 $2-21$。

表 2 - 21   2 × 2 博弈举例

参与人 2

		L	R
参与人 1	U	2, 2	1, 1
	D	0, 0	3, 2

参与人 1 的混合策略是以概率 $p \in [0, 1]$ 选择 U，而参与人 2 以概率 $q \in [0, 1]$ 选择 D。前文的分析表明，每个参与人的最优反应对应是：

$$BR_1(q) = \begin{cases} p = 0 & \text{if} \quad q < 1/2 \\ p \in [0,1] & \text{if} \quad q = 1/2 \\ p = 1 & \text{if} \quad q > 1/2 \end{cases}$$

$$BR_2(p) = \begin{cases} q = 0 & \text{if} \quad p < 2/3 \\ q \in [0,1] & \text{if} \quad p = 2/3 \\ q = 1 & \text{if} \quad p > 2/3 \end{cases}$$

两者都在图 $2-8$ 中进行了描述。

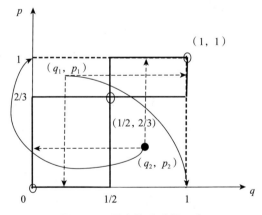

图 2 - 8   混合策略映射示意

我们现在将最优反应集合（Collection of Best-response Correspondences）定义为同时代表参与人所有的最优反应。正式地，我们给出最优反应集合的定义。

定义 2.12 （最优反应集合）$BR \equiv BR_1 \times BR_2 \times \cdots \times BR_n$，映射 $\Delta S = \Delta S_1 \times \cdots \times \Delta S_n$，混合策略集还是自身。也就是说，$BR : \Delta S \rightrightarrows \Delta S$，取每个元素 $\sigma \in \Delta S$，其转换为子集 $BR(\sigma') \subset \Delta S$。

回到表 2-21 的 2×2 博弈，因为 $(q, p) \in [0, 1]^2$，最优反应对应关系可以表示为 $BR : [0, 1]^2 \rightrightarrows [0, 1]^2$，即使用最优反应对应关系将它们映射回混合策略空间，因此 $BR(q, p) = (BR_2(p), BR_1(q))$。那么，考虑一对混合策略 (q_1, p_1)。参与人 1 的最优反应 $BR_1(q_1) = 0$，参与人 2 的最优反应 $BR_2(p_1) = 1$。因此，$BR(q_1, p_1) = (BR_2(p_1), BR_1(q_1)) = (1, 0)$，这意味着 (q_1, p_1) 最终映射到了 $(1, 0)$。类似地，(q_2, p_2) 映射到了 $(0, 1)$。

特殊的是混合策略 $(q, p) = (0, 0)$ 和 $(q, p) = (1, 1)$。它们的特殊之处在于 $BR(0, 0) = (BR_2(0), BR_1(0)) = (0, 0)$，$BR(1, 1) = (BR_2(1), BR_1(1)) = (1, 1)$，即映射到本身，是不动点。这两对混合策略恰恰也是博弈的两个纳什均衡——必须属于其自身的最优反应对应。再来看混合策略 $(q, p) = (1/2, 2/3)$，因为 $BR(1/2, 2/3) = (BR_2(2/3), BR_1(1/2)) = ([0, 1], [0, 1])$ 表示该点的 BR 对应的是一对涵盖了本身的更大范围的集合。这是因为当参与人 2 以概率 $q = 1/2$ 行动时，参与人 1 在他的两个行动 U 和 D 之间是无关紧要的，导致任何 $p \in [0, 1]$ 都是最优反应，参与人 1 以概率 $p = 2/3$ 行动时也是如此。因此，$(1/2, 2/3) \in BR(1/2, 2/3)$，这就是 $(1/2, 2/3)$ 是博弈的第三个纳什均衡的原因。

需要注意的是，直接用来证明纳什存在性定理的不动点定理并不是布劳威尔不动点定理，而是角谷静夫（Kakutani）不动点定理，后者的证明只是前者的一个相对简单的运用。之所以要引用角谷静夫不动点定理，是因为在纳什均衡存在性证明中所遇到的反应函数一般是多个因变量函数，即所谓的对应，而角谷静夫不动点定理描述的恰好是对应的一种性质。角谷静夫不动点定理是对布劳威尔不动点定理的推广，但其自身的证明要用到布劳威尔不动点定理。我们在这里不打算给出这两个不动点定理的证明，因为这类证明只是一个纯数学过程，但我们将给出纳什存在性定理的一种证明，因为了解存在性定理的证明过程有助于我们更好地理解纳什均衡。

为了解读角谷静夫不动点定理，我们先来看一下有关的一些数学概念。

对于任一有限集 M，我们用 R^M 表示形如 $x = (x_m)_{m \in M}$ 的所有向量组成的集合，其中对于 M 中的每一个 m，第 m 个分量 x_m 是实数域 R 的一个元素。为方便起见，我们也可以将 R^M 等价地理解为 M 到 R 上的所有函数组成的集合，这时 R^M 中 x 的 m 分量 x_m 也可被记为 $x(m)$。

令 S 是 R^M 中的一个子集，我们给出如下定义。

定义 2.13 S 是凸的（Convex）当且仅当对任意的 $x \in R^M$，$y \in R^M$ 和满足 $0 \leqslant \lambda \leqslant 1$ 的 λ，只要 $x \in S$ 和 $y \in S$，则有：

$$\lambda x + (1 - \lambda) y \in S①$$

定义 2.14 S 是闭的（Closed）当且仅当对每个收敛的序列 $\{x(j)\}_{j=1}^{\infty}$，如果对每个 j 都有 $x(j) \in S$，则有：

$$\lim_{j \to \infty} x(j) \in S$$

定义 2.15 R^M 中的子集 S 是开的（Open）当且仅当它的补集 R^M/S 是闭的（Close）。

定义 2.16 S 是有界的（Bounded）当且仅当存在某个正数 K 使得对 S 中的每个元素 x 都有：

$$\sum_{m \in M} |x_m| \leqslant K$$

定义 2.17 一个点到集合的对应 $G: X \to Y$ 是任何一个规定了对 X 中的每个点 x，$G(X)$ 是与 x 相对应的 Y 中的一个子集。

如果 X 和 Y 都是度量空间，则 X 和 Y 上的收敛与极限概念已经定义，这时定义如下。

---

① $x = (x_m)_{m \in M}, y = (y_m)_{m \in M}, \lambda x + (1 - \lambda) y = (\lambda x_m + (1 - \lambda) y_m)_{m \in M}$。

定义 2.18　一个对应 G：$X \rightarrow Y$ 是上半连续的（Upper-hemicontinuous），当且仅当对每个序列 $\{x(j), y(j)\}_{j=1}^{\infty}$，如果对于每个 j 有 $x(j) \in X$ 和 $y(j) \in G(x(j))$，而且序列 $\{x(j)\}_{j=1}^{\infty}$ 收敛于某个点 $\bar{x} \in X$，序列 $\{y(j)\}_{j=1}^{\infty}$ 收敛于某个点 $\bar{y} \in Y$，则有：

$$\bar{y} \in G(\bar{x})$$

定理 2.3　对应 G：$X \rightarrow Y$ 是上半连续的，当且仅当集合 $\{(x, y) \mid x \in X, y \in G(x)\}$ 是集合 $X \times Y$ 中的一个闭子集。

证明：

（1）必要性。记集合 $A = \{(x, y) \mid x \in X, y \in G(x)\} \subset X \times Y$。设 $Z_j = (x(j), y(j))$ 为集合 A 中的一个收敛序列，其中 $x(j) \in X$，则有：

$$y(j) \in g(X(j)), j = 1, \cdots, \infty$$

由上半连续性可知，$\lim\limits_{j \to \infty} y(j) \in G(\lim\limits_{j \to \infty} x(j))$。

显然，有 $\lim\limits_{j \to \infty} x(j) \in X$。

故 $\lim\limits_{j > \infty} Z_j \in A$，所以 A 为 $X \times Y$ 中的一个闭子集。

（2）充分性。假设 A 为 $X \times Y$ 中的一个闭子集。如果序列 $\{x(j), y(j)\}_{j=1}^{\infty}$ 中每个 $x(j)$ 和 $y(j)$ 都有 $x(j) \in X$，$y(j) \in G(x(j))$，并且 $\{x(j)\}_{j=1}^{\infty}$ 收敛于 $\bar{x}$，$\{y(j)\}_{j=1}^{\infty}$ 收敛于 $\bar{y}$，则 $Z_j = (x(j), y(j))$ 收敛于 $(\bar{x}, \bar{y})$。

由 A 的闭性可知，$(\bar{x}, \bar{y}) \in A$，即 $\bar{y} \in G(\bar{x})$，故 G 为上半连续。证毕。

上半连续性是我们熟知的连续函数概念的一种推广，而函数的连续性比上半连续性要强一些，于是有以下定理。

定理 2.4　如果 y：$X \rightarrow Y$ 是一个从 X 到 Y 的连续函数，且对 X 中的每一个 X 都有 $G(x) = \{y(x)\}$，那么 G：$X \rightarrow Y$ 是一个点到集的上半连续对应。

证明：

设序列 $\{x(j),y(j)\}_{j=1}^{\infty}$，且对每个 j 有 $x(j)\in X$ 和 $y(j)\in G(x(j))$，$\{x(j)\}_{j=1}^{\infty}$ 收敛于 $\bar{x}$，$\{y(j)\}_{j=1}^{\infty}$ 收敛于 $\bar{y}$。

由 y 的连续性可知，$\bar{y}=y(\bar{x})$。

故 $\bar{y}\in G(\bar{x})$。

于是 G 是上半连续的。下面我们将不动点概念扩展到对应的情形。

定义 2.19　一个对应 $F: S\rightarrow S$ 的一个不动点是 S 中任一满足 $x\in F(x)$ 的 x。

角谷静夫得出如下被广泛应用的一个重要定理。

定理 2.5　（**角谷静夫不动点定理**）令 S 是一个有限维向量空间中任一非空有界闭凸子集。设 $F: S\rightarrow S$ 是任一上半连续的点到集对应，且对 S 中每个 x，$F(x)$ 都是 S 的一个非空凸子集。那么，S 中一定存在某个 $\bar{x}$ 使得 $\bar{x}\in F(\bar{x})$（**Kakutani，1941**）。

角谷静夫不动点定理是指对于有限维向量空间中任一非空有界闭凸子集上的上半连续自对应来说，在一定条件下都至少存在一个不动点。在不动点定理知识的基础上，我们可以证明纳什定理，即定理2.1。运用不动点定理证明纳什定理包含两个步骤：第一步，证明一个特定对应上的任何不动点都是纳什均衡；第二步，使用一个恰当的不动点定理证明这一对应一定有一个不动点。这里说的对应是指 n 人最优反应对应，所指的"恰当的不动点定理"应归功于角谷静夫。

n 人最优反应对应由 n 个单个参与人的最优反应对应通过下述计算得出：考虑任意的一个混合策略组合 $(p_1,p_2,\cdots,p_n)$，首先对每个参与人 i，求出 i 针对其他参与人混合策略 $(p_1,\cdots,p_{i-1},p_{i+1},\cdots,p_n)$ 的最优反应。其次构建每个参与人上述最优反应的所有可能组合的集合。正式地说，即首先导出每个参与人的最优反应对应，其次构建这 n 个参与人最优反应对应的笛卡尔积。一个混合策略组合 $(p_1^*,\cdots,p_n^*)$ 是这一对应集中的不动点，如果 $(p_1^*,\cdots,p_n^*)$ 属于参与人对 $(p_1^*,\cdots,p_n^*)$ 最优反应的所有可能组合的集合。也就是说，对于每个参与人 i，p_i^* 必须是参与人 i 对 $(p_1^*,\cdots,p_{i-1}^*,p_{i+1}^*,\cdots,p_n^*)$ 的最优反应（之一），这又恰好符合纳什均衡的条件，即 $(p_1^*,\cdots,p_n^*)$ 是一个纳什均衡。这就完成了第一步的证明（见图 2 - 9）。

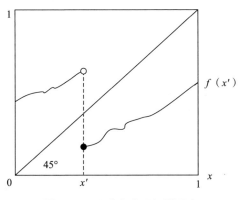

图 2 - 9 不动点定理证明示意

第二步的证明要用到每个参与人的最优反应对应都在某种条件下连续这一事实。在布劳威尔不动点定理中，连续性的作用可在图 2 - 7 的 $f(x)$ 中看出：如果 $f(x)$ 是不连续的，不动点就不一定存在。例如，在图 2 - 9 中，对所有 $x < x'$，有 $f(x) > x$；但对所有 $x \leqslant x'$，有 $f(x) < x'$。$f(x')$ 的值由实点决定，空心点表示 $f(x')$ 不包含这一值。中间的虚线只表示 $x = x'$ 时可能取到两个点的值，但不代表也会取到中间任何一点的值。如果 $f(x')$ 要成为参与人 1 的最优反应对应 $r^*(q')$，则 $f(x')$ 的值不仅应包含实心点，而且应包含空心点及整个虚线区间，这时 $f(x)$ 就会在 x' 处有一个不动点。

每个参与人的最优反应对应总是 $r^*(q')$。其原因在于：如果参与人 i 有 n 个纯策略是其他参与人混合策略的最优反应，则参与人 i 的这些最优纯策略的任意概率的线性组合（并令其他纯策略的概率为 0）得到的混合策略 P_i 能够表示参与人 i 的最优反应。由于每个参与人的最优反应对应总是具备这一特性，因此 n 人最优反应对应也具备这一特性。这就满足了角谷静夫的假定，于是 n 人最优反应对应有一个不动点。

下面介绍 Myerson（1991）给出的另一种证明。

证明：

令 Γ 是任一策略式表述有限博弈，即 $\Gamma = \{ S_1, \cdots, S_n; u_1, \cdots,$

u_n}。显然，$\sum = \prod_{i=1}^{n} \Sigma_i$ 是一个有限维向量空间的非空有界闭凸子集（注意 Γ 是有限博弈，即参与人数量和每个 S_i 中的元素个数都是有限数）。

对于任意 $\sigma \in \sum$ 和任一参与人 i，令 $R_i(\sigma_{-i}) = \underset{\sigma_i \in \Sigma_i}{\arg\max} V_i(\sigma_i, \sigma_{-i})$，即 $R_i(\sigma_{-i})$ 是参与人 i 在 $\sum_i$ 中对其他参与人独立混合策略组合 σ_{-i} 的最优反应混合策略。

因为 $R_i(\sigma_{-i})$ 是 S_i 上所有的概率分布 σ_i 组成的集，且使得对每一个满足 $S_i \in \underset{s_i \in S_i}{\arg\max} V_i(s_i, \sigma_{-i})$ 的 S_i 有 $\sigma_i(s_i) = 0$，由其证明过程可知：

$$V_i(\sigma_i, \sigma_{-i}) = \sum_k \sigma_{ik} V_i(s_{ik}, \sigma_{-i})$$

任意给定 $\sigma_i \in R_i(\sigma_{-i})$，$\sigma'_i \in R_i(\sigma_{-i})$，$\lambda \in [0, 1]$，令：

$$\sigma''_i = \lambda\sigma_i + (1+\lambda)\sigma_i$$

显然 $\sigma''_i \in \Sigma_i$，有：

$$\begin{aligned}
V_i(\sigma''_i, \sigma_{-i}) &= \sum_k \sigma''_{ik} V_i(S_{ik}, \sigma_{-i}) \\
&= \lambda \sum_k \sigma_{ik} V_i(s_{ik}, \sigma_{-i}) + (1-\lambda)\sum_k \sigma'_{ik} V_i(s_{ik}, \sigma_{-i}) \\
&\geq \lambda v_i(\bar{\sigma}_i, \sigma_{-i}) + (1-\lambda) V_i(\bar{\sigma}_i, \sigma_{-i}) \\
&= V_i(\bar{\sigma}_i, \sigma_{-i}), \forall \bar{\sigma}_i \in R_i(\sigma_{-i})
\end{aligned}$$

故 $\sigma''_i \in R_i(\sigma_{-i})$，所以 $R_i(\sigma_{-i})$ 是凸的。

根据 $V_i(\sigma_i, \sigma_{-i}) = \sum_R \sigma_{ik} V_i(s_{ik}, \sigma_{-i})$，因为 S_i 是有限集，故存在某个 k 使 $V_i(s_{ik}, \sigma_{-i}) = \underset{l}{\max}[V_i(s_{il}, \sigma_{-i})]$，即 $\arg\max V_i(s_i, \sigma_{-i})$ 是非空的。令 $\sigma_{ik} = 1$，$\sigma_{il} = 0$，$l \neq k$，则有 $V_i(\sigma_i, \sigma_{-i}) = \underset{\sigma_i \in \Sigma_i}{\max} V_i(\sigma_i, \sigma_{-i})$，即 $\sigma_i \in R_i(\sigma_{-i})$，故 $R_i(\sigma_{-i})$ 是非空的。

下面构造对应 R，它将 $\sum$ 中的点映射于 $\sum$ 中的子集，满足：

$$R(\sigma) = \prod_{i=1}^{n} R_i(\sigma_{-i}), \sigma \in \sum$$

由于对每一个 $i = 1, \cdots, n$，$R_i(\sigma_{-i})$ 都是非空凸集，显然 $R(\sigma)$ 也是非空凸集。下面我们来证明 R 是上半连续的。假设 $\{\sigma^k\}_{k=1}^{\infty}$ 和 $\{\tau^k\}_{k=1}^{\infty}$ 都是收敛序列：

$$\sigma^k \in \sum, \tau^k \in R(\sigma^k), k = 1, 2, \cdots, \text{且 } \bar{\sigma} = \lim_{k \to \infty} \sigma^k, \bar{\tau} = \lim_{k \to \infty} \tau^k$$

为了证明 R 是上半连续的，需要证明 $\tilde{\tau} \in R(\bar{\sigma})$。

因为有：

$$V_i(\tau_i^k, \sigma_{-i}^k) \geqslant V_i(\sigma_i, \sigma_{-i}^k), \forall \sigma_i \in \sum_i, k = 1, 2, \cdots$$

显然期望效用函数 V_i 是 $\sum$ 上的连续函数，故有：

$$V_i(\bar{\tau}, \bar{\sigma}_{-i}) \geqslant V_i(\sigma_i, \bar{\sigma}_{-i}), \forall \sigma_i \in \sum_i$$

因此，对于每一个 i，有 $\bar{\tau}_i \in R_i(\bar{\sigma}_{-i})$，故有：

$$\bar{\tau} \in R(\bar{\sigma})$$

所以，R 是 $\sum$ 到自身的一个上半连续对应。

根据角谷静夫不动点定理，存在 $\sum$ 中的某个混合策略组合 σ 使 $\sigma \in R(\sigma)$，即对于每一个 i 有 $\sigma_i \in R_i(\sigma_{-i})$，因此 σ 就是 Γ 的一个（混合）纳什均衡。证毕。

2.8　总结

• 参与人之间没有行动顺序以及信息上的差别。具备这种特征的博弈称为完全信息静态博弈。

• 一个标准式博弈包括以下内容。

（1）参与人集合。可以是自然、自然人、企业、集团、国家等，即参与博弈的各方。

（2）策略组合。策略可以理解为博弈参与人对对方任何行为的反应。它是一整套行动安排，是完备的，包含所有可能的情况。每个参与人可选择的全部策略的集合称为"策略集合"；由每个参与人 $i = 1$，

2，…，n 的策略所构成的向量称为一个策略组合。

（3）收益函数。每个参与人的收益通过收益函数来表示，参与人 $i \in N$ 的收益函数是定义在策略组合集合 S 上的实值映射：$u_i(s_i, s_{-i})$：$S \to R$，$s \in S$。收益函数 $u_i(s_i, s_{-i})$ 的定义为每个参与人 i 的收益不仅取决于自己的策略 s_i，而且取决于其他参与人 $-i$ 的策略组合 s_{-i}，参与人彼此之间的收益是相互影响和制约的。

• 如果一个策略组合不劣于任何其他策略组合，我们就说它是帕累托最优的。

• 如果一个策略严格优于其他策略，那么这个策略为占优策略。当博弈各方都达到占优策略时，我们称这个均衡为占优均衡。

• 理性参与人不会选择严格劣的策略。

• 如果一个理性参与人有严格优势策略，那么他一定会选择它。

• 当给定其他参与人的行动时，最优反应函数中的任何一个行动至少和该参与人的其他每一个行动一样好。

• 纳什均衡是指给定你的策略，我的策略是最好的策略；给定我的策略，你的策略也是最好的策略。它有两个必要条件：①给定一些关于对手所采取策略的明确信念，参与人的策略是最优反应；②每个参与人持有的信念必须是对对手实际采取策略的一个精确的事先预测。

• 参与人的一个混合策略是在其策略空间中策略的概率分布，纯策略是混合策略的特例。

• 纳什定理是指在 n 个参与人的标准博弈中，如果 n 是有限的，且对于每个 i，S_i 是有限的，则博弈至少存在一个纳什均衡，均衡可能包含混合策略。

• 在 n 个参与人的有限 $G = \langle N, S_i, u_i \rangle$ 中，如果重复剔除劣策略剔除了除策略 $s^* = (s_1^*, \cdots, s_i^*, \cdots, s_n^*)$ 以外的所有策略，那么这一策略组合是唯一一个纳什均衡。

• 在对称博弈中，如果一个策略组合是一个纳什均衡，那么参与人对调策略后的策略组合也是一个纳什均衡。

2.9　习题

1. 猎鹿博弈。如果 n 个猎人都齐心协力，最终猎取牡鹿，则每个人都会得到收益 2；由于牡鹿强壮，猎取有一定的风险，因此每个人都会受此影响放弃猎鹿而去猎取野兔，获取收益 1，牡鹿会跑掉，野兔只属于开小差的人。每个猎人分享牡鹿的收益大于单独猎取野兔的收益。下表是这个故事的简化，假设只有两个猎人的情形。

猎人 2

		牡鹿	野兔
猎人 1	牡鹿	2, 2	0, 1
	野兔	1, 0	1, 1

请判定这一猎鹿博弈中是否存在严格劣策略。

2. 请重复剔除严格劣策略，并找出纯策略纳什均衡。

参与人 2

		左	中	右
参与人 1	上	1, 0	1, 2	0, 1
	下	0, 3	0, 1	2, 0

3. 对于下表，参与人 2 选择 L，参与人 1 的最优行动是什么？纳什均衡在哪里？是严格纳什均衡吗？

参与人 2

		L	M	R
参与人 1	T	1, 1	1, 0	0, 1
	B	1, 0	0, 1	1, 0

4. 请证明在博弈均衡概率分布中，α 最优。

	布	石头	剪刀
概率分布 α	1/3	1/3	1/3
概率分布 β	1/3	1/2	1/6

	布	石头	剪刀
布	0，0	1，-1	-1，1
石头	-1，1	0，0	1，-1
剪刀	1，-1	-1，1	0，0

5. 公地的悲剧。人们越来越关注公共财产问题，人们对个人利益不合时宜的关注和攫取，就会使公共物品出现短缺，公共资源被过度使用，以致枯竭。哈丁（Hardin）的论文①以草场为例来说明这个现象，因此此模型又称为"哈丁公地"。模型假设如下。

（1）n 个村民共享一块草场，村民 i 的饲养量记为 g_i，则总的饲养量 $G = \sum g_i, i = 1, 2, \cdots, n$。

（2）购买和放牧一只羊的单位成本为 c，是常量。

（3）一个村民饲养一只羊的收益为 $v(G)$，是草场总的饲养量 G 的函数。

（4）草场的最大承载量为 G_{max}，当 $G < G_{max}$ 时，$v(G) > 0$；当 $G \geqslant G_{max}$ 时，$v(G) = 0$。

（5）在草场承载能力范围（$G < G_{max}$）内，$v'(G) < 0$ 且 $v''(G) < 0$，这表明起初草场有充足的饲养空间，增加一只羊不会对已经放牧的羊只产生太大的影响，但随着羊的数量的增加，这种对其他已经放牧的羊只的损害以递增的速度在增加，如下图所示。

在这个博弈中，每个村民 i 的目标是选择饲养量 g_i 以实现自己的利润最大化。请分析证明每个村民的纳什均衡总饲养量大于草场的最佳饲养量，即草场被过度放牧了。

---

① 1968 年，美国学者哈丁在《科学》杂志上发表了题为《公地的悲剧》的文章。

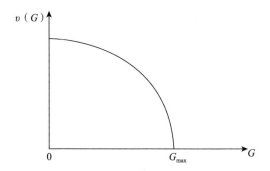

6. 假定古诺双寡头模型中有 n 个企业，令 q_i 代表企业 i 的产量，且 $Q = q_1 + \cdots + q_n$ 代表市场总产量，p 表示市场出清价格，并假设反需求函数由 $p(Q) = a - Q$ 给出（设 $Q < a$，其他情况下 $p = 0$）。同时，假设企业 i 生产出 q_i 的总成本 $C_i(q_i) = cq_i$，即没有固定成本，且边际成本为常数 c，这里我们假设 $c < a$。根据古诺的假定，企业同时就产量进行决策。求出博弈的纳什均衡，并回答当 n 趋于无穷时，将会发生什么情况。

7. 回顾豪泰林模型，求解选举模型。假设有一批选民在一个单位区间从左（$x = 0$）至右（$x = 1$）均匀分布，为一个职位参加竞选的每个候选人同时选择其竞选基地（即在 $x = 0$ 与 $x = 1$ 中间的一个点）。选民观察候选人的选择，然后每一投票人把票投给其基地离自己最近的候选人。例如，如果有两个候选人，他们分别在 $x_1 = 0.3$ 和 $x_2 = 0.6$ 处选择基地，则处于 $x = 0.45$ 左边的所有选民都会把票投给候选人 1，处于 $x = 0.45$ 右边的所有选民都会把票投给候选人 2，这样候选人 2 就可以得到 55% 的选票而赢得选举。假设候选人只关心能否当选，一点也不关心基地本身怎样。如果有两个候选人，纯策略纳什均衡是什么？如果有三个候选人，求一个纳什均衡（假设选择同一个基地的候选人将平分这一基地可得的选票，得票最高的候选人不止一人时，谁当选由掷硬币决定）。

8. 求下面标准式博弈的混合策略纳什均衡。

参与人 2

		左	右
参与人 1	上	2, 1	0, 2
	下	1, 2	3, 0

参考文献

〔1〕 Aumann, R. J., "Agreeing to Disagree", *Annals of Statistics*, 1976, 4, pp. 1236 – 1239.

〔2〕 Aumann, R. J., "Correlated Equilibrium as an Expression of Bayesian Rationality", *Ecomometrica*, 1987, 55, pp. 1 – 18.

〔3〕 Aumann, R. J., "Subjectivity and Correlation in Randomized Strategies", *Journal of Mathematical Economics*, 1974, 1, pp. 67 – 96.

〔4〕 Bertrand, J., "Theorie Mathematique de la Richesse Sociale", *Journal des Savants*, 1883, 67, pp. 499 – 508.

〔5〕 Brandenburger, A., "Knowledge and Equilibrium in Games", *Journal of Economic Perspectives*, 1992, 6 (4), pp. 83 – 101.

〔6〕 Brouwer, L., "Ber Abbildung von Mannigfaltigkeiten", *Mathematische Annalen*, 1911, 71 (1), pp. 97 – 115.

〔7〕 Cournot, A., *Researches into the Mathematical Principles of the Theory of Wealth*, New York: Macmillan, 1897.

〔8〕 Dasgupta, P., Maskin, E., "The Existence of Equilibrium in Discontinuous Economic Games, I: Theory", *Review of Economic Studies*, 1986, 53, pp. 1 – 26.

〔9〕 Hotelling, H., "Stability in Competition", *Economic Journal*, 1929, 9, pp. 41 – 57.

〔10〕 Kakutani, S., "A Generalization of Brouwer's Fixed Point Theorem",

Duke Mathematical Journal, 1941, 8 (3), pp. 57 –459.

[11] Myerson, R. B. , *Game Theory*, *Analysis of Conflict*, Harvard University Press, 1991.

[12] Nash, J. , "Equilibrium Points in N-Person Games", *Proceedings of the National Academy of Sciences*, 1950, 36, pp. 48 –49.

[13] Schelling, T. , *The Strategy of Conflict*, Harvard University Press, 1960.

第3章 完全信息动态博弈

博弈的标准式是一种将正式结构施加到策略情境上的一般性方法。它可以帮助我们实现对各类博弈的一致性分析，即在共同知识的理性条件下，分析理性参与人策略互动的结果。因此，将博弈放在"行动、结果和偏好"的语言情境内，似乎是很有帮助的。

尽管标准式博弈简洁且具有一般性，但它也存在一个缺点，即无法表达行动有先后次序的动态博弈。也就是说，标准式博弈可以表述参与人的策略集如何对应于他们的行动，以及其行动的组合如何影响其他参与人的收益，但是无法表达可能行动的次序也比较重要的那些情况。这正是本章要介绍的动态博弈模型，我们先讨论完全信息动态博弈模型。

动态博弈的基本特点是：策略是在整个博弈中所有选择、行为的计划；结果是策略组合所构成的路径；收益对应每条路径，而不是对应每一步的选择和行为。先后次序决定了动态博弈具有非对称性。

3.1 预备知识

3.1.1 协调博弈：从静态到动态引例

有一大类博弈被称为协调博弈（Coordination Game），其共同特点是：参与人需要在几个纳什均衡中协调，以选取其中一个。分级协调（Ranked Coordination）博弈是其中一种。分级协调博弈的特点是，均衡可按帕累托原则分级。在某些时候，我们可以根据收益的大小在多个纳什均衡之间抉择。在分级协调博弈中，参与人张三和李四决定为他们即将出售的计算机设计使用大内存还是小内存。若他们设计使用的内存一样，则计算机销量都会更大。其收益矩阵见表 3 – 1，其中 L 代表大内存（以下简称大），S 代表小内存（以下简称小）。

表 3 – 1　分级协调博弈的收益矩阵

李四

		L	S
张三	L	2, 2	-1, -1
	S	-1, -1	1, 1

策略组合 (L, L) 和 (S, S) 都是纳什均衡，但是 (L, L) 帕累托优于 (S, S)。两个参与人都偏好 (L, L)，故而绝大多数建模者都会用帕累托有效均衡来预测实际结果。可以假定，这一点是通过在模型设定之外所发生的张三和李四间的信息交流来实现的。如果说运筹帷幄的一半是料事如神，那么另一半无疑是知己知彼。在前面章节提到的博弈中，参与人都被假定为同时行动，因此他们没有机会通过观察其他参与人的行动来获得对方的私人信息。但是，一旦参与人依次行动，则信息就成为核心问题。事实上，同时行动博弈和序贯行动博弈的主要不同是，序贯行动博弈中第二个参与人在决策前就已获得了关于第一个参与人如何行动的信息。

现在我们先让张三选择大或者小，再让李四选择大或者小。这与静态分级协调博弈的不同之处在于张三首先采取行动，即承诺自己将使用某一种内存规格，而不管李四将会选择哪一种。新的博弈有着与分级协调博弈如出一辙的结果矩阵，但其策略式则有所不同，因为李四的策略不再只是单一的行动，此时李四的策略集有四个元素。

$$\left\{\begin{array}{l}(若张三选择大,则选择大;若张三选择小,则选择大)\\(若张三选择大,则选择大;若张三选择小,则选择小)\\(若张三选择大,则选择小;若张三选择小,则选择大)\\(若张三选择大,则选择小;若张三选择小,则选择小)\end{array}\right\}$$

不妨将其缩写为：

$$\left\{ \begin{array}{l} (L \mid L, L \mid S) \\ (L \mid L, S \mid S) \\ (S \mid L, L \mid S) \\ (S \mid L, S \mid S) \end{array} \right\}$$

新的动态博弈收益矩阵见表 3-2。

表 3-2　分级协调的动态博弈收益矩阵

李四

		$(L \mid L, L \mid S)$	$(L \mid L, S \mid S)$	$(S \mid L, L \mid S)$	$(S \mid L, S \mid S)$
张三	L	2, 2	2, 2	-1, -1	-1, -1
	S	-1, -1	1, 1	-1, -1	1, 1

根据表 3-2，我们可以通过画线法得到三个均衡，即 $\{L,\ (L \mid L, L \mid S)\}$、$\{L, (L \mid L, S \mid S)\}$、$\{S, (S \mid L, S \mid S)\}$，分别简称为 NE_1、NE_2、NE_3。仔细分析可以发现，上述三个均衡尽管都属于纳什均衡，但并不都是合理的。对于 NE_1 而言，张三无论选择大还是小，李四的最优反应都是选择大。如果张三最终选择了小（也就是博弈状态处于非均衡路径），李四选择大，则收益为 -1，比选择小获得的收益 1 要小，可见 NE_1 不符合理性人的选择。对于 NE_3 而言，张三无论选择大还是小，李四的最优反应都是选择小。如果张三最终选择了大，李四选择小，则收益为 -1，比选择大获得的收益 2 要小。因此，NE_3 也不符合理性人的选择。

相比之下，NE_2 意味着在均衡状态下，李四观察到张三选择大时也选择大，张三选择小时也选择小，不论博弈状态处于哪个子博弈，李四均获得最大收益。显然，NE_2 要比 NE_1、NE_3 更合乎理性。

上面的例子表明，只要添加一点点复杂性，就能使策略式的表述变得更加复杂。由于动态博弈中参与人的选择、行为都有先后次序，因此其在表示方法、利益关系、分析方法和均衡概念等方面都与静态博弈有很大的区别，纳什均衡解的概念存在局限性。

动态博弈的基本特点如下。

（1）策略是在整个博弈中所有选择、行为的计划。

（2）结果是策略组合所构成的路径。

（3）收益对应每条路径，而不是对应每一步的选择和行为。

先后次序决定了动态博弈具有非对称性。

3.1.2　扩展式博弈

在第 2 章中我们将收益矩阵（或代数形式）表达博弈的方式称为博弈的标准式表述（Normal Form Representation）。在本节，我们将给出有先后顺序的博弈最为一般的表达式——博弈的扩展式表述（Extensive Form Representation），其中有些参与人是在了解到其他参与人的行动之后才行动的。从标准式表述到扩展式表述的变化，在于它允许在轮到某些参与人行动时他们的知识取决于其他参与人先前做出的选择。从本质上看，两种表述方法是相同的，但通常我们用标准式表述静态博弈较为方便，用扩展式表述动态博弈则更为直观。

扩展式博弈 $\Gamma = (N, H, P, I, U)$ 有五个要素。

（1）参与人集合 N，$i \in N = \{1, 2, \cdots, n\}$。

（2）历史 H，$h = (a^1, \cdots, a^k) \in H$，即博弈的全历史集合，其中 k 为博弈从开始到结束依次发生的行动次数，行动序列中的每一个 a 都为向量。

（3）参与人函数 P，将每个环节（除终结环节外）分配给不同的参与人并赋予其行动时可选择的策略。对于 $h \in H \setminus Z$ 而言，$P(h)$ 是分配法则。

（4）参与人行动时的信息集合 I。

（5）收益函数 U，表示博弈参与人的偏好。

与博弈的标准式相比，扩展式并未直接给出博弈参与人的行动集合。原因在于扩展式已经隐含地定义了可供各参与人在行动时的选择，根据全历史集合和参与人函数，便可得到各参与人的行动集合。

有了要素（1）至（5）这五个基石，接下来的问题是使用什么样的正式符号可以将所有这些条件综合在一起。对于这一点，我们引入博弈树以体现多个参与人的情境。

3.1.3 博弈树

博弈树给出了单个参与人决策问题的简单图形描述，所以也可以给出适合扩展式博弈的图形描述。博弈树的三要素是节点（Node）、枝（Branch）和信息集（Information Set）。举例说明，厂商 A 与 B 关于是否推出新产品的静态博弈的收益矩阵见表 3 - 3。

表 3 - 3　产品创新的静态博弈收益矩阵

		B	
		推	不推
A	推	9, 1*	14, 0
	不推	2, 2	11, 4

若 A 与 B 同时出招，依据前文的知识可以得到两家厂商都推出新产品是博弈的均衡。但现在我们假设 A 是行业的领导者，往往由它来最早决定是否推出新产品，于是静态博弈就变成了动态博弈。图 3 - 1 和图 3 - 2 给出了 A 和 B 产品创新的博弈树表达。其中，空心和实心的小圆点被称为决策节（Decision Nodes），位于决策节旁边的文字（字母）代表在这个决策节处进行行动选择的参与人，该参与人在此决策节处选择行动。通常，整个博弈中进行第一个行动选择的决策节用空心圆点表示。

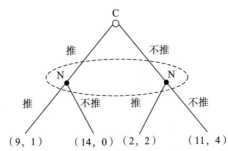

图 3 - 1　产品创新的同时行动博弈的博弈树表达

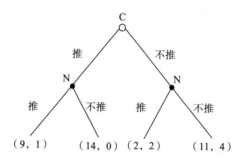

图 3 - 2　产品创新的动态博弈的博弈树表达

图中的线段被称为枝，一个枝表示位于该枝上端决策节处的参与人在该决策节处可能选择的一个"行动"。最下方的枝的下端被称为终点节（Terminal Nodes），当博弈进行到任一终点节时，博弈过程就告结束。终点节处的向量表示博弈进行到此处结束博弈时参与人的收益，向量中左起第一个数字是最先行动的参与人的收益，第二个数字是第二个行动的参与人的收益……依此类推。

每一个枝旁边的文字指出了该枝代表的行动。我们把包括参与人在同一时点的若干决策节点集合称为他的一个信息集①。信息集包括完美信息集和不完美信息集。完美信息集只有一个节点，可以充分识别到节点的路径信息（用单点表示）；不完美信息集包含多个决策节点，无法识别节点的路径信息（用圈起的几个单点表示）。在一个完美信息博弈中，每个参与人都确切地知道他在博弈中的位置，因为他了解在他行动之前发生了什么。在一个（完全但）不完美信息博弈中，有些参与人不知道他处在什么位置。因为有些信息集不止包含一个节点。比如说，每次他们在不知道先前其他参与人的选择时行动，这种情况就出现了，这也说明任一同时行动博弈都是一个不完美信息博弈。如图 3 - 1 中椭圆所罩住的部分为不完美信息集。此外，有一个洞见还需要强调：参与人必须在要么不知道其他参与人的行动，要么没有认识到自然选择的结果的情况下选择行动时，博弈是一个不完美信息博弈。

① 历史也是一种信息。历史清楚的博弈，称为完美信息博弈；历史不清楚的博弈，称为不完美信息博弈。

自然行动上的不确定性或外生不确定性（Exogenous Uncertainty），是单人决策问题的核心。在另外一个参与人的选择上所具有的不确定性或内生不确定性（Endogenous Uncertainty），是同时行动博弈的主题。但这两种情况有一个共同的特征，即某个参与人不知道的事件由在博弈中他的位置具有不确定性来体现，不管是外生不确定性还是内生不确定性，参与人都必须就没有观察到的自然或其他参与人的行动给出信念，以便分析他的处境。

3.1.4　策略和纳什均衡

我们明确定义了扩展式博弈的结构，并且发展出了博弈树来表达这一结构，下一步就是对策略进行描述。策略通常被定义为一个意在完成某一特定目标的行动计划。在标准式博弈中，定义参与人的策略是非常容易的。纯策略是其行动集 A_i 的某个元素，混合策略是这些行动上的概率分布。但在扩展式博弈中，策略则没有这么简单。

在动态博弈中，当一个参与人在之前的事件实现之后再行动时，如果他可以区分这些之前的事件（它们带来了不同的信息集），那么他的未来行动就可以以发生过的事件为条件。因此，策略不再只是参与人将要做什么的简单叙述，从而有下面的定义。

扩展式博弈中纯策略参与人 i 的纯策略是博弈的一个完备计划，它描述了参与人 i 在他的每一个信息集上将会选择的纯行动。

我们来看图 3 - 1 产品创新的同时行动博弈，A 的纯策略是 $S_1 = \{推，不推\}$，B 的纯策略是 $S_2 = \{推，不推\}$。由于每个参与人只有一个信息集，因此扩展式博弈与我们之前遇到的标准式博弈没有差别。而在图 3 - 2 产品创新的动态博弈中，B 有两个不同的信息集，根据每一个信息集，他可以选择推或者不推，每个信息集都来自 A 所做出的选择。"博弈的完备计划"必须与引导 B 对于 A 的每个选择将会选择什么的策略相一致。所以，扩展式博弈中 B 的策略应该是"如果 A 选择推出新产品，那么我也选择推出新产品；如果 A 选择不推出新产品，那么我也选择不推出新产品"。我们用字母 y 表示推出新产品，n 表示不推出新产品，则可以完整地写出 B 的全部纯策略：

$$S_2 = \{yy, yn, ny, nn\}$$

这里的纯策略"ab"是"如果 A 选择 y，我将选择 a；如果 A 选择 n，我将选择 b"。对于先行者 A 而言，纯策略集仍然是 $S = \{y, n\}$。

现在我们引入一些符号来正式地定义纯策略。令 H_i 为参与人 i 进行博弈选择的信息集的集族，令 $h_i \in H_i$ 为 i 的信息集中的一个。令 $A_i(h_i)$ 为参与人 i 在 h_i 处可以采取的行动，令 A_i 为参与人 i 所有行动的集合，$A_i = U_{h_i \in H_i} A_i(h_i)$ [即在所有集合 $A_i(h_i)$ 中所有元素的并集]。纯策略的定义如下。

定义 3.1　对于每一个信息集 $h_i \in H_i$，行为策略（**Behavioral Strategy**）规定了 $A_i(h_i)$ 上的独立概率分布，标示为 $\sigma_i: H_i \to \Delta A_i(h_i)$。其中，$\sigma_i(a_i(h_i))$ 是参与人 i 在信息集 h_i 中采取行动 $a_i(h_i) \in A_i(h_i)$ 的概率。

可以说，行为策略与扩展式博弈的动态性质在步调上更为一致。当我们使用这样的策略时，只要轮到他行动，参与人就在其行动之间进行混合。这与混合策略截然不同，在混合策略中，参与人是在博弈之前进行混合，然后一直忠于选定的纯策略。

对于不同的策略类型，罗伯特·邓肯·卢斯（Robert Duncan Luce）和霍华德·雷法（Howard Raiffa）在 1957 年打了一个很传神的比方：一个纯策略可以看成一本每一页都告诉参与人在特定信息集上要采取哪一项纯行动的操作手册，而且页码的数量和参与人所拥有的信息集的数量相等。纯策略集 S_i 就像一个汇集了纯策略手册的图书馆。混合策略就是从图书馆中随机选择其中一本纯策略手册，然后遵循手册行动。而行为策略是一本这样的手册：它在每一页上预先给出了在某个特定信息集上可能采取的随机策略。

定义了两类非纯策略之后，接下来的问题就是：就可能行为的完备描述而言，是否需要考虑这两类策略，或者说只考虑其中一类或另一类策略是否足够？我们通过两个互补性问题来做出解答。第一个互补性问题是：给定一个混合（非行为）策略，我们能否找到一个可

以带来同样结果的行为策略呢？答案是肯定的，这很容易看出来。第
二个互补性问题是：给定一个行为策略，我们能否找到一个可以带来
同样结果的混合策略呢？答案也是肯定的，特定的行为策略可以由无
穷多不同的混合策略产生。博弈上任一随机化都可以由混合策略或者
行为策略来表达，在一个相对宽松（Mild）的条件下，这也是成
立的。

定义了扩展式博弈的策略，我们是否可以把扩展式纯策略集当作
标准式博弈中的纯策略集，从而将扩展式博弈转换为标准式博弈？收
益函数集可以从纯策略组合如何带来终点节的选取中导出。仍然以图
3-2产品创新的动态博弈为例，这个博弈可以用一个 2×4 矩阵表达
（见表3-4）。

表3-4 产品创新的动态博弈收益矩阵

B

		yy	yn	ny	nn
A	y	9, 1	9, 1	14, 0	14, 0
	n	2, 2	11, 4	2, 2	11, 4

正如这个矩阵所表明的那样，扩展式博弈中四种收益的每一种都
在这里被复制了两次。这是因为对于先行者 A 的任何纯策略而言，追
随者 B 的四个纯策略中有两个是等价的。例如，如果 A 选择 y，也就
是推出新产品，那么 B 的策略中只有"第一个部分"才是重要的，因
此 yy（表示 B 在 A 选择推出新产品后也选择推出新产品，在 A 选择不
推出新产品后仍选择推出新产品）以及 yn（表示 B 在 A 选择推出新产
品后也选择推出新产品，在 A 选择不推出新产品后也选择不推出新产
品）得到的结果是相同的。类似地，如果 A 选择不推出新产品，那么
B 的策略中只有"第二个部分"才是重要的，因此 yy 和 ny 会取得相同
的结果。进一步地，每一个扩展式博弈都有唯一的一个标准式来表达
它。对于相反方向的转换，这一结果是不成立的。

需要注意的是，将扩展式博弈转换为标准式博弈，似乎忽略了扩

展式博弈能够体现动态结构的特点。那么，我们为什么还要关注这类转换？原因在于纳什均衡的概念本质上是一个静态的概念，因为在均衡处参与人总是将其他参与人的策略视为给定，从而每个人都选择了最优反应。因此，扩展式博弈的标准式表达对于找出博弈所有的纳什均衡是足够的。如果扩展式博弈是二人有限策略博弈，那么这就会特别有用，因为我们可以将其标准式写成矩阵，并使用前文给出的简单方法来求解它。

具体地，在产品创新静态博弈的例子中，纳什均衡是（推出新产品，推出新产品）。若允许该行业领导者 A 先决定其策略，结果就会相应不同。通过画线法可以知道，有两个纯策略的纳什均衡，即（y, yy）和（n, yn），最终这一动态博弈均衡结果应为（n, yn），即 A 决定不推出新产品，B 也随之不推出新产品。这是因为先行者 A 知道有两个可能实现的均衡结果（y, yy）和（n, yn），并且结果为（n, yn）时其收益大于结果为（y, yy）时的收益，所以他一定会首先选择 n，即不推出新产品，从而使得均衡解是（n, yn）而不是（y, yy）。

同样需要注意的是，在这一动态博弈中，（y, yy）和（y, yn）可以给两个参与人带来同样的结果，即都推出新产品。那么，这两个预测之间是否有区别？答案是肯定的。二者的区别不在于参与人在均衡中切实选中了什么，而在于参与人 2——B 计划在没有达到均衡的那些信息集上选择什么。

在扩展式博弈中，博弈的每一个结果都与唯一的博弈路径相关，因为存在一条从博弈的根到每一个终点节的唯一路径。我们也知道参与人会选择一个纳什均衡，因为给定参与人关于对手的策略有正确的信念，那么坚持这一均衡策略总是代表其最优利益。这说明如果有一个策略组合 s^* 是纳什均衡，那么给定其对其他参与人坚持 s_{-i}^* 的信念，每个参与人 i 都偏好坚持博弈的预测路径胜过"偏离"这一路径而选择博弈中的其他路径。由此，我们给出下面的定义。

定义 3.2　令 $\sigma^* = (\sigma_1^*, \cdots, \sigma_n^*)$ 是扩展式博弈中行为策略的一个纳什均衡组合。如果给定 σ^*，一个信息集可以以正概率到达，那么我们就称这个信息集在均衡路径上（On the Equilibrium Path）。如果给定 σ^*，一个信息集不可能到达，那么我们就称这个信息集偏离均衡路径（Off the Equilibrium Path）。

借助这个定义，我们可以重新解释那些促成纳什均衡预测自执行的力量。在纳什均衡中，参与人选择在均衡路径上进行博弈，是因为他们具有关于其他参与人在均衡路径和非均衡路径上做什么的信念。

回到产品创新的博弈，通过将扩展式博弈转化为标准式博弈，我们得到两个纳什均衡——(y, yy) 和 (n, yn)。对于 (y, yy)，使用前文的术语，我们可以解释为参与人坚持 A 选择 y 时的均衡路径，因为 B 会威胁说他将选择 y 从而偏离均衡路径。因此，扩展式博弈的纳什均衡逻辑存在一些不足之处。这个概念只要求给定在均衡路径和偏离均衡路径上那些结果的信念的情形下，参与人在均衡路径上理性地行动。它既没有对参与人偏离均衡路径的信念给出限制，也没有对他们如何思考这样的信念给出限制。但我们仍然期待理性参与人能够针对其信念，只要轮到他们行动时就最优地采取行动。接下来，本书引入一个自然的条件，为动态博弈提供更精炼的预测。这些预测可以将不可置信的均衡解排除。

3.2 子博弈完美纳什均衡

博弈论研究的直接目的是寻找博弈问题的解，到目前为止人们主要是将纳什均衡作为博弈的解，但这面临一个很大的问题——多重性问题。在博弈论研究中，针对如何解决纳什均衡的多重性问题，一些学者总是不断从逻辑学甚至心理学的角度出发，试图将模型中出现的多个纳什均衡消去一些，从而提高模型的预测能力。这类工作被称为纳什均衡的"精炼"（Refine）。经济学家已经做了大量相关工作，如"焦点效应""相关均衡"等。但这些方法都是一些非规范式的方法，需要结合具体的博弈问题来剔除不合理的纳什均衡。在众多方法中，解决纳什均衡多重性问题的一种主要方法是精炼，即从博弈解的定义入手，在纳什均衡的基础上，通过定义更加精炼的博弈解，从而剔除纳什均衡中不合理的均衡。

泽尔腾①于 1965 年发表了《需求减少条件下寡头垄断模型的对策论描述》一文,他提出的"子博弈完美纳什均衡"(Subgame Perfect Nash Equilibrium, SPNE)的概念就是这样一种新的博弈解。子博弈完美纳什均衡在一定程度上弥补了纳什均衡的不足,而且对完全信息的动态博弈问题更加适用。

在给出子博弈完美纳什均衡的正式定义前,我们先介绍几个核心概念和定义。

(1)序贯理性(Sequentially Rational)。参与人在博弈树上的每一个信息集都使用最优的策略。它表明参与人在博弈序列的每一个阶段(无论是否在均衡路径上)都是理性的。正式地,我们给出以下定义。

定义 3.3 给定 i 的对手的策略 $\sigma_{-i} \in \Delta S_{-i}$,我们称 σ_i 是序贯理性的,当且仅当 i 在其每一个信息集上都针对 σ_{-i} 采取了最优反应。

(2)逆向归纳法(**Backward Induction**)。逆向归纳法是从博弈终点节的直接前行节开始,然后通过博弈树进行逆向归纳的一种方法。将该方法应用到完美信息有限博弈中,可以给出每个序贯理性参与人的预定策略。具体有如下命题。

命题 3.1 任一完美信息有限博弈都有一个逆向归纳解,该解是序贯理性的。如果没有两个终点节为任一参与人预先给出相同的收益,那么逆向归纳解就是唯一的。

值得注意的是,根据逆向归纳法的构造,每个参与人必然会针对在其后行动的其他参与人的行动采取最优反应(这个反应是为每个信息集构造出来的),那么自然有以下推论。

推论 3.1 任一完美信息有限博弈都至少有一个纯策略序贯理性纳什均衡。如果没有两个终点节为任一参与人预先给出相同的收益,那么该博弈就有唯一的序贯理性纳什均衡。

---

① 莱茵哈德·泽尔腾(Reinhard Selten),子博弈完美纳什均衡的创立者。1994 年因在"非合作博弈理论中开创性的均衡分析"方面的杰出贡献而荣获诺贝尔经济学奖。

（3）子博弈（Subgame）。子博弈是由一个单节信息集 X 开始的与所有该决策节的后续结（包括终点节）组成的，能够自成一个博弈的原博弈的一部分，即给定"历史"，从每一个行动开始至博弈结束构成的一个博弈，称为原动态博弈的一个"子博弈"。子博弈可以作为一个独立的博弈进行分析，并且与原博弈具有相同的信息结构。为了叙述方便，一般用 $\Gamma(x_i)$ 表示博弈树中开始于决策节 x_i 的子博弈。

由于我们预期理性参与人会以序贯理性的方式行动，逆向归纳法对在完美信息①（Perfect Information）有限博弈中寻找序贯理性纳什均衡是非常有用的，但当我们将所得的结果拓展到不完美信息博弈的解时，情况就颇具欺骗性。对此，子博弈能够对扩展式博弈进行"解剖"，从而变成一系列更小的博弈。它允许我们将序贯理性的概念应用到不完美信息博弈中。在子博弈中的任一节点或信息集，参与人的最优反应仅取决于他关于其他参与人在这个子博弈内做什么的信念，而不取决于这个子博弈之外的那些节点。

这样我们就可以给出子博弈完美纳什均衡的正式定义。

定义 3.4　**（子博弈完美纳什均衡）扩展式博弈的策略组合 $S^* = (S_1^*, \cdots, S_i^*, \cdots, S_n^*)$ 是一个子博弈完美纳什均衡，当且仅当它是原博弈的纳什均衡时，它在每一个子博弈上也都构成纳什均衡。**

如果在一个完美信息的动态博弈中，各博弈方的策略构成的策略组合满足——在整个动态博弈及它的所有子博弈中都构成纳什均衡，那么这个策略组合称为该动态博弈的一个子博弈完美纳什均衡。这也意味着原博弈的纳什均衡并不一定是子博弈完美纳什均衡，除非它还对所有子博弈构成纳什均衡。

一般地，对于完全信息动态博弈，我们可以运用逆向归纳法求出子博弈完美纳什均衡。逆向归纳法建立在如下逻辑之上：先行动的参

---

① 所谓完美信息的博弈是指每个参与人决策时都没有不确定性，也就是说，在博弈树中每个参与人的信息集都是单决策节的。完美信息与完全信息的区别在于：完全信息只是在博弈开始时参与人没有不确定性，相当于博弈树为共同知识；而完美信息则是在任一决策时点上参与人都没有不确定性，这不仅要求博弈树为共同知识，而且每个参与人决策时博弈的历史也是共同知识。

与人在前面阶段选择行动时必然会考虑到对手随后如何行动，只有在博弈的最后阶段进行决策的参与人，因为不再有后顾之忧，才能直接做出明确的选择。如此，前面阶段参与人的行动选择也就确定下来。

接下来，我们利用逆向归纳法求解如图 3 - 3 所示博弈的子博弈完美纳什均衡。

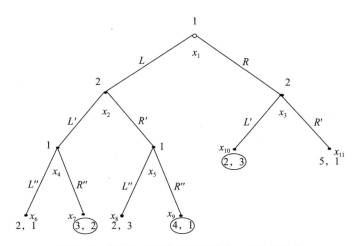

图 3 - 3 用逆向归纳法求解子博弈完美纳什均衡

在图 3 - 3 给出的博弈树中，首先从最后一个进行行动选择的参与人开始，我们在这个参与人所有的最终决策中展开最优行动选择：对于参与人 1 而言，x_7 和 x_9 为其最优行动，按照这一步骤，接下来参与人 2 在对 L' 和 R' 的选择中，肯定会选择 L'，即 x_4 和 x_{10}，这样就回到起点，参与人 1 的最优行动选择为 L。

根据已完成的各个决策节上的最优行动选择，我们来看该博弈模型做出了什么样的预测。首先，当博弈开始时，参与人 1 面临在两个行动 L 和 R 之间进行选择的问题。他知道，如果选择 L，则对手将选择 L'，最后轮到参与人 1 再度进行选择时，他将选择 x_7，获得收益 3；而如果他开始选择的是 R，则对手仍将选择 L'，他自己获得收益 2。因此，参与人 1 在博弈开始时会选择 L，因为 L 是他在第一次进行行动选择时的最优行动。正如参与人 1 所预料的那样，对手随后将选择 L'，然后再由自己选择 x_7，博弈结束。这样，我们凭直觉认为行动组合

（L，L'，R''）构成的路径是均衡路径，而纳什均衡就应该是策略组合 $[(L，R'')，(L'，L')]$。其中，我们在参与人 1 的策略表达中按其进行行动选择的顺序写出对应的行动选择，而在同一行动选择顺序中，我们按博弈树中从左到右（从上到下）的顺序写出对应的最优行动。

作为动态博弈分析最重要、最基本的方法，逆向归纳法基于连续理性原则（参赛者在每一步骤上均追求效用极大化）可以将纳什均衡中不合理的、不可置信的行动（或威胁）剔除掉。因此，从本质上讲，逆向归纳法是一个重复剔除劣策略的过程①。从逆向归纳法求解子博弈完美纳什均衡的过程中可以看到：在求解任一子博弈时，参与人在该子博弈初始决策节上的选择对于余下的博弈进程而言是最优的。同时，此子博弈完美纳什均衡在一定程度上满足动态规划的最优性原理，对完美信息的博弈问题尤为适用，即在博弈的任何决策时点上，子博弈完美纳什均衡都能给出参与人的最优选择。

由于子博弈完美纳什均衡在任一决策节上都能给出最优决策，这也使得子博弈完美纳什均衡不仅在均衡路径上给出参与人的最优选择，而且在非均衡路径（除均衡路径以外的其他路径）上也能给出参与人的最优选择。所以，子博弈完美纳什均衡不会含有参与人在博弈过程中不合理的、不可置信的行动（或威胁）。这就是子博弈完美纳什均衡与纳什均衡的实质性区别。此时的策略是"万全之策"，而不再是单纯的行动。

3.3　子博弈完美纳什均衡的求解方法

3.3.1　画框图法

我们为图 3 - 4 所示的博弈推导出所有的子博弈完美纳什均衡。

---

① 尽管逆向归纳法的本质是一个重复剔除劣策略的过程，但在某些情况下，我们不能直接应用重复剔除劣策略的思想来求解子博弈完美纳什均衡。原因在于：除非每次剔除的都是严格劣策略，如果各个劣策略剔除的顺序不同，那么得到的博弈均衡就有可能不同。

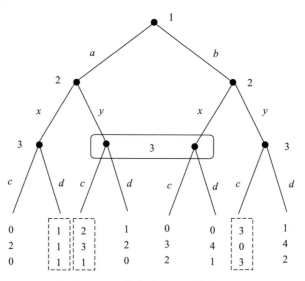

图 3-4　完全信息动态博弈 I

解析：

（1）先在子博弈中剔除一些不会选择的情况。剔除第一个和第八个结果，得到如图 3-5 所示的博弈。

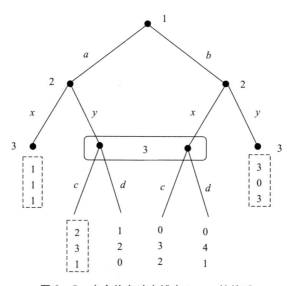

图 3-5　完全信息动态博弈 I——精炼后

（2）参与人3在信息集中无法确定自己在哪个节点。此时表格可精炼至16项，如表3-5所示。

表3-5 完全信息动态博弈 I ——精炼后

	1		a		b	
	3	c	d	c	d
2	xx	1, 1, 1	1, 1, 1	0, 3, 2	0, 4, 1
	xy	1, 1, 1	1, 1, 1	3, 0, 3	3, 0, 3
	yx	2, 3, 1	1, 2, 0	0, 3, 2	0, 4, 1
	yy	2, 3, 1	1, 2, 0	3, 0, 3	3, 0, 3

此时可以解出，（2，3，1）是在最大的子博弈中得出的子博弈完美纳什均衡，因而它也是整个结果的子博弈完美纳什均衡。

3.3.2 剔除法

下面来看图3-6中描述的扩展式博弈。终端节点首行是参与人1得到的收益，第2行是参与人2得到的收益。

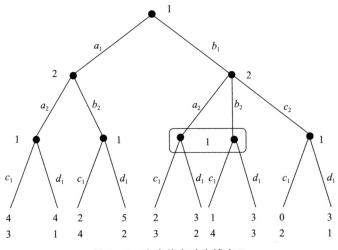

图3-6 完全信息动态博弈 II

解析：

可以先找到子博弈中的子博弈完美纳什均衡，再找整个的子博弈完美纳什均衡（看哪个是被占优的）。通过求解，得到此时的子博弈完美纳什均衡的形式——(a_1d_1, b_2)，但这只是一组，不一定是这组策略的全部。

通过以上两个例子可以看出，找到子博弈完美纳什均衡的方法有两个。

（1）画框图法。先找到纳什均衡，再找到子博弈完美纳什均衡。

（2）剔除法（找占优策略）。可以得到纳什均衡，并且在完美信息情况下可以直接得到子博弈完美纳什均衡。

它们的关系如图 3 - 7 所示。

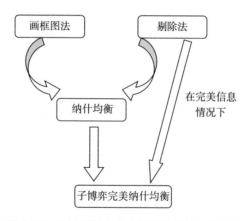

图 3 - 7　求解子博弈完美纳什均衡的两种方法

需要注意的是，子博弈完美纳什均衡中精炼过程特指由纳什均衡到子博弈完美纳什均衡的过程，而不仅仅包括剔除劣策略等活动。在由纳什均衡到子博弈完美纳什均衡的过程中，必须是在一整个子博弈中进行的剔除才能算是找到纳什均衡。如果找不到严格占优策略，则无法进行剔除，此时应采用画框图法。通常来说，找到子博弈完美纳什均衡的过程，需要我们交替使用画框图法和剔除法。

3.4 博弈中的"承诺"

博弈的均衡解与各参与人的策略空间或行动空间密切相关，参与人可以通过改变选择使其策略空间发生相应的变化（通常是缩小其行动空间或策略空间使其威胁或承诺变得可信）来避开他不满意的均衡并获取所需的均衡。从本质上讲，承诺行动（Commitment Action）就是在博弈开始之前参与人采取的某种改变自己收益或行动空间的行动，该行动可使原本不可信的威胁变得可信。在许多情况下，承诺行动对参与人来讲是有利的，因为它能使博弈的均衡发生有利于自己的改变。但参与人的承诺行动是有成本的，否则这种承诺就是不可置信的。

承诺行动在现实生活中有许多应用。如法律界的"要挟诉讼"（Nuisance Suits），在这种情况下，原告几乎不可能胜诉，而其唯一的目的可能是希望通过私了得到一笔赔偿。其基本要点在于，尽管提出诉讼费用很高，而且胜算很小，但由于被告考虑到时间或名誉等其他因素，因此可能会获得一笔可观的补偿以求得私了。双方地位越悬殊，这种策略就越奏效。反过来的情况在产业竞争中也颇为常见。假如在某市场中新进入者 A 通过简陋的生产条件和低廉的劳动力使得产品能以远低于在位者成本的价格销售，在位者 B 可以通过反不正当竞争法提起诉讼。若 A 的注册资本为 100 万元，则 B 完全可以以 500 万元为起诉标的（这意味着光诉讼费就要 100 万元）。面对这种情况，A 该如何应对？这就涉及威胁（Threat）和允诺（Promise）。在日常生活中，我们很容易发现一些威胁和允诺的例子。例如，对于挑食的小孩子（喜欢吃肉不喜欢吃蔬菜），父母通常会说，"除非你把蔬菜吃完，否则不准吃肉"，这就是威胁。而假如父母对他说，"如果考试得 100 分，就奖励你一顿红烧肉"，这就是一种允诺。与承诺这种无条件的策略行动不同，威胁和允诺则是条件依存的策略性行动，属于反应函数或者反应规则的范畴。

再来看市场进入的例子。如表 3 - 6 所示，该博弈中有两个纳什均衡——（进入，原价）和（不进，低价）。但很重要的条件是进入者往往先行动，新旧公司之间有行动先后，以扩展式博弈表示，如图 3 - 8 所示。

表 3 - 6　市场进入的静态博弈

在位者

		原价	低价
进入者	进入	10，50*	- 10，30
	不进	0，100	0，100*

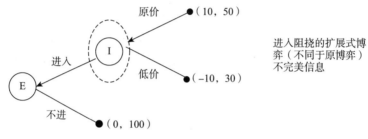

图 3 - 8　市场进入博弈模型的扩展式

再以子博弈完美观念来求均衡，得到一个子博弈完美纳什均衡，即 E 选择进入，I 保持原价不变。换言之，在位者（I）价格战的恐吓是不可置信的（Not Credible）。而子博弈完美纳什均衡的相应策略才是可信的威胁（Credible Threat）。但对于连锁店集团来说，若有 $K = 50$ 个市场，从第 50 个市场开始，I 不打价格战，到第 49 个市场亦然。反推下去，连锁店的子博弈完美纳什均衡是对所有 50 个市场均不打价格战以吓阻进入者。由理论推导出的子博弈完美纳什均衡与实际观察到的价格战现象不符，即泽尔腾所称的连锁店悖论（Chain-Store Paradox）。关于这方面的理论，本书随后在重复博弈及非完全信息博弈中会详细涉及。

3.5　子博弈完美纳什均衡解的存在性与合理性

完全信息博弈是一种理论模型（十分理想化的博弈），因而对博中的有关条件做了相当严格的要求。对于有限完美信息博弈，存在库恩（Kuhn）定理。

定理 3.1 （库恩定理）每个有限的扩展式博弈都存在子博弈完美纳什均衡。

定理 3.1 的"有限"条件，可以理解为博弈树有限。子博弈完美纳什均衡的存在性由纳什均衡的存在性定理保证，只需将纳什均衡的存在性定理应用到子博弈上，结合逆向归纳法即可。尽管库恩定理保证了子博弈完美纳什均衡的存在性，但并不能保证我们所讨论的有限扩展式博弈都只存在唯一的子博弈完美纳什均衡。所以，使用子博弈完美纳什均衡，仍可能面临解的多重性问题。特别是在某些情况下（如退化了的动态博弈），博弈的子博弈完美纳什均衡与纳什均衡是一样的，尤其涉及重复博弈时，这一情况更为突出。我们来看一个存在多个子博弈完美纳什均衡的例子，如表 3-7 所示。

表 3-7　多个子博弈完美纳什均衡举例

B

A		L′	R′
	L	2, 1*	0, 0
	M	0, 2	0, 1
	R	1, 3	1, 3*

子博弈完美纳什均衡是作为博弈的解提出的，是对纳什均衡的精炼。作为博弈的解，子博弈完美纳什均衡有其合理的一面，可以剔除纳什均衡中不合理的、不可置信的行动（或策略）。但是，子博弈完美纳什均衡及其求解方法——逆向归纳法仍存在一些不足，其合理性受到人们的怀疑。例如，逆向归纳法只能分析明确设定的博弈问题，要求博弈的结构，包括次序、规则和收益情况等都非常清楚，各个博弈方了解博弈结构，并且相互知道对方了解博弈结构。这些可能有脱离实际的可能：对参与人的理性要求太高——不仅要求所有博弈方都有高度的理性，不允许犯任何错误，而且要求所有博弈方相互了解和信

任对方的理性，对理性有相同的理解，或进一步有"理性的共同知识"。另外，逆向归纳法也不能分析比较复杂的动态博弈。我们再来看扩展式博弈，如图 3 - 9 所示。

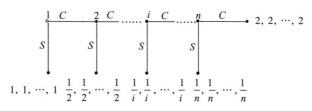

图 3 - 9　复杂的动态博弈

根据逆向归纳法容易求出如图 3 - 9 所示博弈的子博弈完美纳什均衡，即每个参与人选择 C，同时每个参与人都获得收益 2。当 n 的值很小，如 $n = 2$ 时，这个预测也许是正确的；但如果 n 的值很大，这个结果就值得商榷了。假设 $n = 3$，对于参与人 1 来讲，要使自己获得收益 2，不仅要确信参与人 2 和参与人 3 都会选择 C，而且要确信参与人 2 确信参与人 3 将会选择 C，否则就不如直接选择 S，以确保自己得到安全收益 1。在这里，子博弈完美纳什均衡需要满足"参与人关于其他参与人行为的预期是一致的"这一条件，即不仅要求每个参与人都不会"犯错误"，而且要求每个参与人都会预期到其他参与人不会"犯错误"。逆向归纳法也没有为当某些未预料到的事情发生时（即参与人"犯错误"时）参与人如何形成他们的预期提供解释，这使得逆向归纳法的逻辑受到怀疑。

3.6　子博弈完美纳什均衡的应用

3.6.1　轮流出价讨价还价

在动态博弈理论中，有一种特殊的形式——讨价还价理论（Bargaining Theory）。它是典型的动态博弈问题，也是博弈论中最早研究的一种博弈问题。它在动态博弈理论中占据重要的位置。由于该理论应用的广泛性和内容的重要性，它也一直备受博弈论专家的关注。轮流出价讨价还价博弈模型（Bargaining Game of Alternating Offers Model）是著名的博弈论专家鲁宾斯坦（Rubinstein）在1982年对另外两位博弈论专家工作的扩展。

故事如下。设在轮次 $2k$（$k = 0, 1, 2, \cdots$）时由参与人 B 提出一个分配方案（$X, 1-X$）。其中，X 可以视为一块蛋糕的百分比。对此，参与人 S 可以接受或拒绝。若 S 接受，则博弈结束；若 S 拒绝，则在轮次 $2k+1$ 时提出反建议方案，这时参与人 B 可以接受或拒绝。如果在某轮参与人 B 接受了 S 的开价，则博弈结束，否则继续由参与人 B 提议。

通常采用折扣因子 δ 来分析非无限耐心情况。令某参与人再等一轮的代价是其下一轮分得盈余的百分比 λ，即其本轮的所得为下轮所得的 $1 - \lambda = \delta$ 倍。设 y 为其下一轮所得，δy 相当于 y 在本轮的贴现值。

尽管本博弈存在许多纳什均衡，当讨价还价博弈是无限次进行时，逆向归纳法不能直接使用，但我们可以运用逆向归纳法的思想以及博弈树在自身结构上的自相似性（即每一个子博弈在结构上相似于原博弈）解出其唯一的子博弈完美纳什均衡，这就是著名的鲁宾斯坦定理。

定理 3.2 （鲁宾斯坦定理）设参与人 1 和 2 关于一块蛋糕（盈余）的分配采用交替开价的办法进行讨价还价。参与人 1 首先开价，开价次数没有限制。两个参与人的折扣因子分别为 δ_1（$0 < \delta_1 < 1$）和 δ_2（$0 < \delta_2 < 1$），当某个参与人关于接受或拒绝某开价确实感到无所谓时，则认为该参与人接受此开价。若 $T = \infty$，则轮流出价的讨价还价博弈有唯一的子博弈完美纳什均衡，其均衡结果为：

$$x^* = \frac{1 - \delta_2}{1 - \delta_1 \delta_2}$$

当 $\delta_1 = \delta_2 = \delta$ 时，$x^* = \dfrac{1}{1+\delta}$。

证明：

从参与人 1 出价的任何阶段开始的子博弈应等价于从 $t = 1$ 开始的原博弈，这一点曾由 Shaked 和 Sutton（1984）严格证明。于是，我们可应用逆向归纳法的逻辑去求解完美均衡。

假定在 $t \geq 3$ 时由参与人 1 出价且参与人 1 能得到的最大份额为 M

（显然存在）。

参与人 1 在 t 得到的 M 对于他来说等价于他在 $t-1$ 得到的 $\delta_1 M$，故参与人 2 在 $t-1$ 出价 $x_2 \geq \delta_1 M$ 时参与人 1 必接受，而参与人 2 不会出比 $\delta_1 M$ 更高的价格给参与人 1，所以参与人 2 在 $t-1$ 出价 $x_2 = \delta_1 M$ 对参与人 2 是最优的，参与人 2 获得 $1 - \delta_1 M$。

参与人 2 在 $t-2$ 的最大收益贴现值为 $\delta_2 (1 - \delta_1 M)$，参与人 1 在 $t-2$ 出价 $1 - x_1 \geq \delta_2 (1 - \delta_1 M)$ 时，参与人 2 会接受，而参与人 1 不会出比此更高的价格给参与人 2，故参与人 1 出价 $1 - x_1 = \delta_2 (1 - \delta_1 M)$，参与人 1 的最大获取为 $1 - \delta_2 (1 - \delta_1)$。

因为从 $t-2$ 开始的博弈与从 t 开始的博弈完全相同，故参与人 1 在 $t-2$ 能得到的最大份额一定与其在 t 能得到的最大份额相同，所以有：

$$M = 1 - \delta_2 (1 - \delta_1 M)$$

可得：

$$M = \frac{1 - \delta_2}{1 - \delta_1 \delta_2}$$

再设参与人 1 在 t 能得到的最小份额为 m（显然存在），同理可得：

$$m = \frac{1 - \delta_2}{1 - \delta_1 \delta_2} = M$$

因为总有 $m \leq x \leq M$，而 $m = M$，故必有 $x = m = M = \frac{1 - \delta_2}{1 - \delta_1 \delta_2}$。

证毕。

推论 3.2　完美均衡结果由参与人的贴现因子或耐心程度决定。

给定 δ_2，当 $\delta_1 \to 1$ 时，$x^* \to 1$；给定 δ_1，当 $\delta_2 \to 1$ 时，$x^* \to 0$。也就是有"耐心优势"，即有绝对耐心的人总可以通过拖延策略来使自己独吞蛋糕。例如，在农贸市场买菜时，一般来说退休老人有足够多的时间去捕捉价格信息并与菜贩们讨价还价，他们有足够的耐心与菜贩们周旋，因而菜贩们不会在他们那里赚到很多钱。

当 $\delta_2 = 0$ 时，参与人 1 将得到整个蛋糕。但当 $\delta_1 = 0$ 时，参与人 2 不能得到整个蛋糕，除非 $\delta_2 = 1$，即没有任何耐心的参与人 1 也可得到一点份额，原因是除耐心优势外，博弈还有"先动优势"（First-mover Advantage）。

当 $\delta_1 = \delta_2 = \delta < 1$ 时，$x^* = \dfrac{1}{1+\delta} > \dfrac{1}{2}$，这是先动优势。

当 $\delta_1 = \delta_2 = 1$ 时，x^* 是 $[0, 1]$ 中的任何数，博弈有无限多个完美均衡（$x^* = \dfrac{1}{2}$是聚点均衡[①]）。

由上述例子可以引申出讨价还价的两种成本。贴现率可理解为讨价还价中的一种成本，类似蛋糕随时间推延而不断缩小。每轮讨价还价的成本与剩余的蛋糕成比例。另一种成本是固定成本，关于固定成本对均衡结果的影响可参见 Shaked 和 Sutton（1984）的讨论。

事实上，前文讨论的是完全信息讨价还价博弈的基本模型。但我们知道，现实中的许多问题是完全信息的模型所无法解释的，如资方与受雇方的工资谈判、战争等现象。因此，同非完全信息、非合作博弈理论的发展缘由一样，讨价还价理论也引入了信息的非完全性。此后，涌现出大量关于非对称信息讨价还价问题的文献[②]。

3.6.2 斯坦克尔伯格模型

斯坦克尔伯格模型（Stackelberg Model）揭示的是完全信息动态条件下的对策均衡问题。市场厂商的行动是选择业务量或用户数。但在斯坦克尔伯格模型中，厂商 1 是领先厂商，首先选择其业务指标 q_1；厂商 2 即竞争对手，是尾随厂商，在观测到厂商 1 的行动后，选择自

[①] Schelling（1960）在其《冲突的策略》（*The Strategy of Conflict*）一书中提出了著名的"聚点"（Focal Point）概念。聚点可以解释为博弈局的所有行为人都认可的历史的、文化的或者其他的一些具有凸显特征（Property of Salience）的偶然因素。当博弈行为人之间没有正式的信息交流时，他们存在于其中的"环境"往往可以提供某种暗示（Clue），使得他们不约而同地选择与各自条件相称的策略（聚点），从而达到均衡。也就是说，当人们看到或意识到许多可能的均衡解时，有些策略可能存在一些凸显的特征，使人们可以达成某种共识的策略，从而达到均衡。详见李军林《聚点理论及其发展》，《经济理论与经济管理》2007 年第 2 期。

[②] 李军林、李天有：《讨价还价理论及其最近的发展》，《经济理论与经济管理》2005 年第 3 期。

己的业务指标 q_2。

假定逆需求函数为 $P(Q) = a - (q_1 + q_2)$，厂商有相同的不变单位成本 $c \geq 0$，那么收益（利润）函数为：$\pi(q_1, q_2) = q_i(P(Q) - c)$，$i = 1, 2$。

我们应用逆向归纳法求解此子博弈完美纳什均衡。

首先考虑给定 q_1 的情况下，厂商 2 的最优选择（第二阶段）：

$$\max \pi_2(q_1, q_2) = q_2(a - q_1 - q_2 - c)$$

$$\text{FOC}: q_2 = S_2(q_1) = \frac{1}{2}(a - q_1 - c)$$

因为厂商 1 预测到厂商 2 将根据 $r_2(q_1)$ 来选择 q_2，厂商 1 在第一阶段的问题是：

$$\max \pi_1(q_1, S(q_2)) = q_1(a - q_1 - S(q_1) - c)$$

因而可以求得如下解：

$$q_1^* = \frac{1}{2}(a - c)$$

$$q_2^* = \frac{1}{4}(a - c)$$

从表 3 - 8 的比较中可以看出，斯坦克尔伯格模型中的均衡总产量大于古诺模型中的均衡总产量，厂商 1 在斯坦克尔伯格模型中的均衡产量大于在古诺模型中的均衡产量，厂商 2 在斯坦克尔伯格模型中的均衡产量小于在古诺模型中的均衡产量。同样，厂商 1 在斯坦克尔伯格博弈中的利润大于在古诺博弈中的利润，厂商 2 的利润则有所下降，这就是所谓的"先动优势"。

表 3 - 8　斯坦克尔伯格模型与垄断和古诺模型结果比较

指标	垄断	古诺模型	斯坦克尔伯格模型
产量	$\frac{1}{2}(a-c)$	厂商 1：$\frac{1}{3}(a-c)$	厂商 1：$\frac{1}{2}(a-c)$
		厂商 2：$\frac{1}{3}(a-c)$	厂商 2：$\frac{1}{4}(a-c)$

续表

指标	垄断	古诺模型	斯坦克尔伯格模型
总产量	$\frac{1}{2}(a-c)$	$\frac{2}{3}(a-c)$	$\frac{3}{4}(a-c)$
利润	$\frac{1}{4}(a-c)^2$	厂商1: $\frac{1}{9}(a-c)^2$ 厂商2: $\frac{1}{9}(a-c)^2$	厂商1: $\frac{1}{8}(a-c)^2$ 厂商2: $\frac{1}{16}(a-c)^2$
总利润	$\frac{1}{4}(a-c)^2$	$\frac{2}{9}(a-c)^2$	$\frac{3}{16}(a-c)^2$

自古以来便有"先下手为强"的说法，现实生活中也的确存在大量的例子说明先做出决策的一方会占到一些便宜，但事情并不绝对。拥有信息优势也可能使行为人处于劣势。厂商1先行动的承诺价值是：厂商1之所以获得斯坦克尔伯格利润而不是古诺利润，是因为它的产品一旦生产出来就变成一种积淀成本而无法改变，从而使厂商2不得不承认它的威胁是可信的。而如果厂商1只是宣布它将生产 $q_1^* = \frac{a-c}{2}$，厂商2不会相信它的威胁，因为若厂商2相信它的威胁而选择 $q_2 = \frac{a-c}{4}$，给定此 q_2，厂商1的最优选择是 $q_1 = \frac{3(a-c)}{8}$ 而不是 $q_1 = \frac{a-c}{2}$（见图3-10）。当然，如果本例中厂商选择的不是产量而是价格，则"先动优势"就会消失，取而代之的是"后发优势"。

3.6.3 轮流出价博弈

接下来介绍经典的轮流出价（Bargaining Model）博弈，我们从最简单的两阶段博弈开始。两个参与人想要分一个大小为 π（$\pi > 0$）的馅饼。参与人1提供一个切分方案 x，其中他自己的份额为 x，参与人2的份额为 $\pi - x$。如果参与人2接受这个方案，那么这个馅饼就按这一方案切分。如果参与人2拒绝这个方案，那么两个参与人都不能得到任何东西。这一博弈的扩展形式如图3-11所示。

在这个博弈中，参与人1在最初的节点有一个连续的行动空间，而参与人2只有两个行动（这一连续行动空间的范围为 $0 \sim \pi$）。当参

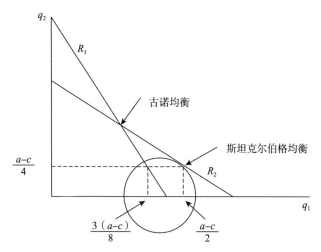

图 3 - 10　斯坦克尔伯格均衡与古诺均衡的比较

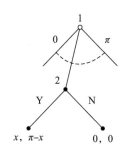

图 3 - 11　轮流出价博弈

与人 1 提出某一方案时，参与人 2 只能选择接受或者拒绝。存在无限个长度为 1 的子博弈，每一个子博弈都被份额 x 区分开来。在所有 $x < \pi$ 的子博弈中，参与人 2 的最优行动都是接受方案，因为这样做将产生严格正的收益，这比拒绝方案所获得的收益 0 要高。但是在 $x = \pi$ 的子博弈中，参与人 2 在接受或者拒绝方案之间是无差异的。因此，在一个子博弈完美纳什均衡中，参与人 2 的策略是接受所有的方案，或者当 $x < \pi$ 时接受所有的方案，而在 $x = \pi$ 时拒绝方案。

给定这些策略，考虑参与人 1 的最优策略。我们需要找到对于参与人 2 的每个子博弈完美纳什均衡，即参与人 1 的最优方案。如果参与人 2 接受所有的方案，那么参与人 1 的最优方案为 $x = \pi$，因为这将产生最高的收益。如果参与人 2 拒绝 $x=\pi$ 这一方案，但是接受其他所有方案，那么对于参与人 1 来说将没有最优的方案。为了便于理解这个结果，假设参与人 1 提出一个方案 $x<\pi$，并且参与人 2 接受该方案，但是因为参与人 2 总是接受 $x<\pi$，参与人 1 可以通过提出一个方案 x_1（$x<x_1<\pi$）来提高自己的收益，并且参与人 2 仍然会接受这个方案。

因此，轮流出价博弈只有一个子博弈完美纳什均衡，即参与人 1 提出方案 $x=\pi$ 且参与人 2 接受所有的方案。结果是参与人 1 拥有所有的馅饼，而参与人 2 的收益为 0。

有两个原因造成这个片面的结果。第一，参与人 2 不能还价。如果我们放松这个假设，那么均衡结果将会变得不同。第二，当参与人 2 接受所有的方案时，参与人 1 没有一个最佳分配方案的原因是他总是可以通过给自己多一点而使得自己的收益更高。因为馅饼是可以无限划分的，因此没有什么可以限制他这样改变。然而，如果令馅饼变为离散的（如将其分为 n 块相等的馅饼），就将改变这一情况。

3.6.4 敲竹杠博弈

我们现在分析一个三阶段博弈。在开始上一节所论述的轮流出价博弈前，参与人 2 可以通过选择努力水平来改变馅饼的大小。低的努力水平 e_S 将导致馅饼的大小为 π_S，高的努力水平 e_L 将使得馅饼的大小为 π_L，因为 $e_S<e_L$，所以 $\pi_L>\pi_S$。因为参与人 2 厌恶工作，所以他最后的收益为他获得的馅饼份额 x 减去他付出的努力水平 e。这一博弈的扩展形式如图 3-12 所示。

我们已经分析了轮流出价博弈，所以在给定参与人 2 每一个努力水平下的每个子博弈都有唯一一个子博弈完美纳什均衡。在这个子博弈完美纳什均衡中，参与人 1 提出的方案为 $x=\pi$ 并且参与人 2 接受所有的方案。因此，在参与人 2 的努力水平为 e_S 的子博弈中，参与人 1 提出的方案为 $x=\pi_S$；而在参与人 2 的努力水平为 e_L 的子博弈中，参与人 1 提出的方案为 $x=\pi_L$。在这两种情况下，参与人 2 都接受方案，并且分别获得了 $-e_S$ 和 $-e_L$ 的收益。给定这些子博弈完美纳什均衡策

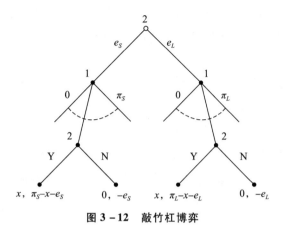

图 3 - 12　敲竹杠博弈

略，参与人 2 在最开始节点的最佳行动是付出较少的努力即 e_S，因为这样将产生一个严格优的收益。

我们总结出敲竹杠博弈的子博弈完美纳什均衡如下：参与人 1 的策略是 (π_S, π_L)，参与人 2 的策略是 (e_S, Y, Y)，其中 Y 代表接受所有的方案。这一博弈的结果是参与人 2 投入了较少的劳动 e_S，参与人 1 获得了较小但是全部的馅饼 π_S。

注意到这一均衡并不依赖于 e_S、e_L、π_S、π_L 的取值，甚至如果 π_L 远大于 π_S 并且 e_L 只是略大于 e_S，参与人 2 在子博弈完美纳什均衡中仍然会只投入较少的劳动 e_S，尽管如果参与人 2 投入较多的劳动并且在较大的馅饼中分得一定的份额对双方都是更好的选择。问题在于参与人 1 不能有效地承诺给予参与人 2 一部分馅饼。一旦参与人 2 付出了劳动，他可能被参与人 1 "敲竹杠"。

这一结果在类似的博弈中也存在。在此类博弈中，议价程序将产生更合理的分配。如果参与人 2 必须投入更多的劳动来生产更大的馅饼，并且如果分配程序如前文所述以至于多生产的馅饼都被分配给其他参与人，那么由于参与人 2 投入劳动需要一定的成本，他将严格偏好于投入较少的劳动。尽管如果参与人 2 投入更多的劳动，将会有许多双方都会得益的结果存在。这些结果不能实现的原因在于参与人 1 的激励不能在均衡中维持下来。在上述例子中，为了激励参与人 2 投入更多的劳动，参与人 1 愿意有效地许诺在多出的馅饼中给参与人 2

一部分。但是与不可置信的威胁问题一样，不可置信的承诺问题意味着这种情况不可能在子博弈完美纳什均衡中发生。

3.7 逆向归纳法和子博弈完美纳什均衡的批判

尽管逆向归纳法和子博弈完美纳什均衡为简单的两阶段完美信息博弈中的理性博弈提供了有说服力的论证，但如果我们考虑有许多参与人的博弈或者每个参与人都在同一时间行动的博弈时，事情就变得不是那么美好了。

3.7.1 关于逆向归纳法的批判

目前，学术界存在两种关于逆向归纳法的批判，并且每一种都与理性行为的问题相关。本书认为第二种批判比第一种更犀利，下面为大家介绍这两种批判。

首先，考察一个有 n 个参与人的博弈，如图 3-13 所示。因为这是一个完美信息博弈，我们可以应用逆向归纳法求解。这个博弈的唯一均衡是每个参与人都选择 C，并且每个参与人的收益都是 2。

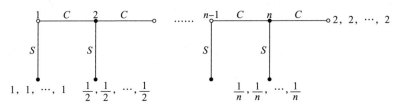

图 3-13 多个参与人的博弈

人们认为这是不合理的，因为要得到 2 的收益，所有的其他 $n-1$ 个参与人必须选择 C。假如其他参与人选择 C 的概率是 p（$p < n$），那么其他 $n-1$ 个参与人选择 C 的概率是 p^{n-1}，当 n 取值很大时这一概率将会很小，即使 p 本身取值接近 1。例如，当 $p = 0.999$ 且 $n = 1001$ 时，这一概率为 $0.999^{1000} \approx 0.37$；而当 $n = 10001$ 时，这一概率仅为 0.00005。进一步地，参与人 1 将会担心参与人 2 也会有这些担心，并且参与人 2 为了在其他参与人将来可能的"错误"或者参与人 3 与自

己一样的担心下保证自己的安全，将会选择 S。有了这些担心，参与人 1 可能在一开始就选择 S。

为了使均衡成立，不仅需要参与人不"犯错"，而且需要他们知道其他所有人都知道收益形式，并且其他所有人知道其他每个人都知道收益形式，诸如此类。这是我们前面提到的共同知识假设。在博弈论中，通常假设收益矩阵是共同知识，所以我们可以在解中使用任意路径。然而，某些人觉得这一路径越长，它成为最终解就越不合理。

关于逆向归纳法的第二种批判是某些参与人必须行动很多次。我们认为这是一个更严重的问题。考察图 3 – 14 所阐述的问题。

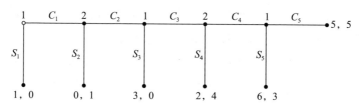

图 3 – 14　同一参与人多次行动的博弈

逆向归纳法求得的解是参与人在每个信息集选择 S。然而，假设与预期相反，参与人 1 在最开始选择 C_1。参与人 2 应该怎么做？逆向归纳法求出的解认为他应该选择 S_2，因为参与人 1 将会选择 S_3。然而，参与人 1 在最初的节点应该选择 S_1，但是他并没有这么做。因为参与人 2 的最优行为取决于他关于参与人 1 在将来行动的信念，他怎样才能建立一个概率为 0 的时间的信念？例如，如果参与人 2 相信参与人 1 至少有 25% 的概率选择 C_3，那么参与人 2 也将选择 C_2，因为这带给他的收益至少为 1，而选择 S_2 产生的收益仅仅为 1。参与人 2 该怎样建立这种信念呢？什么样的信念是合理的呢？

有两种方式来说明这个问题。

首先，我们可以引入某些不确定的收益，并且说明在这一收益形式下收益从预期的行为中偏离。在条件信念非 0 的情况下，这种求解将参与人的行为收益改变得如同给定了"偏离"一般。

其次，我们可以说明扩展式博弈暗含参与人在行动时犯错的概率。如果犯错的概率在不同的信息集上是独立的，那么无论在过去的博弈过程中逆向归纳法的预测有多么失败，一个参与人在接下来的博弈中仍将采用逆向归纳法。存在一个"颤抖手完美均衡"，这一均衡由泽尔腾规范阐述。

现在问题变成了从两种可能的偏离中选取一种。在图 3 - 14 中，如果参与人 2 观察到了 C_1，那么他会将此理解为参与人 1 犯的小错误，还是参与人 1 将要选择 C_3 的一个信号呢？

3.7.2 关于子博弈完美纳什均衡的批判

显然，所有关于逆向归纳法的批判在这里仍然适用。除了这些问题之外，子博弈完美纳什均衡还要求参与人都同意一个子博弈中的博弈进程，即使逆向归纳法不能预测这个博弈过程。

在如图 3 - 15 所示的协调博弈中，参与人 1 和参与人 3 之间的协调博弈存在三个纳什均衡：两个纯策略纳什均衡，其最终收益为（7，10，7）；一个混合策略纳什均衡，其最终收益为（3，5，5，3，5）。如果我们指定一个参与人 1 和参与人 3 协调成功的均衡，那么参与人 2 将会选择 R，并且参与人 1 也将选择 R，这给他的预期收益为 7。如果我们指定一个混合策略纳什均衡，那么参与人 2 将会选择 L，因为 R 产生的收益仅为 5。然而，参与人 1 将会选择 R，其期望收益为 8。因此，在这个博弈的所有子博弈完美纳什均衡中，参与人 1 将会选择 R。

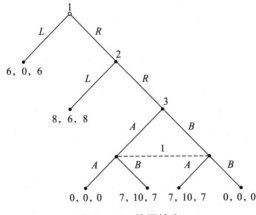

图 3 - 15　协调博弈

假设参与人 1 找不到在第三阶段协调成功的方法，并且因此预期到当这个阶段达到时其收益为 3.5，但是又害怕参与人 2 相信第三阶段的博弈将会是协调成功的有效均衡。如果参与人 2 有这种预期，那么它将选择 R，这意味着参与人 1 在最初将会选择 L。

子博弈完美纳什均衡的问题在于所有参与人必须在所有子博弈中预期相同的纳什均衡。因此，对于只有一个纳什均衡的子博弈来说并不是一个大问题。但是这种批判对于我们刚才所描述的博弈来说相当具有攻击性。这样一种共同的期待是不是理性的？这取决于均衡一开始出现的理由，但并不是我们目前能讨论的问题。

3.8　重复博弈

从经济学的角度来看，人与人之间合作生产的一个原因是这种做法对于参与人双方而言是有利可图的[①]。为了说明这一点，我们将用到重复博弈（Repeated Games）的概念。另外，经济中的长期关系、人们的预见性、未来利益对当前行为的制约、长期合同、过客和常客的区别、有无确定的结束时间等现实因素也使得博弈并非"一锤子买卖"。对长期重复的现实性在理论研究中的重要性必须予以重视。重复博弈提供了用非合作博弈理论来研究合作的良好框架。

重复博弈虽然在形式上是基本博弈的重复进行，但博弈中行为人的行动和博弈结果并不是基本博弈的简单叠加。原因在于，行为人对重复博弈的意识累积会使他们对利益的判断发生变化，从而影响各方在博弈过程中的行为选择。因此，在重复博弈中，我们必须把重复博弈过程作为一个整体进行研究。

区别于前文介绍的序贯博弈[②]，重复博弈是另一种重要的完全信息

[①]　另一个解释合作生产的方法就是引入信息不对称，在这种情况下，一个人装作好人是有利可图的（好名声能够给他带来收益），这将在重复博弈及信息不对称中加以介绍。

[②]　参与人在前面阶段的行动选择决定了随后的子博弈结构（同样结构的子博弈只出现一次）。

动态博弈,即同样结构的博弈重复多次,其中每次博弈称为"阶段博弈"(Stage Game)。重复博弈按重复次数可分为有限次重复博弈与无限次重复博弈。由于重复博弈次数较多,甚至是无穷次,须考虑收益的时间价值。相应地,表达偏好的收益函数也需要给出一定的限制。所以,重复博弈中的报酬是各阶段博弈报酬的折现总值,阶段博弈以 G 表示。

有限次重复博弈 G(T,δ)。其中,T 为阶段博弈 G 重复的次数,$\delta = 1/$($1+r$)是折现率。

无限次重复博弈 G(∞,δ)。在观察到对手行动的情况下,策略变得更丰富,可以根据对手行动而改变策略,G(∞,δ)报酬的算法为($1-\delta$)×各期报酬的折现和。

其中,$\delta \in$($0,1$),称为贴现因子(Discount Factor)。严格来讲,贴现因子并不等于贴现率,但贴现因子与贴现率一定是同方向变动的。

3.8.1 基本概念

有限次重复博弈。给定一个基本博弈 G(可以是静态博弈,也可以是动态博弈),重复进行 T 次博弈,并且在每次重复博弈之前各博弈方都能观察到以前博弈的结果,这样的博弈过程称为"G 的 T 次重复博弈",记为 G(T)。而 G 则称为 G(T)的"原博弈"。G(T)中的每次重复称为 G(T)的一个"阶段"。

无限次重复博弈。由一个基本博弈 G 一直重复下去的博弈,记为 G(∞)。

策略。博弈方在每个阶段针对每种情况的行动计划。

子博弈。从某个阶段(不包括第一阶段)开始,包括此后所有的重复博弈部分。

均衡路径。由每个阶段博弈方的行动组合串联而成。

因为其他参与人的历史总是可以观测到,所以一个参与人可以使自己在某个阶段博弈的选择依赖于其他参与人的行动历史。由此,参与人在重复博弈中的策略空间远远大于且复杂于每一阶段的策略空间。这意味着，重复博弈可能带来一些"额外"的均衡结果。但我们也要诚恳地指出，在我们有限的生命里，认识无限似乎是一件困难的事情，甚至可能是一件让人不安的事情。"生年不满百，常怀千岁忧"，表明我们并不甘心局限于自己有限的时空，但无限是令人敬畏的。帕斯卡曾说过："当我想到我生命的短暂停留，被前后的永恒所吞噬，我所占据的小小空间，被我也一无所知的无限广阔的空间所淹没，我感到恐惧，这些无边无际的空间的永恒的寂静使我害怕。"数学的一个非常重要的作用是能够认识无限，这是其他学科做不到的。我们还可以利用无限研究有限，如极限、级数、无限集合等。

考虑经典的囚徒困境博弈，如果博弈重复无穷次，结果如何呢？

囚徒困境静态博弈如表 3 - 9 所示。

表 3 - 9　囚徒困境静态博弈

		囚徒 A	
		坦白	抵赖
囚徒 B	坦白	1, 1*	5, 0
	抵赖	0, 5	4, 4

两阶段动态博弈，即以该博弈作为原博弈 G 重复两次。

囚徒困境两阶段重复博弈（第二阶段）如表 3 - 10 所示。

表 3 - 10　囚徒困境两阶段重复博弈（第二阶段）

		囚徒 A	
		坦白	抵赖
囚徒 B	坦白	1, 1*	5, 0
	抵赖	0, 5	4, 4

通过逆向归纳法，本阶段的纳什均衡为（坦白，坦白），即（1, 1）。

在第一阶段，将第二阶段的收益（1）添加到第一阶段的矩阵中，如表 3 - 11 所示。

表 3 – 11　囚徒困境两阶段重复博弈（第一阶段）

囚徒 A

囚徒 B		坦白	抵赖
	坦白	2，2*	6，1
	抵赖	1，6	5，5

在已知第二阶段结局的情况下，本阶段的纳什均衡为（坦白，坦白），即（2，2）。对于两次重复博弈的囚徒困境问题，"总是坦白"为本博弈的子博弈完美纳什均衡。

定理 3.3 在有限次重复博弈 $G(T)$ 中，如果原博弈 G 存在唯一的纯策略纳什均衡组合，则重复博弈唯一的子博弈完美纳什均衡解为各博弈方在每一阶段都采取的原博弈纳什均衡策略。

这意味着在原博弈具有唯一均衡的有限次重复博弈中，由于完全理性的博弈方具有对"共同知识"的分析推理能力，因此在从最后阶段开始的逆推过程中，仍然无法摆脱囚徒困境。

在一个两阶段博弈中，可能存在多个纳什均衡解。表 3 – 12 的博弈在囚徒困境博弈的基础上增加了第三个策略选择，使得博弈存在两个纯策略纳什均衡：（L_1，L_2）以及（R_1，R_2）。假设博弈重复两次，并在第二阶段开始时可以观测到第一阶段的结果。我们将证明存在一个子博弈完美纳什均衡，其中第一阶段的博弈结果为（M_1，M_2）。

表 3 – 12　存在两个纳什均衡解的两阶段重复博弈

参与人 2

参与人 1		L_2	M_2	R_2
	L_1	1，1	5，0	0，0
	M_1	0，5	4，4	0，0
	R_1	0，0	0，0	3，3

假设在第一阶段参与人预测第二阶段的结果将会是一个纳什均衡，

由于在第二阶段存在不止一个纳什均衡，那么参与人在第一阶段的策略选择将随着第二阶段的均衡而发生变化。例如，如果第一阶段的博弈结果是 (M_1, M_2)，那么参与人预期 (R_1, R_2) 将会是第二阶段的博弈结果。然而，如果第一阶段出现的是其他 8 个策略组合，那么第二阶段则选择 (L_1, L_2)，这类似于一种惩罚机制。将博弈支付矩阵合并，在策略组合 (M_1, M_2) 中加上 $(3, 3)$，在其余 8 个策略组合中各加上 $(1, 1)$，得到表 3 – 13。

表 3 – 13   存在三个纳什均衡的博弈

<table>
<tr><td></td><td></td><td colspan="3" align="center">参与人 2</td></tr>
<tr><td></td><td></td><td align="center">L_2</td><td align="center">M_2</td><td align="center">R_2</td></tr>
<tr><td rowspan="3">参与人 1</td><td>L_1</td><td align="center">2, 2</td><td align="center">6, 1</td><td align="center">1, 1</td></tr>
<tr><td>M_1</td><td align="center">1, 6</td><td align="center">7, 7</td><td align="center">1, 1</td></tr>
<tr><td>R_1</td><td align="center">1, 1</td><td align="center">1, 1</td><td align="center">4, 4</td></tr>
</table>

表 3 – 13 的博弈存在三个纯策略纳什均衡：(L_1, L_2)、(M_1, M_2)、(R_1, R_2)。一次性的博弈纳什均衡对应原本两阶段重复博弈的子博弈完美纳什均衡。令 $\{(w, x), (y, z)\}$ 代表重复博弈的结果，(w, x) 是第一阶段的结果，(y, z) 是第二阶段的结果。(L_1, L_2) 对应重复博弈中 $((L_1, L_2), (L_1, L_2))$ 的子博弈完美纳什均衡。这是因为第一阶段出现非 (M_1, M_2) 的结果时，(L_1, L_2) 将会是第二阶段的结果。类似地，(R_1, R_2) 对应重复博弈中 $((R_1, R_2), (L_1, L_2))$ 的子博弈完美纳什均衡。重复博弈中这两个子博弈的精炼解都简单地由两个阶段博弈的纳什均衡解组成，但第三个均衡结果则有着本质区别。(M_1, M_2) 对应重复博弈中 $((M_1, M_2), (R_1, R_2))$ 的子博弈完美纳什均衡。这是因为出现 (M_1, M_2) 后第二阶段的结果预期为 (R_1, R_2)，即合作可以在第一阶段达成。

更一般的情形是，如果 $G = \{A_1, \cdots, A_n; \mu_1, \cdots, \mu_n\}$ 是一个存在多个均衡的完全信息静态博弈，则重复博弈 $G(T)$ 可以存在子博弈完美纳什均衡，其中对于每一个 t ($t < T$)，t 阶段的结果都不是 G 的纳什

均衡。

上述例子的主要启示是，对将来行动所做出的可信威胁或承诺可以影响当前的行为决策。不过，这也表明子博弈完美纳什均衡的概念对可信性的要求并不严格。例如，在推导子博弈（（M_1，M_2），（R_1，R_2））的精炼解时，我们假定如果第一阶段的结果是（M_1，M_2），则双方预期（R_1，R_2）是第二阶段博弈的结果。如果第一阶段的结果不是（M_1，M_2），则第二阶段的结果将会是（L_1，L_2）。然而，由于在第二阶段的博弈中（R_1，R_2）也是一个纳什均衡，收益为（3，3），这时选择收益为（1，1）的（L_1，L_2）显得不合理。放宽以上假设，参与人进行重新谈判并非不可行①。如果第一阶段的结果不是（M_1，M_2），则双方认为第二阶段的策略选择应该是（L_1，L_2）。假如所有参与人可能会理性地认为过去的事实已经不可挽回，则会在余下阶段的博弈中选择双方都偏好的均衡策略组合（R_1，R_2）。然而，如果不论第一阶段的结果如何，第二阶段的结果都是（R_1，R_2）的话，则第一阶段选择（M_1，M_2）的动机就不成立了。两个参与人在第一阶段面临的局势就可以简化为表3-12博弈中每个策略组合的收益均加上（3，3），则参与人的最优反应就变成 L。

我们再次对博弈进行拓展，加入 P_i 和 Q_i 两种策略选择，如表3-14所示。该博弈存在四个纳什均衡：（L_1，L_2）、（R_1，R_2）、（P_1，P_2）、（Q_1，Q_2）。与上一例子相似，参与人相比（L_1，L_2）而言更偏好于（R_1，R_2）。但更重要的是，在该博弈中，不存在一个纳什均衡（x，y），使参与双方与（P_1，P_2）或（Q_1，Q_2）或（R_1，R_2）相比，更倾向于选择（x，y）。我们称（R_1，R_2）帕累托优于（L_1，L_2），并且（P_1，P_2）、（Q_1，Q_2）、（R_1，R_2）均处于阶段博弈纳什均衡收益的帕累托边界（Pareto Frontier）上。

---

① 这里的放宽假设是，"重新谈判"意味着第一阶段和第二阶段博弈中发生了交流（甚至是讨价还价）。如果这类行为是可行的，则应将其纳入博弈分析中。这里我们假设没有发生交流行为，"重新谈判"可理解为参与人内心对局势的分析。

表 3-14　存在四个纳什均衡的重复博弈

参与人 2

		L_2	M_2	R_2	P_2	Q_2
	L_1	1, 1	5, 0	0, 0	0, 0	0, 0
	M_1	0, 5	4, 4	0, 0	0, 0	0, 0
参与人 1	R_1	0, 0	0, 0	3, 3	0, 0	0, 0
	P_1	0, 0	0, 0	0, 0	4, 1/2	0, 0
	Q_1	0, 0	0, 0	0, 0	0, 0	1/2, 4

　　假设表 3-14 的阶段博弈重复两次，且第二阶段开始时能够观察到第一阶段的结果。进一步假设参与人预期的第二阶段结果如下：如果第一阶段的结果为 (M_1, M_2)，则第二阶段的结果将是 (R_1, R_2)；如果第一阶段的结果为 (M_1, y)，y 表示除 M_2 以外的任意策略，则第二阶段的结果为 (P_1, P_2)；如果第一阶段的结果为 (x, M_2)，x 表示除 M_1 以外的任意策略，则第二阶段的结果为 (Q_1, Q_2)；如果第一阶段的结果为 (x, y)，则第二阶段的结果为 (R_1, R_2)。由此，$((M_1, M_2), (R_1, R_2))$ 是重复博弈的子博弈完美纳什均衡。这是因为先选择 M_i，再选择 R_i，每个参与人都能获得 4+3 的收益。如果在第一阶段选择 L_i，只能得到 5+1/2 的收益（选择其他行动的收益更低）。更重要的是，上一例子遇到的问题在本例中并未出现。在上一例子的重复博弈中，对参与人在第一阶段不守信用的惩罚是在第二阶段进入一个收益较低的均衡，在惩罚对手的同时也惩罚了自己。本例与之不同的是，有三个均衡处于帕累托边界上，其中一个可以奖励参与人双方在第一阶段的良好行动，另外两个则可以在惩罚第一阶段不守信用者的同时奖励惩罚者。因此，一旦在第二阶段有必要实施惩罚，惩罚者就不会再考虑选择阶段博弈中的其他均衡，于是也就无法说服惩罚者就第二阶段的行动进行重新谈判。

　　重复博弈中的经典策略如下。

　　（1）总是不合作。不论过去发生什么，总是选择不合作。

（2）总是合作。不论过去发生什么，总是选择合作。

（3）合作与不合作交替进行。

（4）针锋相对（Tit for Tat，TFT）。从合作开始，之后每次选择对方前一阶段的行动。

（5）触发策略（Trigger Strategy）。任何一个参与人的一次不合作（偏离）将触发参与人的永远不合作开关。从合作开始，一直到有一方不合作，然后永远选择不合作，又称为"冷酷策略"（Grim Strategy）。

3.8.2　无限多阶段博弈的子博弈完美纳什均衡

作为一个典型的多阶段博弈，囚徒困境博弈并不难分析。尤其是在检查某个策略组合是否为一个子博弈完美纳什均衡时，我们只需要确认是否没有参与人愿意在第一阶段偏离该策略即可，因为我们已经为子博弈完美纳什均衡构造了一个由每一个第二阶段子博弈中的纳什均衡构成的备选策略组合。这就是引入一阶段偏离原则（One-stage Deviation Principle）的好处，这一原则可以大大简化那些看似令人望而生畏的任务。有意思的是，这一原则背后的思想最初是由戴维·布莱克维尔（David Blackwell）于1965年在讨论单人决策问题的动态规划时提出来的。其与单人决策问题的联系来自这样的事实，即当我们打算查看参与人 i 是否在每一个子博弈中选择针对 σ_{-i} 的最优反应时，我们真正能够做到的只是在将其他参与人的行动 σ_{-i} 视为给定的情况下，查看他是否在每一个信息集中采取了最优行动。这样一来，在该扩展式博弈中一旦其他参与人的策略 σ_{-i} 固定下来，参与人 i 就像是在求解一个标准的动态规划问题。这说明我们也可以在单人决策树中使用一阶段偏离原则。

定义 3.5　策略 σ_{-i} 是一阶段不可改善的（One-stage Unimprovable），如果没有信息集 h_i，行动 $a \in A_i$（h_i）和相应的策略 σ_i^{a,h_i} 满足 $v_i(\sigma_i^{a,h_i}, h_i) > v_i(\sigma_i, h_i)$。

显然，最优策略是一阶段不可改善的，其逆命题表述如下。

定理 3.4　一个一阶段不可改善的策略必然是最优的。

定理 3.5　（有限博弈的一阶段偏离原则）在一个可观察行为的有限多阶段博弈中，当且仅当策略集 (s_i^*, s_{-i}^*) 满足没有参与人 i 在给定其他参与人选择 s_{-i}^* 时，在某单个节点从偏离策略 s_i^* 及之后选择 s_i^* 中获益，这一策略组合就是子博弈完美纳什均衡。

证明：

必要性。可以直接从子博弈完美纳什均衡的定义中得出。如果 (s_i^*, s_{-i}^*) 是子博弈完美纳什均衡，那么不会有参与人有激励在任何子博弈中偏离该策略。

充分性。假设 (s_i^*, s_{-i}^*) 满足一阶段偏离原则，但不是一个子博弈完美纳什均衡。这意味着在某个节点 h 之后的子博弈中，存在其他策略 $s_i \ne s_i^*$，并且 s_i 在给定 s_{-i}^* 时比 s_i^* 更优。令 $\hat{i}$ 表示最大的 t，对于某些 h' 而言，$s_i(h') \ne s_i^*(h')$（即 $h^{\hat{i}}$ 是包含了所有偏离点的路径）。因为 s_i^* 满足一阶段偏离原则，$h^{\hat{i}}$ 比 h 更长，并且因为博弈是有限的，因而 $h^{\hat{i}}$ 也是有限的。现在考察另一个策略 $\hat{s}_i$，$\hat{s}_i$ 在所有的 $t < \hat{i}$ 时都与 s_i 一致，并且从 $\hat{i}$ 开始与 s_i^* 一致。因为 $\hat{s}_i$ 在从 $h^{\hat{i}+1}$ 开始的子博弈中与 s_i^* 一致，而当 $t < \hat{i}$ 时与 s_i 一致，一阶段偏离原则意味着它在从 h' 开始的每一个子博弈中对 s_{-i} 都是最优的。如果 $\hat{i} = t + 1$，那么 $\hat{s}_i = s_i^*$，这就与 s_1 优化了 s_i^* 矛盾。如果 $\hat{i} > t + 1$，就构建一个策略，使它在 $t-2$ 之前都与 s_1 一致，并且讨论它是否与 s_1 一样。

我们在图 3-16 的例子中审视这一证明。假设 $s_1^* = (B, D, F)$，并且满足一阶段偏离原则，但不是子博弈完美的。因此，存在某一个 s_1，在某些子博弈中比 s_1^* 更好。令 $s_i = (A, C, F)$。$\hat{i} = 2$ 是包含了所有偏离点 (Bb) 的节点，最后的偏离位于参与人 1 的第二个信息集上。

考虑策略 $\hat{s}_1 = (A, D, F)$，即它在所有的 $t < \hat{i}$ 时与 s_1 一致，并且从 $\hat{i}$ 开始与 s_1^* 一致。因为 s_1 与 s_1^* 从 $\hat{i}+1$ 开始一致，一阶段偏离原则意味着 $\hat{s}_1$ 在从 $\hat{i}$ 开始的每个子博弈中都与 s_1 一样好。在我们的例子中，(D, F) 从参与人 1 的第二个信息集开始与 (C, F) 一样好，因为一阶段偏离原则意味着没有一个阶段的偏离均衡是有利的，并且 (D, F)

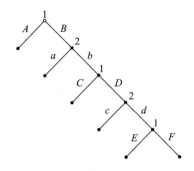

图 3 - 16 最优原则的图示

在这个子博弈中属于 s_1^*。但是现在这个 $\hat{s}_1$ 在参与人 1 的第一个信息集的子博弈中与 s_1 一样好。这是因为对于 $t < \hat{t}$，$\hat{s}_1$ 与 s_1 一致，并且都与 s_1^* 一样好。

换言之，如果这一策略在 $\hat{t}$ 之前与 s_1 一致并且在 $\hat{t}$ 之后与 s_1^* 一致，那么这一策略在 $\hat{t}$ 点是否有一个偏离并不重要。已经证明，(A, D, F) 与 (A, C, F) 一样重要。

现在我们走到博弈树的顶端，并且构建一个策略 $\tilde{s} = (B, D, F)$，该策略在 t 之前与 s_1 一致，在 t 之后与 s_1^* 一致。我们已经证明 $\tilde{s}_1$ 是一个与 s_1 一样好的策略。但是由于 $\tilde{s}$ 在参与人 1 的第二个信息集开始的子博弈中与 $\hat{s}_1$ 是一样的，因此它在子博弈中与 $\hat{s}_1$ 也是一样的，即它在子博弈中是与 s_1 同样好的行动。然而，根据一阶段偏离原则，在从 t 开始的子博弈中，偏离均衡不能提高收益，并且 $\tilde{s}_1$ 在子博弈中与 s_1 一样好。但是这个结果自相矛盾，因为 $\tilde{s} = s_1^*$，并且 s_1 被假设为比 s_1^* 更好。

以上就是全部证明。尽管以上的例子比较简单，但是可以看出其中的逻辑。若从最后阶段就开始了偏离，则其偏离并不能提高收益，否则将会违背一阶段偏离原则。我们可以使用逆向归纳法论证这一点。

一阶段偏离原则成立的原因很简单。假设有一个策略与 s_1^* 在有限个地方不同。如果这一策略是有利的，那么必然存在一个偏离点使得它更好，因为必然存在一个偏离使得它能够达到更有利的结果，至于它之后的偏离点则不是那么重要。我们来描述一下一阶段偏离原则的逻辑。考虑图 3 – 17 的博弈，可以用逆向归纳法找到它的子博弈完美纳什均衡为（bf, d），收益为（3, 3）。

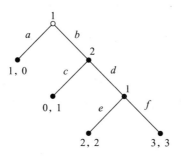

图 3 – 17　一阶段偏离原则

我们来检查一下参与人 1 的策略是否确实是子博弈完美的。回忆一下这需要它在所有的子博弈中都是最优的。很容易看出，从参与人 1 的第二个信息集开始的子博弈中必然包含节点（b, d）。那么参与人 1 在第一个信息集的选择是什么呢？如果我们要检查所有可能的偏离，就必须检验策略 ae、af 和 be，因为对这个子博弈存在其他可供选择的策略。一阶段偏离原则允许我们只检查一项：参与人 1 在他的第一个信息集从 b 转到 a 是否能获益。在这种情况下，偏离到 a 将使参与人 1 之前的收益 3 变为 1。因此，这个偏离是无益的。我们已经证明了在从参与人 1 的第二个信息集开始的子博弈中偏离到 e 同样是无益的。因此，根据一阶段偏离原则，这个策略是子博弈完美的。

这个证明对那些无限博弈是无效的，因为它的一个关键步骤是需要存在有限的、可能的偏离。然而，在无限博弈中，存在具有无限个偏离点的策略。幸运的是，如果假设这些收益函数是每个阶段收益的加权和，那么我们就能将结论"转回"。同样地，所有我们关注的无限博弈都有符合这一要求的收益函数。

如果策略 σ_i 不是 σ_{-i} 的最优反应，那么给定这个博弈是有限的，则必有有限次偏离可以改善 σ_i。我们可以在这个序列中寻找"最后"这样的偏离，而如果我们将注意力集中在始于该信息集的子博弈上，那么在这个子博弈中参与人 i 就有一个使其境况变得更好的一阶段偏离。

前文介绍了一阶段偏离原则，再来看囚徒困境博弈重复无限次时的情形：假定囚徒 A 和 B 的贴现因子为相同的常数 δ，博弈重复无限次。由一阶段偏离原则可知，（抵赖，抵赖）仍然是无限次重复囚徒困境博弈的子博弈完美纳什均衡。接下来我们将证明：当 δ 充分大时，合作均衡结果每阶段都为（抵赖，抵赖）将是一个子博弈完美纳什均衡（见附录）。Axelrod（1981，1984）的锦标赛实验结果表明，在 200 次有限重复囚徒困境博弈中，合作行为频繁出现，而"针锋相对"策略是最稳定的策略。

无限次重复博弈使参与人走出了囚徒困境，其背后的逻辑在于，如果博弈重复无限次，而且每个人都有足够的耐心，任何短期机会主义行为的所得均是微不足道的。行为人有积极性为自己树立一个乐于合作的声誉，同时也有积极性惩罚对方的机会主义行为，即基于理性的自私考虑在很多情况下能够产生合作解（The Possibility of Cooperation）。囚徒困境中理性合作的不可能性事实对于人类社会的成功合作来讲并不苛刻，如果要理解有关人类合作和真正困难，我们需要对更复杂的博弈进行研究。必须重复面对大量合作问题的原因是，它打开了通往互惠之门的通道。

3.8.3 无名氏定理

在无穷重复博弈 $G(\infty, \delta)$ 中，$V = (V_1, \cdots, V_n)$ 是行为人在 G 中所能达到的极大极小策略①报酬（Max-min Strategy Payoffs）。考虑 $U = (U_1, \cdots, U_n)$ 是阶段博弈报酬，而且 $U_i \geqslant V_i$ 对所有信息集均成立，则可以找到一个贴现率 $\delta^* < 1$，使得对所有 $\delta > \delta^*$，$U = (U_1, \cdots, U_n)$

---

① 极大极小策略是指如果行为人 i 选择一个策略时，其他行为人选择使行为人 i 选择此策略所得到的收益最小，行为人 i 选择所有这些导致收益最小的策略的集合中能导致最大收益的策略。在囚徒困境中，极大极小策略报酬 $= (-8, -8)$，也就是阶段博弈中的纳什均衡。

是 G（∞，δ）博弈的子博弈完美纳什均衡。

　　无名氏定理[①]描述的是，在无限次重复博弈中，若 δ 足够大（参与人有足够的耐心），则任何满足个人理性的策略组合[②]都可以通过相应的子博弈完美纳什均衡实现。而当 δ 很小时，从下一阶段开始的惩罚不足以阻止参与人在现阶段的机会主义行为[③]。因此，只有当 δ 足够接近 1 时，帕累托合作均衡的结果才会出现。例如，垄断利润是古诺模型中的帕累托合作均衡，（抵赖，抵赖）是囚徒困境博弈的帕累托合作均衡，如图 3 - 18 所示。

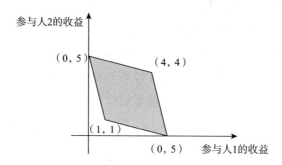

图 3 - 18　囚徒困境博弈的帕累托合作均衡

　　无名氏定理可以拓展我们的博弈分析，迄今为止，在我们讨论的博弈模型中参与人都是相同的，考虑一部分参与人不固定的重复博弈，如消费品市场交易（Klein and Leffler，1981）、劳动力市场雇佣关系（Kreps，1986）可能更加贴近现实。

　　无名氏定理的应用前提如下。

　　（1）无穷期重复或无确切停止日期（长期关系）。

　　（2）知道对手做了什么，知道对手报酬（对手数量不多、完全信息）。

---

① 无名氏定理（Folk Theorem）又可称为一般可行性定理（General Feasibility Theorem），它在被 Friedman（1971）给出正式的证明之前就已广为流传。该定理的证明目前有许多不同的版本，可以着重参考 Fudenberg 和 Maskin（1991）给出的证明。
② 要达到均衡，必须考虑采用何种策略，可以互为最优反应。
③ Abreu（1988）证明了如果有严厉的惩罚手段，即使 δ 不够大，垄断利润均衡也可能出现，而这种严厉的可信惩罚本身就是子博弈完美纳什均衡。

(3) 策略可因行动而改变（可采用动态奖惩策略）。

(4) $\delta \rightarrow 1$，折现率大时较易成立，$\delta = \dfrac{p}{1+r}$。

(5) 未说明使用何种策略。

泽尔腾通过引入子博弈完美纳什均衡，得以剔除那些建立在不可置信威胁之上的纳什均衡，从而找出更为合理的均衡结果。根据无名氏定理，无限次重复博弈可能拥有无穷多个精炼纳什均衡，同前文对子博弈完美纳什均衡解的唯一性讨论一样，完美均衡的概念并未帮助我们完全走出多重均衡的困境[①]。

重复博弈常见的经济模型有无通货膨胀的货币政策（Barro and Gordon，1983）、效率工资（Shapiro and Stiglitz，1984）、无限重复古诺双寡头垄断下的共谋等。影响重复博弈均衡结果的主要因素是博弈重复的次数和信息的完备性。博弈重复的次数的重要性来源于参与人在短期利益和长远利益之间的权衡。信息的完备性则意味着当一个参与人的收益函数不为其他参与人知道时，该参与人可能有积极性通过树立一个"好"的声誉来换取长远利益。

3.9 附录

下面将证明，当两个参与人均选择"触发策略"时，所得到的子博弈完美纳什均衡将生成这一结果：一方一旦选"坦白"，之后将永远选"坦白"["冷酷"是指任何一方一次不合作就触发了永远的报复（不合作），这是必要的，因为若事后可以饶恕不合作行为的话，事前就会出现机会主义行为，合作行为就不会出现]。

首先证明它们构成一个纳什均衡。

给定因徒 B 选冷酷策略，可证明因徒 A 选冷酷策略是最优的。

若之前没有人选"坦白"，如果 A 选"坦白"，则该阶段获得 0 单

---

① 博弈论文献中通常使用特定的协调机制来达到"聚点均衡"，这种协调机制假定在对称博弈中聚点均衡是对称的和帕累托最优的。

位收益，但此举将触发 B 之后永远的报复，B 会在之后永远选"坦白"，故之后 A 在每阶段的收益最多为 -8，其总收益最多为：

$$0 + (-8)\delta + (-8)\delta^2 + \cdots = \frac{-8\delta}{1+\delta}$$

而当 A 此时选"抵赖"并且之后每阶段都选"抵赖"时，B 之后也会配合，每阶段都选"抵赖"，故此行为获得的总收益为：

$$-1 + (-1)\delta + (-1)\delta^2 + \cdots = \frac{-1}{1+\delta}$$

当 $\frac{-8\delta}{1+\delta} \leqslant \frac{-1}{1+\delta}$，即 $\delta \geqslant \frac{1}{8}$ 时，A 选"抵赖"是最优的。

故当 $\delta \geqslant \frac{1}{8}$ 时，A 在没有人先选"坦白"时选"抵赖"是最优的，且 A 在之后每阶段都选"抵赖"是最好的选择。

若 B 在之前已选了"坦白"，则 B 之后会永远选"坦白"。显然，给定 B 在此时及之后永远选"坦白"，A 在此时选"坦白"是最优的，且 A 在之后每阶段都选"坦白"是最优的。若 A 在之前选过"坦白"，因 B 在此时及之后必定一直选"坦白"，故 A 在此时及之后一直选"坦白"是最优的。

所以，给定 B 选冷酷策略，A 选冷酷策略是最优的。由对称性可知，当 A 选冷酷策略时，B 选冷酷策略也是最优的。因此，两人都选冷酷策略构成一个纳什均衡。下面证明该策略组合也是子博弈完美纳什均衡。

因为每个阶段的博弈是一个静态博弈，因而每个子博弈的开始是从一个阶段博弈开始的，且从任一阶段开始的子博弈与原博弈在结构上是相同的。

在冷酷策略纳什均衡中，可将子博弈分为两类。

第一类，之前没有人曾坦白。

第二类，之前至少有一方曾坦白。

对于第一类，实际上已经证明冷酷策略组合在子博弈上的限制是纳什均衡。

对于第二类，冷酷策略组合在子博弈上的限制实际上是两人一直选"坦白"，显然这是一个纳什均衡。

由此证明：当 $\delta \geq \dfrac{1}{8}$，即局中人有足够耐心或高度关注长远利益时都选冷酷策略，从而构成了无限次囚徒困境重复博弈的子博弈完美纳什均衡，其均衡结果显然是每阶段都为（抵赖，抵赖），它是帕累托最优的。这样，囚徒们便走出了一次性博弈的困境。

3.10　总结

- 动态博弈的基本特点：策略是在整个博弈中所有选择、行为的计划；结果是策略组合所构成的路径；收益对应每条路径，而不是对应每一步的选择和行为。

- 扩展式博弈有五个要素：参与人集合；博弈的全历史集合；参与函数；参与人行动时的信息集合；收益函数。

- 博弈树给出了单个参与人决策问题的简单图形描述，也给出了适合扩展式博弈的图形描述。博弈树的三要素是节点、枝和信息集。

- 在一个完美信息博弈中，每个参与人都知道轮到他行动之前的确切节点，因此每个信息集都是一个单点。如果不是这种情况，那么参与人就是在进行不完美信息博弈。

- 每一个扩展式博弈都有唯一的标准式表达，但是反过来并不必然成立。

- 序贯理性是参与人在博弈树上的每一个信息集都使用最优的策略。它表明参与人在博弈序列的每一个阶段（无论是否在均衡路径上）都是理性的。

- 逆向归纳法是从博弈终点节的直接前行节开始，然后通过博弈树进行逆向归纳的一种方法。将该方法应用到完美信息有限博弈中，它可以给出每个序贯理性参与人的预定策略。

- 任一完美信息有限博弈都至少有一个纯策略序贯理性纳什均衡。如果没有两个终点节为任一参与人预先给出相同的收益，那么该博弈就有唯一的序贯理性纳什均衡。

●子博弈是由一个单节信息集开始的与所有该决策节的后续节（包括终点节）组成的，能够自成一个博弈的原博弈的一部分。

●如果在一个完美信息的动态博弈中，各博弈方的策略构成的一个策略组合满足——在整个动态博弈及它的所有子博弈中都构成纳什均衡，那么这个策略组合称为该动态博弈的一个子博弈完美纳什均衡。

●由于子博弈完美纳什均衡在任一决策节上都能给出最优决策，这也使得子博弈完美纳什均衡不仅在均衡路径上给出参与人的最优选择，而且在非均衡路径（除均衡路径以外的其他路径）上也能给出参与人的最优选择。

●找到子博弈完美纳什均衡的方法有两个。①画框图法。先找到纳什均衡，再找到子博弈完美纳什均衡。②剔除法（找占优策略）。可以得到纳什均衡，并且在完美信息情况下可以直接得到子博弈完美纳什均衡。

●每个有限的扩展式博弈都存在子博弈完美纳什均衡。

●重复博弈是另一种重要的完全信息动态博弈，即同样结构的博弈重复多次，其中每次博弈称为"阶段博弈"。重复博弈按重复次数可分为有限次重复博弈与无限次重复博弈。

●在有限次重复博弈中，如果原博弈存在唯一的纯策略纳什均衡组合，则重复博弈唯一的子博弈完美纳什均衡解为各博弈方在每一阶段都采取的原博弈纳什均衡策略。

●重复博弈中的经典策略包括：总是不合作；总是合作；合作与不合作交替进行；针锋相对；触发策略或冷酷策略。

●一个一阶段不可改善的策略必然是最优的。

●在无限次重复博弈中，若折现因子足够大（参与人有足够的耐心），则任何满足个人理性的策略组合都可以通过相应的子博弈完美纳什均衡实现。而当折现因子很小时，从下一阶段开始的惩罚不足以阻止参与人在现阶段的机会主义行为。因此，只有当折现因子足够接近 1时，帕累托合作均衡的结果才会出现。

3. 11 习题

1. 假想出一个参与人 i 拥有 K 个信息集的扩展式博弈。

（1）如果参与人在每个信息集包含的可能行动数量都为 m，那么他拥有多少个纯策略？

（2）如果参与人在信息集 $k \in \{1, 2, \cdots, K\}$ 中拥有 m_k 个行动，他又拥有多少个纯策略？

2. 看下面这个发生在两个阶段的博弈。在第一个阶段，哥哥（参与人 2）拥有两张 100 元的钞票，同时他有两个选择：给弟弟（参与人 1）200 元或者 100 元（鉴于他们一起长大，所以什么都不给是不太可能的）。这些钱会被用于他们看演出时购买零食（若看不成演出也就不购买零食），且对于使用它的参与人来说，购买 1 元的零食就会产生 1 单位的收益效用（只拿钱不消费不会提高效用）。在第二个阶段，他们将要看哪一个演出由下面这个性别战博弈决定。

参与人 2

		O	F
参与人 1	O	160, 120	0, 0
	F	0, 0	120, 160

（1）以扩展式描绘出全部博弈（一个博弈树）。

（2）写出两个参与人的（纯）策略博弈集。

（3）在一个矩阵中列出全部博弈。

（4）找出全部博弈的纳什均衡（纯策略和混合策略）。

3. 三家垄断企业操纵了一个具有既定逆需求曲线 $P(Q) = a - Q$ 的市场，其中 $Q = q_1 + q_2 + q_3$，q_i 表示企业 i 的产量。每家企业的边际成本固定为 c，没有固定成本。企业按照如下方式动态地选择它们的产量：企业 1，该行业的领导者，选择 $q_1 \geqslant 0$；企业 2 和企业 3 观测到 q_1，然后同时分别选择 q_2 和 q_3。

（1）这一动态博弈有多少个可能的子博弈？简要阐明原因。

（2）该博弈是完美信息博弈还是不完美信息博弈？简要阐明原因。

（3）该博弈的子博弈完美纳什均衡是什么？证明其唯一性。

（4）找出一个不是子博弈完美纳什均衡的均衡。

4. 我们来看两家进行古诺竞争博弈的企业，其需求是 $p = 100 - q$，每家企业具体的成本函数为：$c_i(q_i) = 10q_i$。假设在两家企业进行古诺博弈之前，企业 1 可以对缩减成本进行投资。如果它投资了，那么企业 1 的成本就可以降至 $c_1(q_1) = 5q_1$。投资的成本 $F > 0$。企业 2 则没有投资的机会。

（1）找出 F^* 的值，使得企业 1 的投资存在唯一的子博弈完美纳什均衡。

（2）设 $F > F^*$，找出一个不是子博弈完美纳什均衡的均衡。

5. 考虑古诺双寡头博弈，其需求函数为 $p = 100 - (q_1 + q_2)$，可变成本为 $c_i(q_i) = 0$，$i \in \{1, 2\}$。其变化主要是现在两家企业都有了一个生产的固定成本 k（$k > 0$）。

（1）首先假设两家企业同时选择它们的产量。将该博弈塑造为标准式博弈。

（2）写出 $k = 1000$ 时该企业的最优反应函数，并解出一个纯策略纳什均衡。它是唯一的吗？

（3）现在在假设企业 1 是一个"斯坦克尔伯格领导者"，这意味着它首先行动并且选择 q_1，企业 2 在观测到 q_1 之后选择 q_2。同时，假设如果企业 2 不能赚取严格正的利润，那么它就不会选择生产。尽你最大的努力将该博弈塑造为一个扩展式博弈树，并且找出当 $k = 25$ 时，该博弈的子博弈完美纳什均衡。它是唯一的吗？

（4）如果 $k = 225$，你对问题（3）的答案将如何改变？

6. 两家寡头企业进行价格竞争博弈，企业 1 的利润函数是 $\pi_1 = -(p_1 - ap_2 + c)^2 + p_2$，企业 2 的利润函数是 $\pi_2 = -(p_2 - b)^2 + p_1$，其中 p_1 是企业 1 的价格，p_2 是企业 2 的价格。求：

（1）两家企业同时决策的纯策略纳什均衡；

（2）企业 1 先决策的子博弈完美纳什均衡；

（3）企业 2 先决策的子博弈完美纳什均衡；

（4）是否存在参数 a，b，c 的特定值或范围，使两家企业都希望自己先决策？

7. 考虑如下同时进行的博弈，该博弈进行了 2 次（参与人在第二阶段博弈之前会观察到第一阶段博弈的结果）。

参与人 2

		L	C	R
	T	10, 10	2, 12	0, 13
参与人 1	M	12, 2	5, 5	0, 0
	B	13, 0	0, 0	1, 1

（1）在无折现时（$\delta=1$）找出所有的纯策略子博弈完美纳什均衡。准确定义每个参与人的历史依存策略。

（2）对于在问题（1）中你所观察到的每一个均衡，找出支持它的最小折现因子。

8. 有 A 和 B 两个参与人，他们面临如下无限重复的囚徒困境博弈，如果有人背叛，另一人将采取冷酷策略。

参与人 B

		坦白	抵赖
	坦白	−8, −8	0, −10
参与人 A	抵赖	−10, 0	−1, −1

（1）该博弈的子博弈完美纳什均衡是什么？同时需画出可行集合的图。

（2）至少需要多少的耐心（贴现因子至少为多大），（抵赖，抵赖）才能作为子博弈完美纳什均衡出现？

9. 在无限重复的囚徒困境博弈中，"针锋相对"战略（又叫"以牙还牙"战略，Tit for Tat Strategy）的定义为：①每个参与人一开始选择"抵赖"（也就是选择合作）；②在 t 阶段选择对方在 $t-1$ 阶段的行动。现在我们假定贴现因子 $\delta=1$。请证明这个战略不是子博弈完美纳什均衡，从而合作不会作为完美均衡结果出现。

参与人 B

		坦白	抵赖
参与人 A	坦白	-8, -8	0, -10
	抵赖	-10, 0	-1, -1

10. 考虑如下的双寡头市场策略投资模型：企业 1 和企业 2 目前的单位生产成本均为 $c=2$。企业 1 可以引进一项新技术使单位成本降低到 $c=1$，引进该项新技术需要投资 f。在企业 1 做出是否投资的决策（企业 2 可以观察到）后，两家企业同时选择产量。假设市场需求函数为 $p(q)=14-q$，其中 p 是市场价格，q 是两家企业的总产量。请问上述投资 f 处于什么水平时，企业 1 会选择引进新技术？

11. 考虑正在以折现因子 δ 进行两阶段博弈的两家公司。在第一阶段，它们进行古诺产量博弈，其中每家公司的成本为 $c_i(q_i)=10q_i$，$i\in\{1,2\}$，需求为 $p(q)=100-q$，$q=q_1+q_2$。在第二阶段，在古诺博弈的结果被观察到后，两家公司通过如下标准设置博弈 [需要注意的是：两家公司在第一阶段选择合作，无论是合谋垄断还是都选择古诺产量，第二阶段的均衡都是（300，300）；若第一阶段至少有一方背叛，则第二阶段两家公司将选择均衡（100，100）而不是更高的（300，300）]。

参与人 2

		a	b
参与人 1	A	100, 100	0, 0
	B	0, 0	300, 300

（1）找出第一阶段博弈的唯一纳什均衡和第二阶段博弈的两个纯策略纳什均衡。

（2）就所考虑的两家公司而言，每一阶段的对称帕累托最优结果是什么？

（3）当 δ 为何值时，帕累托最优结果可以被支持成为一个子博弈完美纳什均衡？

（4）假设 $\delta = 0.5$，参与人能支持的"最优"对称子博弈完美纳什均衡是什么？

（5）当 δ 逐渐减小到 0 时，参与人能支持的"最优"对称子博弈完美纳什均衡会发生什么变化？

12. 考虑具有折现因子 $\delta < 1$ 的如下无限重复囚徒困境博弈，如果有人背叛，另一人将采取冷酷策略。

囚徒 A

		L	C	R
	T	6，6	−1，7	−2，8
囚徒 B	M	7，−1	4，4	−1，5
	B	8，−2	5，−1	0，0

（1）怎样的折现因子 δ 才能支撑参与人在每个阶段都实施行动对 (M, C)？

（2）怎样的折现因子 δ 才能支撑参与人在每个阶段都实施行动对 (T, L)？为什么你的答案不同于问题（1）？

13. 考虑具有折现因子 $\delta < 1$ 的如下矩阵的无限重复囚徒困境博弈。

参与人 1

		m	f
	M	4，4	−1，5
参与人 2	F	5，−1	1，1

假设参与人希望通过选择一个不太严格的惩罚——被称为"T−阶段惩罚"（Length T Punishment）的策略——将 (F, f) 作为一个子博

弈完美纳什均衡而不是使用严格触发策略来支撑行动对 (a_1, a_2)。如果有一个从 (a_1, a_2) 的偏离，则参与人将会先采取 T 个阶段的 (F, f)，然后继续采取 (a_1, a_2)。令 δ_T 为惩罚折现因子，且 $\delta > \delta_T$，则该充分定义的策略将会采取以 T – 阶段惩罚为威胁的博弈路径。

（1）令 $T=1$，怎样的 δ_1 可以支撑在每一阶段都实施行动对 (M, m)？

（2）令 $T=2$，怎样的 δ_2 可以支撑在每一阶段都实施行动对 (M, m)？

（3）比较问题（1）和问题（2）中的两个贴现因子，它们有何区别？对你又有什么启发？

14. 完美信息下的"海盗博弈"。在航行的帆船上有 5 名海盗，他们共拥有 100 金币的财富。从老大到老五，每名海盗依次发言，提出各自分金币的方法。船上所有人举手表决通过或者不通过。如果方法未通过或者出现平局，则该名海盗被扔下帆船，依此类推，产生表决通过的分金币方法。请列出老大为求不死一定会提出的方法（假设海盗在自己得不到任何利益也不会有损失的情况下会选择让表决不通过，让发言者被扔下帆船，即海盗本性残忍；金币只能以整数形式分配）。

参考文献

［1］Abreu，D. J.，"On the Theory of Infinitely Repeated Games with Discounting"，*Econometrica*，1988，56（2），pp. 383 – 396.

［2］Aumann，R. J.，"Subjectivity and Correlation in Randomized Strategies"，*Journal of Mathematical Economics*，1974，1（1），pp. 67 – 96.

［3］Axelrod，R.，"The Emergence of Cooperation among Egoists"，*American Political Science Review*，1981，75，pp. 306 – 318.

［4］Axelrod，R. M.，*The Evolution of Cooperation*，Basic Books，1984.

［5］Barro，R.，Gordon，D.，"Rules，Discretion，and Reputation in a Model of Monetary Policy"，*Journal of Monetary Economics*，1983，12，pp. 101 – 121.

[6] Friedman, J. W. , "A Noncooperative Equilibrium for Supergames", *Review of Economic Studies*, 1971, 38 (3), pp. 1 – 12.

[7] Fudenberg, D. , Maskin, E. , "On the Dispensability of Public Randomization in Discounted Repeated Games", *Journal of Economic Theory*, 1991, 53, pp. 428 – 438.

[8] Klein, B. , Leffler, K. B. , "The Role of Market Forces in Assuring Contractural Performance", *Journal of Political Economy*, 1981, 89 (4), pp. 615 – 641.

[9] Kreps, D. , "Corporate Culture and Economic Theory", In Tsuchiya, M. (ed.), *Technological Innovation and Business Strategy*, Nihon Keizai Shimbun, Inc. , 1986.

[10] Luce, R. D. , Raiffa, H. , *Games and Decisions: Introduction and Critical Survey*, Wiley, 1957.

[11] Nash, J. F. , "The Bargaining Problem", *Econometrica*, 1950, 18 (2), pp. 155 – 162.

[12] Rubinstein, A. , "Perfect Equilibrium in a Bargaining Model", *Econometrica*, 1982, 50 (1), pp. 97 – 109.

[13] Schelling, T. , *The Strategy of Conflict*, Harvard University Press, 1960.

[14] Selten, R. , "Spieltheoretische Behandlung eines Oligopolmodells mit Nachfragetragheit", *Zeitschrift fuer die gesampte Staatswissenschaft*, 1965, 121, pp. 301 – 329, 667 – 689.

[15] Shaked, A. , Sutton, J. , "Involuntary Unemployment as a Perfect Equilibrium in a Bargaining Model", *Econometrics*, 1984, 52, pp. 1351 – 1364.

[16] Shapiro, C. , Stiglitz, J. , "Equilibrium Unemployment as a Discipline Device", *The American Economic Review*, 1984, 74, pp. 433 – 444.

第4章 非完全信息静态博弈

前三章介绍过的内容和讨论过的所有例子都有一个重要的前提假设，即所进行的博弈是共同知识。在完全信息条件下，一般来说，两类信息假设是必需的[1]。

首先，博弈的结构必须是共同知识，其中包括博弈规则、参与人的数量、参与人的收益等。与单人决策过程不同，博弈过程中的决策具有交互性，即参与人的决策过程相互嵌套。例如，在两个厂商的古诺竞争中，厂商1的产量取决于自己的边际成本和厂商2的产量，而厂商2的产量又取决于自己的边际成本和厂商1的产量。这就形成一个嵌套循环。博弈决策中的相互嵌套循环要求每个参与人的信念或知识也必须在无穷阶成立。很明显，完全信息假设对参与人信息的要求远不止"所有参与人都知道"特定信息，还需要参与人达成高度的一致。

其次，所有参与人的理性方式必须是共同知识[2]。对于每个参与人而言，博弈决策的交互性决定了其他参与人的决策方式也必然是影响自身决策的重要因素。设想你要参加一个现金回报的双人博弈，并被

---

[1] 需要注意的是，这并不意味着其他条件均无法保证纳什均衡。例如，如果要求参与人的策略是共同知识，则可以放松部分共同知识约束且仍保证纳什均衡的出现。

[2] 并非在所有情形下都需要"理性"作为共同知识这一如此严格的条件来保证纳什均衡的出现——作为有限知识的理性即足够。但是为了保证结论不失一般性，此处仍然要求"理性"成为共同知识。

告知将分别与两人进行博弈，其中一位是你的朋友，另一位是陌生人。你和你的朋友相识多年并且智力水平相同，而那位陌生人是刚刚从喜马拉雅山上请下来的，他仅知道一块钱大概能买什么东西。你的可选策略有两个：唯一的纳什均衡策略和保险策略。当双方都采用纳什均衡策略时，你的收益是 1000 元。但是此时如果对方偏离，你将至少损失 1000 元。如果你采用保险策略，那么无论对方选择什么，你的收益都是 900 元。很明显，你面对朋友时更有可能采用纳什均衡策略。为保证实现纳什均衡，在全部参与人的所有高阶信念中都必须排除出现"喜马拉雅人"的情况。

实现纳什均衡所需的大量共同知识在实际经济生活中很难满足——经济参与人往往不能对客观现实产生如此一致且正确的认识。博弈论中"非完全信息"的概念最早由冯·诺伊曼和摩根斯坦于 1944 年提出，最初"非完全信息"的定义是"博弈结构中不能被清晰说明的部分"。从理论上讲，没有被清晰说明的模型是不能被分析的，因此他们认为没有必要研究此类博弈。这个回答显然不能使学者们满意。曾经在决策理论做出突出贡献的两位学者 Luce 和 Raiffa（1957）也做了一些有启发性的工作。在一个标准的 n 人博弈中，有 n 个收益函数，由于信息不完全，每个人都认为自己的收益函数就是 n^2。他们马上就意识到问题的难度及复杂性。即便仅仅关于收益的不确定性（Uncertainty），也没有办法解释：行为人 K 会相信行为人 J 关于行为人 I 收益的信念，比如 K 怎么认可 J 有 50% 的概率认为 I 的收益有 53% 的可能性是 99。此后许多学者不断尝试建立新的分析方法以处理这类情形，其中最成功的尝试来自约翰·海萨尼（John Harsanyi）。海萨尼发现非完全信息情境下会产生信念的无限阶层（An Infinite Hierarchy of Beliefs）。他介绍了一种数学上更为简便的建模方法，极大地提升了分析的可操作性。海萨尼构造了一个由自然先行动的博弈模型，无法被精确定义的变量以概率分布的形式描述，并且此分布被假设为全部参与人的共同知识。借助贝叶斯规则，我们便可以简便地将全部高阶信念给出，于是便解决了高阶信念的问题。从这个

意义上讲，无法被精确定义的变量的取值虽然不被精确地知道，但是
其取值范围以及分布是可知的，即参与人知道他们"知道自己不知
道的具体是什么"和"在多大程度上不知道"，因此也并不是完全不
知道。换言之，海萨尼模型所刻画的"非完全信息"已经与其最初
的定义有所不同：冯·诺伊曼和摩根斯坦定义的非完全信息是"不
知道"，而海萨尼定义的非完全信息是"不确知"。前者比后者包含
更大的范围。

在非完全信息条件下，海萨尼的等价构造将冯·诺伊曼和摩根斯
坦意义上的非完全信息博弈转换为完全信息但不完美博弈，进而避免
了冯·诺伊曼和摩根斯坦质疑的这种情形不可分析、相关模型不可解
的问题，使分析讨论可以继续。此过程即著名的"海萨尼转换"
（Harsanyi Transformation）。它使非完全信息条件下的博弈分析成为可
能，使经济学第一次可以使用统一规范的框架对信息问题进行分析，
也为现代信息经济学的繁荣发展做出了奠基性贡献。本章将首先介绍
非完全信息静态博弈。非完全信息意味着参与人对其私人信息的可能
状态有很多甚至是无限多的类型。每一名博弈者对其类型都有完全的
把握，而他对其他方类型的了解是基于对方类型的联合概率分布的共
同知识。静态意味着各参与人"同时"且"独立"地行动，而且只
选择一次。本章相对系统地介绍了海萨尼转换，较细致地讨论了几种
典型的非完全信息静态博弈实例。

4.1　贝叶斯博弈的策略式表达

设定 $I = \{1, \cdots, n\}$ 为博弈方。将博弈一方 i 定为 θ，而这种类
型是博弈方 i 的类型空间 Θ_i 的一员，即 $\theta_i \in \Theta_i$。本书为每个博弈者指定
了 n 元类型或类型量变曲线 $\theta = (\theta_1, \cdots, \theta_n) \in \Theta \equiv X_{i \in I} \Theta_i$，$\Theta$ 是类型
量变曲线空间。当我们考察博弈方对手的类型时需要考虑公式 $\theta_{-i} =$
$(\theta_1, \cdots, \theta_{i-1}, \theta_{i+1}, \cdots, \theta_n) \in \Theta_{-i}$。为了达到此目的，本书还将特
定某人的类型分配展开的博弈认定为在决策公式内的一次博弈，将静

态博弈（即同时博弈）视为非完全信息博弈。此后这一框架将延伸至动态博弈。

我们来回忆一下非完全信息的相关概念。非完全信息是指，博弈双方对对方的收益不清楚（只是无法确定，而不一定是完全不知道）；非完全信息博弈是指，参与人不知道自己在博弈中所处的位置，博弈由于自然的选择而存在多种类型，参与人不知道自己参与的是哪种类型的博弈。通常非完全信息博弈的求解方法是把非完全信息变成不完美信息，在这样的情况下，自然（Nature）决定类型（Type）的组合。因为博弈是双方的，自然决定的是包括所有人在内的多维联合分布的概率。这个概率是所有博弈参与人的共同知识，但并不意味着他们知道自己在哪一支。为了系统地介绍贝叶斯博弈和贝叶斯纳什均衡，首先来看贝叶斯博弈的策略式表达。

4.1.1 参与人、行动、信息和偏好

完全信息标准式博弈由 $\langle N, \{s_i\}_{i=1}^n, \{v_i(\cdot)\}_{i=1}^n \rangle$ 表示，其中 $N = \{1, 2, \cdots, n\}$ 是参与人集；S_i 是参与人 i 的策略空间；而 $v_i: S \to R$ 是参与人 i 的收益函数，其中 $S = S_1 \times S_2 \times \cdots \times S_n$。还需要回忆一下在同时行动（或静态）博弈中，每个参与人的策略集 S_i 是与其行动集 A_i 相关的。

为了对参与人知道自己得自结果（行动的不同剖面）的收益，但不知道其他参与人收益的这类情况进行建模，需要引入非完全信息这一概念，它由三个部分构成。首先，参与人的偏好与其类型相关。如果参与人对结果具有几个不同的偏好，那么其中每一个偏好都与一个不同的类型相关。更一般地说，参与人拥有的有关自己收益的信息，或者他可能拥有的有关博弈的其他相关特性的信息，都是参与人类型的题中应有之义。其次，基于类型的不确定性由自然选择不同参与人的类型来表达。这样，我们就可以引入每个参与人的类型空间（Type Spaces）这个概念，它表示自然从中选择参与人类型的集合。最后，自然在参与人类型组合上进行选择的方式是共

同知识。这就是所谓的共同信念（Common Prior），即在所有参与人之间基于类型的概率分布是共同知识，这种处理方法被称为海萨尼规则（Harsanyi Doctrine）。由于每一个行为人都知道自己的类型，所以他可以使用共同信念知识来形成基于其他行为人类型的后验信念（Posterior Beliefs）。我们给出如下正式定义。

定义 4.1 n 个参与人非完全信息静态贝叶斯博弈的标准式表达为：

$$\langle N, \{A_i\}_{i=1}^n, \{\Theta_i\}_{i=1}^n, \{v_i(\,\cdot\,;\theta_i), \theta_i \in \Theta_i\}_{i=1}^n, \{\phi_i\}_{i=1}^n \rangle$$

其中，$N = \{1, 2, \cdots, n\}$ 是参与人集；A_i 是参与人的行动集；$\Theta_i = \{\theta_{i1}, \theta_{i2}, \cdots, \theta_{ik}\}$ 是参与人 i 的类型空间；$v_i : A \times \Theta_i \to R$ 是参与人 i 取决于类型的收益函数，其中 $A = A_1 \times A_2 \times \cdots \times A_n$；而 ϕ_i 根据基于其他参与人类型的不确定性描述了参与人 i 的信念，也就是说，给定 i 知道他的类型 θ_i，$\phi_i(\theta_{-i} | \theta_i)$ 是基于 θ_{-i}（除了 i 的所有其他类型）的（后验）条件分布。

正如这个定义所述，撇开参与人、行动和偏好三个基本组成部分不论，还新增了类型、依赖于类型的偏好以及关于其他参与人类型的信念等内容，这些内容共同体现了先前所阐释的那些思想。在定义中，我们假设每个参与人的类型空间都是有限的，因此每个参与人的类型总数为 k_i 个。将这个定义扩展到无限类型空间上并不是一件难事[①]。

为了便于认识静态贝叶斯博弈，我们通过以下步骤来介绍它。

（1）自然选择类型组合 $(\theta_1, \theta_2, \cdots, \theta_n)$。

（2）每个参与人 i 都知悉他自己的类型 θ_i，这是他的私人信息，然后使用他的先验知识 ϕ_i 以形成基于其他参与人类型的后验信念。

（3）参与人同时（因为这是一个静态博弈）选择行动 $a_i \in A_i$，$i \in N$。

（4）给定参与人的选择 $a = (a_1, a_2, \cdots, a_n)$，每个参与人 $i \in N$

---

① 例如，类型空间可以是区间 $\phi_i = [\underline{\theta}_i, \overline{\theta}_i]$，这样不再有基于其他参与人类型分布的概率 p_i，而是有定义明确的密度函数 $f_i(\,\cdot\,)$。

实现收益 v_i（a；θ_i）。

在前述定义中，参与人的收益 v_i（a；θ_i）依赖于所有参与人的行动以及 i 的类型，但是并不取决于其他参与人的类型 θ_{-i}。这一特殊的假设就是所谓的私人价值（Private Values）的情况，因为每个类型的收益都仅取决于他自己的私人信息。这种情况并不足以涵盖我们将要分析的所有案例，正是由于这一原因，我们将引入共同价值（Common Values）的概念，在这种情况下，v_i（a_1，a_2，$\cdots$，a_n；θ_1，θ_2，$\cdots$，θ_n）则是可能的。

我们通过假设参与人的信念是关于其他参与人的偏好的，可以采取一种非常简单的方法。当然，生活远比我们的方法复杂。为了严格地运用策略分析的工具，参与人 i 的信念要想得到明确定义，也需要基于其对手关于参与人 i 的偏好的信念、关于其他参与人关于参与人 i 关于其他参与人关于 i 的偏好的信念等，以至无穷。可以预见，所有这一切很快就会变得极端复杂甚至一团糟。海萨尼对这一问题的杰出解答是从他的论证中得来的，而非写出信念的全部层级，因此考虑这样一个模型是可能的，其中每个参与人的"类型"描述了他的偏好以及他的所有信念。多年以后，默滕斯和扎米尔（Mertens and Zamir，1985）以及布兰登伯格和德克尔（Brandenburger and Dekel，1993）将海萨尼的这一思想变得更加精确，并证明要定义更为丰富的类型空间以便容纳信念的所有可能层级是完全可能的。

考虑两个厂商的零和博弈，由前文的知识可知，在做决策前必须拥有关于对方如何的信念，比如厂商 I 不知道对方 II 的类型，假设 II 只有两种类型——H 与 L，但是 I 关于 II 可能有两个概率判断 p 和 $1-p$，这是厂商 I 关于 II 的一阶信念（First-order Belief），记作 I（II_H）$=p$，I（II_L）$=1-p$，否则无法决策。我们要问，II 会怎么考虑 I 的思考，II 是否知道 I 的信念就是如上所示呢？如果不是，II 必须有 I 的一阶信念的信念，即 II（I（II_H））$=p_1$，这是二阶信念（Second-order Belief），那么三阶及更高阶信念也类似产生。三阶信念就是 I（II_H（I（II_H）））$=p_2$，……无穷无尽。我们能保证 $p=p_1=p_2=\cdots\cdots$ 吗？如果不能，就不能产生均衡。因为两个厂商想不到一起，信念不一致。这与完全信息的情形，即 $K(K(K(K(\cdots K(确定的事情)\cdots)))))=$ 确定的事情不一样。

所以，我们必须避免这种无穷阶信念问题的出现。海萨尼就给出了一个关于这类问题的标准分析框架，将信息不完全博弈转化为信息完全但不完美的博弈，为信息经济学的发展奠定了统一的理性基础。

首先，对信息问题进行了处理，把所有信息不完全归结为行为人类型不确定。

其次，把信息不完全转化为信息完全但不完美，如你能确定不是 H 就是 L。

最后，行为人具有共同信念。

接下来，我们来看海萨尼所举的两个厂商零和博弈的例子。

假设两个厂商在竞争一个市场，类型为高成本（H）和低成本（L）。高成本直观地表明厂商 i 处在市场"弱势"地位，而低成本则意味着厂商 i 处在市场"优势"地位。这样我们共有四种可能的情况，这两个厂商可以属于类型（H，H）、（H，L）、（L，H）和（L，L）。每个厂商有 U、D 两种纯策略，收益矩阵如表 4－1 所示。

表 4－1　两个厂商零和博弈的收益矩阵

		Ⅱ									
		H					L				
			U		D				U		D
Ⅰ	H	U	2，－2		5，－5		U		－24，24		－36，36
		D	－1，1		20，－20		D		0，0		24，－24
	L	U	28，－28		15，－15		U		12，－12		20，－20
		D	40，－40		4，－4		D		2，－2		13，－13

这是一个非完全信息博弈，每个厂商都不知道对手的类型，为了避免无穷的思维怪圈，我们必须做出关于共同信念的假设——大家都认可的先验概率分布矩阵（见表4-2）。

表4-2 先验概率分布矩阵

	$F_2{}^H$	$F_2{}^L$
$F_1{}^H$	0.4	0.1
$F_1{}^L$	0.2	0.3

4.1.2 从共同先验知识中导出后验知识：参与人的信念

在贝叶斯博弈的定义里，我们引入了共同先验的概念，也就是说，所有参与人都分享关于自然所做选择的分布的相同信念。在本节，我们使用共同先验知识导出关于参与人其他类型的分布的后验信念，以研究每个参与人 i 的意图。这个概念是对条件概率的简单应用。条件概率遵守数学规则，这个规则可以导出参与人或决策者应该根据新的证据改变先验信念从而带来后验信念的方式。在我们的应用中，这一思想被表述如下。首先，在自然选择每个参与人的真实类型之前，设想一下每个参与人仍然不知道他的类型是什么这种情况，但是他的确知道自然用来选择所有参与人类型的概率分布。其次，在自然为每个参与人选定一个类型后，他们都相互独立且私下了解了自己的类型。每个参与人的类型这一新添信息，可以对其他参与人类型是如何被选中的给出新的证据。正是在这个方面，一旦参与人了解了自己的类型之后，他就可以导出关于其他参与人的新的信念。

作为一个具体的例子，假设在众多可能的自然状态（States of Nature）或事件（Events）（自然可能做出的选择）中有两个已给出，其中一个是天气晴朗（S），另一个是风浪很大（H）。这两个状态是相互排斥的还是一起出现的，要根据某个先验分布 ϕ（·）来确定。也就是说，ϕ（·）描述了赋予这些状态的某一组合为真的概率。

令 $\phi(S)$ 为天气晴朗的先验概率，$\phi(H)$ 为风浪很大的先验概率，$\phi(S \cap H)$ 为天气晴朗且风浪很大的先验概率。假设你醒来之后看到天气晴朗，没有看到风浪的情况，你对风浪很大的概率将会给出何种推断呢？它不会必然是 $\phi(H)$，因为你只认识到天气晴朗，以及这一新的信息可能具有的相关性。这就是条件概率公式所可应用之处，因为给定你知道状态 S 已出现，它可以切实地计算出状态 H 出现的概率。正式地，我们给出如下定义。

定义 4.2 基于事件 S 为真这一条件，事件 H 为真的条件概率（Conditional Probability）由下式给出：

$$Pr\{H \mid S\} = \frac{\phi(S \cap H)}{\phi(S)}$$

其直觉很简单。如果我们知道 S 为真，那么就有两种可能；要么 H 为真，要么 H 不为真。因此，我们可以对两个可能的"组合"事件进行思考。第一个事件是 S 和 H 都为真，根据先验信念，这种情况会以概率 $\phi(S \cap H)$ 出现。第二个事件是 S 为真但 H 不为真，这会以概率 $\phi(S \cap [\text{not } H])$ 出现。将 S 和 H 结合起来看，我们可能要问，S 为真的概率是多少？它必然是 $\phi(S) = \phi(S \cap H) + \phi(S \cap [\text{not } H])$，因为 S 要么与 H 一样为真，要么自己为真而 H 不为真，显然 H 为真和 H 不为真是互斥事件。因此，如果我们知道 S 为真，那么以此知识为条件，在 S 为真的所有状态中，H 为真的可能性是 S 和 H 皆为真的相对可能性。利用这个例子，有：

$$Pr\{H \mid S\} = \frac{\phi(S \cap H)}{\phi(S \cap H) + \phi(S \cap [\text{not } H])} = \frac{\phi(S \cap H)}{\phi(S)}$$

将此放在贝叶斯博弈的环境中，看下面这个例子。假设有两个参与人 1 和 2，每个参与人都有两个可能的类型——$\theta_1 \in \{a, b\}$ 和 $\theta_2 \in \{c, d\}$。自然根据在这四个可能的类型组合上的先验分布来选择这些类型，表 4 - 3 的联合概率矩阵描述了自然的先验知识。

表 4 – 3　联合概率矩阵

参与人 2 的类型

		c	d
参与人 1 的类型	a	1/6	1/3
	b	1/3	1/6

也就是说，参与人 1 是类型 a 且参与人 2 是类型 d 的先验概率，与参与人 1 是类型 b 且参与人 2 是类型 c 的先验概率是相等的，均为 1/3。同样，参与人 1 是类型 a 且参与人 2 是类型 c 的先验概率，与参与人 1 是类型 b 且参与人 2 是类型 d 的先验概率是相等的，均为 1/6。共同先验假设表明，两个参与人中的每一个都将自然根据该矩阵选择类型视为既定不变。

现在假设参与人 1 认识到他的类型是 a，他关于参与人 2 的类型的信念是什么呢？运用定义 4.2 的条件概率公式，有：

$$\phi_1(\theta_2 = c \mid \theta_1 = a) = \frac{Pr\{\theta_1 = a \cap \theta_2 = c\}}{Pr\{\theta_1 = a\}} = \frac{\frac{1}{6}}{\frac{1}{6} + \frac{1}{3}} = \frac{1}{3}$$

同样，有：

$$\phi_1(\theta_2 = d \mid \theta_1 = a) = \frac{Pr\{\theta_1 = a \cap \theta_2 = d\}}{Pr\{\theta_1 = a\}} = \frac{\frac{1}{3}}{\frac{1}{6} + \frac{1}{3}} = \frac{2}{3}$$

我们再回到海萨尼的例子，利用贝叶斯公式计算相应条件概率，见表 4 – 4。

表 4 – 4　后验概率分布矩阵

4/5	1/5		2/3	1/3
2/5	3/5		1/4	3/4

$P(\text{II} \mid \text{I})$　　　　$P(\text{I} \mid \text{II})$

4.1.3 策略和贝叶斯纳什均衡

在静态完全信息标准式博弈中，我们并没有对行动和策略做出区分，因为选择一旦做出即一劳永逸。然而，对于非完全信息博弈而言，我们在正确地界定策略时要更加小心。前文描述的贝叶斯博弈的表达，包含每个参与人 $i \in N$ 的行动集 A_i。但是，每个参与人 i 都可能是若干类型 $\theta_i \in \Theta_i$ 中的一个，而每种类型 θ_i 都会从集合 A_i 中选出一个不同的行动。这样一来，为了定义参与人 i 的策略，我们需要确定在自然选中某种类型来参与这个博弈时，参与人 i 在 $\theta_i \in \Theta_i$ 这种类型下会选择什么。为此，我们将策略定义如下。

定义 4.3 考虑一个静态贝叶斯博弈：

$$\langle N, \{A_i\}_{i=1}^n, \{\Theta_i\}_{i=1}^n, \{v_i(\cdot; \theta_i), \theta_i \in \Theta_i\}_{i=1}^n, \{\phi_i\}_{i=1}^n \rangle$$

参与人 i 的纯策略（Pure Strategy）是一个函数 $s_i: \Theta_i \to A_i$，它规定了参与人在其类型 θ_i 下将会选择的纯行动 $s_i(\theta_i)$。混合策略（Mixed Strategy）就是基于参与人的纯策略之上的概率分布。

这是界定贝叶斯博弈策略的一种非常便捷的方式。你可以将它看成每个参与人在了解自己的类型之前选择随类型而异的策略（Type-contingent Strategy），然后根据该策略来进行博弈。这会让我们联想起扩展式博弈的策略，它可以被定义为从信息集到行动的映射，其中一个纯策略就是在每个信息集上告诉你该怎么做。在贝叶斯博弈中，我们可以将参与人的类型看成他们的信息集：当参与人 i 认识到他的类型时，就好像他位于一个与其类型相同的唯一信息集上。这样的处理是很有用的，因为它可以让我们逻辑一致地思考——当参与人的对手具有不同类型时参与人关于其对手策略的信念。为了阐明这一点，我们用一个具体的博弈来展示上述核心思想，该博弈由表 4-5 给出，其标准式表达如下。

表 4 – 5　静态贝叶斯博弈的标准式

参与人 2

		AA	AF	FA	FF
参与人 1	O	0, 2	0, 2	0, 2	0, 2
	E	1, 1	1/3, 4/3	−1/3, −1/3	−1, 0

正如我们所见，这个博弈是定义 4.3 中给出的更为一般的贝叶斯博弈的一种特殊情形。参与人 2 的策略依赖于他的类型，因此这个博弈的矩阵表示包含四个随类型而异的纯策略。参与人 1 具有自然的概率分布所给出的类型分布的正确信念，再加上参与人 2 的特定策略，参与人 1 将具有关于不同的后续路径和博弈结果的明确界定的信念。

在非完全信息静态贝叶斯博弈中，结果信念的形成方式是很值得强调的，非完全信息静态贝叶斯博弈允许参与人就其各种不同的选择来评估其期望收益。令 $\theta_2 \in \{r,c\}$ 表示参与人 2 的类型（分别代表理性和疯狂），其中 p 表示参与人 2 是理性的共同先验概率。现在来看参与人 1 相信参与人 2 在使用纯策略 AF 这种情况，我们可以把它描述为：

$$s_2(\theta_2) = \begin{cases} A & \text{if} \quad \theta_2 = r \\ F & \text{if} \quad \theta_2 = c \end{cases}$$

在这个简单的例子里，参与人 1 只有一个类型。从参与人 1 的立场看，他采取 E 的期望收益为：

$$Ev_1(E, s_2(\theta_2)) = p\,v_1(E, s_2(r)) + (1-p)\,v_1(E, s_2(c))$$
$$= p \times 1 + (1-p) \times (-1)$$

如果 $p = 2/3$，则可得到 $Ev_1(E, s_2(\theta_2)) = 1/3$，这与从表征这个博弈的矩阵中的纯策略对 (E, AF) 得到的收益项是相对应的[①]。

这里有两个结论值得一提。

---

① 由于参与人 1 具有一个单一的类型，所以写作 $Ev_1(E, s_2(\theta_2);\theta_1)$ 和 $p_1(\theta_2 \mid \theta_1)$ 显然不太必要。

第一，要注意如果参与人 i 在使用一个（随类型而异的）纯策略，而自然随机选择参与人的类型，那么对于参与人 $j \neq i$ 而言，他在面对使用混合策略的参与人 i。我们再次利用前文的例子来说明一下，如果参与人 2 使用策略 AF，那么对于参与人 1 而言，就好像参与人 2 在以概率 p 选择 A，以概率 $1-p$ 选择 F 一样。

第二，正如前文所提到的那样，我们可以有效确定参与人 i 在其所有信息集上——每个类型对应一个——的策略，这一点在任何一个扩展式博弈中都一样。因此。给定自然确定的结果，即便在那些未曾实现的类型上我们也可以明确地给出任一参与人 i 会做什么。我们必须全部指定 i 的策略的原因在于，这样参与人 i 的对手就可以达成对 i 的行动的良好信念。参与人 $j \neq i$ 需要将他对 i 类型的所有先验信念与他对参与人 i 的每个类型 θ_i 计划做什么的信念结合在一起。没有这种完备的描述，参与人 $j \neq i$ 就无法从自己的行动中计算其期望收益。

现在，我们已经全部定义了什么是静态贝叶斯博弈，以及什么是每个参与人的策略，这样就可以很轻松地定义由纳什均衡导出的解概念。

定义 4.4　给定贝叶斯博弈：

$$\langle N, \{A_i\}_{i=1}^n, \{\Theta_i\}_{i=1}^n, \{v_i(\,\cdot\,;\theta_i), \theta_i \in \Theta_i\}_{i=1}^n, \{\phi_i\}_{i=1}^n \rangle$$

策略组合 $s^* = (s_1^*(\,\cdot\,), s_2^*(\,\cdot\,), \cdots, s_n^*(\,\cdot\,))$ 是一个纯策略贝叶斯纳什均衡（Pure Strategy Bayesian Nash Equilibrium），如果对于每个参与人 i、参与人 i 的每一个类型 $\theta_i \in \Theta_i$，以及每一个 $a_i \in A$，$s_i^*(\,\cdot\,)$ 是下式的解：

$$\sum_{\theta_{-i} \in \Theta_{-i}} \phi_i(\theta_{-i} \mid \theta_i) v_i(s_i^*(\theta_i), s_{-i}^*(\theta_{-i})); \theta_i \geqslant \sum_{\theta_{-i} \in \Theta_{-i}} \phi_i(\theta_{-i} \mid \theta_i) v_i(a_i, s_{-i}^*(\theta_{-i})); \theta_i$$

也就是说，无论最终出现的是哪一类型，没有参与人愿意改变他的策略 $s_i^*(\,\cdot\,)$。

再重复一下这个定义，一个贝叶斯纳什均衡让每个参与人选择一个随类型而异的策略 $s_i^*(\,\cdot\,)$，使得在给定其某一类型 $\theta_i \in \Theta_i$ 和他关

于其对手策略 $s_{-i}^*(\cdot)$ 的信念时，他从 $s_i^*(\theta_i)$ 中得到的期望收益至少与从其任一行动 $a_i \in A_i$ 中得到的收益一样大。他的期望值源自其他参与人所采取的策略，以及由于每个参与人通过其信念 $\phi_i(\theta_{-i} \mid \theta_i)$ 面对的自然的随机性而产生的那种混合。

注意，在不等式的右边，我们用 $s_i'(\theta_i)$ 取代 a_i，从而有：

$$\sum_{\theta_{-i} \in \Theta_{-i}} \phi_i(\theta_{-i} \mid \theta_i) v_i(s_i^*(\theta_i), s_{-i}^*(\theta_{-i})); \theta_i \geq \sum_{\theta_{-i} \in \Theta_{-i}} \phi_i(\theta_{-i} \mid \theta_i) v_i(s_i'(\theta_i), s_{-i}^*(\theta_{-i})); \theta_i$$

这说明，类型为 θ_i 的参与人 i 不愿意用任何其他的 $s_i'(\cdot) \in S_i$ 来取代策略 $s_i^*(\cdot)$，因为这个不等式对于每个类型的 $\theta_i \in \Theta_i$ 都成立。我们只需要考虑从 $s_i^*(\cdot)$ 到行动 a 的偏离就已足够，而不需要再去看那些随类型而异的策略 $s_i'(\cdot)$ 的情况。同时也要注意，这个定义是针对纯策略贝叶斯纳什均衡而给出的。混合策略贝叶斯纳什均衡的定义是一个非常直白的扩展，此时不再是将类型映射到纯行动上的 $s_i(\cdot)$，取而代之的是引入 $\sigma_i(\cdot)$，将类型映射到基于行动的概率分布上。

在贝叶斯纳什均衡的定义里，我们可以将采取最优反应的条件（定义 4.4）更为一般化地写成下式：

$$E_{\theta_{-i}}(v_i(s_i^*(\theta_i), s_{-i}^*(\theta_{-i})) \mid \theta_i) \geq E_{\theta_{-i}}(v_i(a_i, s_{-i}^*(\theta_{-i})) \mid \theta_i) 0), a_i \in A_i$$

正如定义 4.4 那样，我们取参与人 i 基于类型 θ_{-i} 实现之后的期望，此时参与人 i 知道自己的类型（因此可以取条件期望的形式 $E_{\theta_{-i}}(\cdot \mid \theta_i)$，即以 θ_i 的实现为条件）。这种表述更为一般化，因为它可以不受有限类型空间的限制，从而可以应用到每个参与人的类型连续统上来。举个例子，每个参与人可能有无限多个不同类型以供选取，这是一个类型空间 Θ_i，其累积分布为 $F_i(\theta_i)$，密度函数为 $f_i(\theta_i) = F_i'(\theta_i)$。在这种情况下，参与人 i 的期望收益可以写成积分的形式（更具体地说，即 $n-1$ 个积分），从而给出在其他参与人类型实现之后的期望值。相应地，从他们的策略中导出行动。

贝叶斯纳什均衡的核心就是要计算出每个参与人的最优策略函

数，这是纳什均衡的核心思想。参与人在选择自身策略时，需应用贝叶斯法则对其他参与人的类型进行推断，所以这种均衡叫作贝叶斯纳什均衡。针对表 4 – 1 的例子，海萨尼给出了一个策略组合 $\{(D，U)，(U，U)\}$，根据纳什均衡的一般做法，我们进行如下验证。

给定对方的策略为 $(U，U)$，则：

$$\begin{cases} F_1^{\,H}(U) = 0.8 \times 2 + 0.2 \times (-24) = -\dfrac{16}{5} \\[2mm] F_1^{\,H}(D) = 0.8 \times (-1) + 0.2 \times 0 = -\dfrac{4}{5} \\[2mm] F_1^{\,L}(U) = 0.4 \times 28 + 0.6 \times 12 = \dfrac{92}{5} \\[2mm] F_1^{\,L}(D) = 0.4 \times 40 + 0.6 \times 2 = \dfrac{86}{5} \end{cases}$$

可知参与人 1 的最优策略是 $(D，U)$。

同理，给定对方的选择策略为 $(D，U)$，则：

$$\begin{cases} F_2^{\,H}(U) = \dfrac{2}{3} \times 1 + \dfrac{1}{3} \times (-28) = -\dfrac{26}{3} \\[2mm] F_2^{\,H}(D) = \dfrac{2}{3} \times (-20) + \dfrac{1}{3} \times (-15) = -\dfrac{55}{3} \\[2mm] F_2^{\,L}(U) = \dfrac{1}{4} \times 0 + \dfrac{3}{4} \times (-12) = -9 \\[2mm] F_2^{\,L}(D) = \dfrac{1}{4} \times (-24) + \dfrac{3}{4} \times (-20) = -21 \end{cases}$$

可知参与人 2 的最优策略是 $(U，U)$。

综上，$\{(D，U)，(U，U)\}$ 是一个纳什均衡。

我们写出所有策略组合的收益（见表 4 – 6），再采用求解纳什均衡最经典的画线法，可以得到 $\{(D，U)，(U，U)\}$ 是纳什均衡（见表 4 – 7）。注意，这个例子表明贝叶斯纳什均衡也是纳什均衡的一种，也可以用画线法求得。

表 4-6 所有策略组合的收益矩阵

I \ II	(U,U)	(U,D)	(D,U)	(D,D)
(U,U)	$(-\frac{16}{5}, \frac{92}{5}),(-\frac{32}{3}, -3)$	$(-\frac{28}{5}, \frac{116}{5}),(-\frac{32}{3}, -6)$	$(-\frac{4}{5}, \frac{66}{5}),(-\frac{25}{3}, -3)$	$(-\frac{16}{5}, 18),(-\frac{25}{3}, -6)$
(U,D)	$(-\frac{16}{5}, \frac{86}{5}),(-\frac{44}{3}, -\frac{18}{4})$	$(-\frac{28}{5}, \frac{119}{5}),(-\frac{44}{3}, -\frac{3}{4})$	$(-\frac{4}{5}, \frac{14}{5}),(-\frac{14}{3}, -\frac{18}{4})$	$(-\frac{16}{5}, \frac{47}{5}),(-\frac{14}{3}, -\frac{3}{4})$
(D,U)	$(-\frac{4}{5}, \frac{92}{5}),(-\frac{26}{3}, -9)$	$(4, \frac{116}{5}),(-\frac{26}{3}, -21)$	$(16, \frac{66}{5}),(-\frac{55}{3}, -9)$	$(\frac{104}{5}, 18),(-\frac{55}{3}, -21)$
(D,D)	$(-\frac{4}{5}, \frac{86}{5}),(-\frac{38}{3}, \frac{3}{2})$	$(4, \frac{119}{5}),(-\frac{38}{3}, \frac{63}{4})$	$(16, \frac{14}{5}),(-\frac{44}{3}, \frac{3}{2})$	$(\frac{104}{5}, \frac{47}{5}),(-\frac{44}{3}, \frac{63}{4})$

表 4 - 7　所有策略组合的收益矩阵（画线法）

I \ II	(U,U)	(U,D)	(D,U)	(D,D)
(U,U)	$(-\frac{16}{5}, \frac{92}{5}), (-\frac{32}{3}, -3)$	$(-\frac{28}{5}, \frac{116}{5}), (-\frac{32}{3}, -6)$	$(-\frac{4}{5}, \frac{66}{5}), (-\frac{25}{3}, -3)$	$(-\frac{16}{5}, 18), (-\frac{25}{3}, -6)$
(U,D)	$(-\frac{16}{5}, \frac{86}{5}), (\frac{44}{3}, \frac{18}{4})$	$(-\frac{28}{5}, \frac{119}{5}), (\frac{44}{3}, \frac{3}{4})$	$(-\frac{4}{5}, \frac{14}{5}), (\frac{14}{3}, \frac{18}{4})$	$(\frac{16}{5}, \frac{47}{5}), (-\frac{14}{3}, \frac{3}{4})$
(D,U)	$\boxed{(-\frac{4}{5}, \frac{92}{5}), (-\frac{26}{3}, -9)}$	$(4, \frac{116}{5}), (-\frac{26}{3}, -21)$	$(16, \frac{66}{5}), (-\frac{55}{3}, -9)$	$(\frac{104}{5}, 18), (-\frac{55}{3}, -21)$
(D,D)	$(-\frac{4}{5}, \frac{86}{5}), (-\frac{38}{3}, \frac{3}{2})$	$(4, \frac{119}{5}), (-\frac{38}{3}, \frac{63}{4})$	$(16, \frac{14}{5}), (\frac{44}{3}, \frac{3}{2})$	$(\frac{104}{5}, \frac{47}{5}), (-\frac{44}{3}, \frac{63}{4})$

上述收益矩阵突出展示了两个厂商在不同类型下的期望收益。将每一个格子里小括号内的两个数字加总，即将厂商 i 高类型时的期望收益和低类型时的期望收益加总，得到的是给定该策略组合下厂商 i 的总期望收益。容易发现，画线法得到的贝叶斯纳什均衡与前文所列的完全一致。

4.1.4 再议混合策略：海萨尼的解释与海萨尼定理

我们首先来看硬币匹配静态博弈，该博弈矩阵如表 4 – 8 所示。

表 4 – 8 硬币匹配静态博弈矩阵

参与人 2

		H	T
参与人 1	H	1，－1	－1，1
	T	－1，1	1，－1

其中，唯一的混合策略纳什均衡是每个人都以 0.5 的概率选择正面。这个解可能不是那么吸引人的一个原因在于，参与人在选择 H 和 T 之间无差异，而他们却确定要在这些策略之间以一种唯一、具体而又准确的方式进行随机化，因此这才是一个纳什均衡。当这些策略对一个参与人无差异时，期待这样的精确程度有意义吗？

这个问题给混合策略均衡的概念带来了一些麻烦。不过，海萨尼（Harsanyi，1973）通过对基本行为模型稍做修改来解决这一问题，在一定程度上缓解了这一无差异问题。他的思想是：假设每个参与人都略微偏好选正面胜过反面，或者意欲选反面胜过正面。这样的话，如果参与人相信其对手选择正面的概率的确是 0.5，那么通过这种方式就可以"打破"参与人最优反应的无差异性。

特别地，假设支付由扰动（Perturbed）硬币匹配博弈给出，见表 4 – 9。

表 4 - 9 扰动硬币匹配博弈矩阵

参与人 2

		H	T
参与人 1	H	$1+\varepsilon_1, -1+\varepsilon_2$	$-1+\varepsilon_1, 1$
	T	$-1, 1+\varepsilon_2$	$1, -1$

再假设 ε_1 和 ε_2 都是就某个较小的 $\varepsilon>0$ 在区间 $[-\varepsilon,\varepsilon]$ 上的独立均匀分布。这意味着，如果 $\varepsilon_i>0$ 出现，则参与人 i 就对选择 H 胜过选择 T 有着严格的偏好，此时他相信对手仍以 0.5 的概率来选择 H。类似地，如果 $\varepsilon_i<0$ 出现，则参与人 i 就对选择 T 胜过选择 H 有着严格的偏好，此时他相信对手仍以 0.5 的概率来选择 T。

进一步假设 ε_i 的值只为参与人 i 所知，而 ε_i 值的分布则是共同知识。修改后的硬币匹配博弈是一个非完全信息贝叶斯博弈，每个参与人都有两个行动，其类型则是一个连续统。因此，每个参与人的一个纯策略就是一个映射 $s_i:[-\varepsilon,\varepsilon]\rightarrow\{H,T\}$，它赋予参与人 i 每个类型一个选择。

断言 4.1 在该贝叶斯扰动硬币匹配博弈中，有一个唯一的纯策略贝叶斯纳什均衡，其中当且仅当 $\varepsilon_i\geqslant0$ 时有 $s_i(\varepsilon_i)=H$，当且仅当 $\varepsilon_i<0$ 时有 $s_i(\varepsilon_i)=L$。这个均衡当 $\varepsilon\rightarrow0$ 时收敛到硬币匹配博弈的结果和支付上。

容易看出，所提出的那些策略是贝叶斯纳什均衡。如果它们为参与人 i 所遵守，那么由于 ε_i 是在区间 $[-\varepsilon,\varepsilon]$ 上的均匀分布，所以可以得到参与人 i 以 0.5 的概率选择 H，在这种情况下，参与人 j 的策略是一个最优反应。要证明这是唯一的贝叶斯纳什均衡，还需要做更多的工作，不过并不难。

这个例子是海萨尼纯化定理（Purification Theorem）的一个特殊情况，其所依据的思想是我们可以使用非完全信息来"纯化"完全信息博弈的任何混合策略均衡。

定理 4.1 （混合策略均衡的纯化定理）给定策略式表述博弈 $G=\{A_1,\cdots,A_n;u_1,\cdots,u_n\}$，对于所有定义在 $[-1,1]$ 上的独立的

二阶可微分布函数 P_i（·），以 u_i 为收益函数的博弈的任何均衡都是当 $\varepsilon \to 0$ 时以 $\bar{u}_i$ 为不确定性收益函数的博弈的纯策略均衡序列的一个极限。准确地说，不确定性博弈（Perturbed Game）纯策略均衡的均衡策略的概率分布收敛于确定性博弈（Unperturbed Game）均衡策略的概率分布。

我们应该如何来解释这一结果呢？它表明，如果人们在货币支付和行动相关联的方式上有差别，那么我们对那些采取纯策略的参与人的类型就无法把握，因而具有不确定性，但是类型的分布可以让参与人具有这样的信念，即好像他面对的是一个正在采取混合策略的参与人。海萨尼认为，在完全信息简单博弈中使用混合策略均衡，可以看成对更为复杂的非完全信息博弈的一个解，其中参与人并不需要随机化，但是确实有着严格的最优反应。有兴趣的读者可以参考戈文丹（Govindan 等，2003）的文献，那是对海萨尼的方法的一个简洁而又准确的呈现。

4.2 经典例子

4.2.1 讨价还价问题

假设博弈中有买主 B 和卖主 S，买主分为强买主和弱买主，卖主分为强卖主和弱卖主，他们的收益如下所示。

B：强买主 $-s = 20$

弱买主 $-w = 100$

S：强卖主 $-s = 80$

弱卖主 $-w = 0$

双方都不能准确地知道对方的强弱。他们的行动——出价：$P_B = \{20, 100\}$，$P_S = \{80, 0\}$。如果交易进行，则以他们报价之和的 1/2 成交。

解析：

交易成功的情况为：

		B	
		P_2S（20）	P_2W（100）
S	P_1S（80）	$+\infty$	90
	P_1W（0）	10	50

注：表中数据为最后的成交价。

那么问题是：他们处于各类型的概率是多少？

首先，画出收益矩阵：

			B				
			S			W	
			20	100	20	100	
S	S	80	0, 0	10, −70	80	0, 0	10, 10
		0	−70, 10	30, −30	0	−70, 90	−30, 50
	W	80	0, 0	90, −70	80	0, 0	90, 10
		0	10, 10	50, −30	0	10, 90	50, 50

买主和卖主都不知道自己处于哪种收益情况——这是一个非完全信息博弈。

其次，给出自然概率：

		B	
		20	100
S	80	3/10	2/10
	0	4/10	1/10

买方有 $2 \times 2 = 4$ 个策略，卖方也有 $2 \times 2 = 4$ 个策略。

列出下表：

		B			
		(20, 20)	(20, 100)	(100, 20)	(100, 100)
S	(80, 80)				
	(80, 0)				
	(0, 80)		用这一格举例		
	(0, 0)				

在策略式表格中画出：

		B						
		S				W		
S	S		20	100			20	100
		80	0, 0	10, −70		80	0, 0	10, 10
		0	−70, 10	30, −30		0	−70, 90	−30, 50
	W		20	100			20	100
		80	0, 0	90, −70		80	0, 0	90, 10
		0	10, 10	50, −30		0	10, 90	50, 50

计算条件概率：

$$P(SS) = 1/2$$
$$P(BS|SS) = (3/10)/(1/2) = 3/5$$
$$P(BW|SS) = 2/5$$
$$P(BS|SW) = 4/5$$
$$P(BW|SW) = 2/5$$

所以，在这一格中 S 的收益 = $(-70) \times (3/5) + (-30) \times (2/5) + 0 \times (4/5) + 90 \times (1/5)$。

依此类推，得出所有的收益，求解即可。

4.2.2 建或不建

假设有两个企业和一个市场。企业 1 已在这一市场上生产，企业 2 想进入或退出市场。企业 1 面临如下投资决定：是否需要在机械现代化（记为 M）方面做出巨大投资？如果投资，企业 2 将倍感竞争压力而视经济情况可能选择不进入市场（即退出，记为 R）。然而，如果企业 1 暂不投资（保持原有技术，记为 A），企业 2 则认为值得进入市场（记为 E）并与企业 1 进行竞争。投资成本或高或低，企业 1 心知肚明，而企业 2 只具有企业 1 的成本大至可能性为 ρ 或低至可能性为 $1 - \rho$ 的信念。表 4 – 10 将显示出盈利情况。

表 4 – 10　贝叶斯进入博弈

高投资成本（ρ）			低投资成本（$1 - \rho$）		
	进入（y）	退出（$1 - y$）		进入（y）	退出（$1 - y$）
机械现代化	0，－2	4，0	机械现代化（x）	3，－2	7，0
保持原有技术	4，2	6，0	保持原有技术（$1 - x$）	4，2	6，0

企业 2 没有私人信息。企业 1 对其成本有私人信息，其类型空间有两个要素，我们将其标注为 $\underline{c}$ 和 $\bar{c}$，分别代表低成本和高成本。企业 1 的一项决策就是这两种类型的行动，即 $s_1(\underline{c}) \in A_1 = \{M, A\}$，对于 $c \in \Theta_1 = \{\underline{c}, \bar{c}\}$。企业 2 的决策仅仅是单独行动，$a_2 \in A_2 = \{E, R\}$。

我们注意到高成本企业 1 有严格的主导行动，即 A。因此，在任何贝叶斯均衡 s 中，我们必须获得 $s_1(\bar{c}) = A$。然而，低成本企业 1 的最佳回应却依赖于企业 2 的决策。如果企业 2 进入市场，则企业 1 趋向于 A；如果企业 2 规避，则企业 1 趋向于 M。我们指定 y 为企业 2 进入市场的可能性。作为企业 2 混合决策 y 的函数，低成本企业 1 对于机械现代化和保持原状的回报分别为：

$$u_1(M; y, \underline{c}) = 3y + 7(1 - y) = 7 - 4y$$
$$u_1(A; y, \underline{c}) = 4y + 6(1 - y) = 6 - 2y$$

那么，当 $y \leq \dfrac{1}{2}$ 时，低成本企业 1 较无力地趋向于 M。将低成本企业选择 M 的可能性设定为 x，则可以将与低成本企业 1 的混合决策最优反应一致的 $x^*(y)$ 表示为：

$$x^*(y) = \begin{cases} \{1\}, & y < \dfrac{1}{2} \\[2mm] [0,1], & y = \dfrac{1}{2} \\[2mm] \{0\}, & y > \dfrac{1}{2} \end{cases}$$

现在寻找企业 2 的最优反应。企业 2 面临高成本企业 1 的可能性为 ρ ，在这种情况下，如果企业 2 进入市场，企业 1 无疑将选择 A ，以给企业 2 带来回报 2。在可能性为 $1-\rho$ 时，企业 2 面临可能性为 x 、选择 M 的低成本企业 1。如果企业 2 选择进入市场，则其预期盈利为：

$$u_2(E;x) = 2\rho + (1-\rho)[-2x + 2(1-x)] = 2 - 4(1-\rho)x$$

如果企业 2 选择规避，则其预期盈利为 0。如果 $x \leqslant 1/2(1-\rho) \equiv \bar{x}$ ，则企业 2 趋向于虚弱地进入市场。指定 $\bar{x} \in \left[\dfrac{1}{2}, \infty \right)$ ，对于 $\rho \in [0,1]$ ，可以将企业 2 混合决策最优反应表示为：

$$y^*(x) = \begin{cases} \{1\}, & x < \bar{x} \\[2mm] [0,1], & x = \bar{x} \\[2mm] \{0\}, & x > \bar{x} \end{cases}$$

我们注意到，不像低成本企业 1 的最优反应 x^* ，尽管 y^* 取决于 x ，但企业 2 的最优反应 y^* 依赖于 ρ 。

我们很容易就能通过博弈方混合决策最优反应的图表交集发现由高成本可能性 ρ 决定的贝叶斯纳什均衡博弈。图 4-1 将图标 x^* 和 y^* 设定为三种情形：（a）$\rho \in \left[0, \dfrac{1}{2} \right)$ ；（b）$\rho = \dfrac{1}{2}$ ；（c）$\rho \in \left(\dfrac{1}{2}, 1 \right]$ 。贝叶斯纳什均衡由 ☆ 来表示。这种贝叶斯博弈均衡可表示成由三部分组成的公式：

$$\{A, xM + (1-x)A, yE + (1-y)W\}$$

第一部分是高成本企业 1 的主导行动 A ，第二部分是低成本企业 1 的混合行动，第三部分是企业 2 的混合行动。

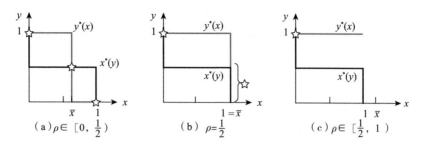

（a）$\rho \in [0, \frac{1}{2})$　　　（b）$\rho = \frac{1}{2}$　　　（c）$\rho \in [\frac{1}{2}, 1)$

**图 4 - 1　低成本企业 1 的最优反应以及企业 1 为高成本时
企业 2 的三种可能性**

当企业 1 趋向于低成本，也就是当 $\rho < \frac{1}{2}$ 时，均衡公式中的成分由表 4 - 10 中的低投资成本博弈决定。有两个纯策略均衡 $(A, M; R)$ 和 $(A, A; E)$，分别对应低成本企业 1 更新设备和企业 2 不进入市场，以及低成本企业 1 继续保持原有技术和企业 2 进入市场两种结果。此外，还有低成本企业 1 一次只更新一半设备且企业 2 选择进入市场的可能性为 $\bar{x}$ 时的混合策略均衡，当企业 1 为高成本投入时这种可能性将增大。

当企业 1 的低成本投入和高成本投入同样可能，即当 $\rho = \frac{1}{2}$ 时，又会有一个纯策略均衡出现，在此种情形下，企业 1 的两种类型都为保持原有技术而企业 2 选择进入市场。图 4 - 1（a）所示情形中原有的纯策略均衡和混合策略均衡合并为均衡连续体：低成本企业 1 更新设备以便企业 2 勉强进入市场。如果企业 2 进入市场的可能性不大，低成本企业 1 则坚决选择更新设备。

当企业 1 的高成本投入同样可能时，表 4 - 10 左边显示了贝叶斯博弈由高成本博弈决定。它只有唯一的一个由迭代严格优势决定的纯策略均衡，这里企业 1 的两种类型为保持原有技术而企业 2 进入市场。

4.2.3　公共物品提供

作为一种农村急需的"公共物品"——公路，影响其供给机制的因素是相当复杂的。公路作为"公共物品"的固有属性决定了其"谁受益、谁负担"的收益难以清楚地被界定，从而影响农民修路的积极性。我们提供了一个简单的博弈情形，试图对公路等公共物品制定设计有效机制有所启发。具体地，设想在一个村庄，有甲、乙两户农户，急需修建一条通往外界的致富之路。甲、乙两户农户都有两种类型：高类型（H 类型）的农户对修路的评价很高，认为修建这条路将会给自己带来的收益为 3；低类型（L 类型）的农户则对是否修路无所谓，这是因为尽管他承认修路能够致富，但他也觉得修路会影响自己的生活环境（如空气污染、噪声以及提高发生车祸的概率）。甲和乙彼此都不知道对方是什么类型，但是知道对方可能是 H 类型的概率为 p、L 类型的概率为 1−p。修建这条公路的成本为 2，如果甲和乙共同修建，那么双方将平摊这一成本；如果只有一方愿意修路，则修路的一方将承担全部成本 2。以上信息均为共同知识。

我们可以写出该博弈的主要构成。

（1）参与人：$N = \{ \text{I}, \text{II} \}$。参与人的类型有两种：$T_1 = T_2 = \{L, H\}$。

（2）不同类型的参与人对修路的评价是 $L: v = 0$；$H: v = 3$。

（3）修路的成本 $c = 2$。

（4）由于参与人甲和乙彼此都不知道对方是什么类型，但是知道对方可能是 H 类型的概率为 p、L 类型的概率为 1−p，那么有：

$$P(t_1, t_2) = \begin{cases} p^2 & t_1 = t_2 = H \\ (1-p)^2 & t_1 = t_2 = L \\ p(1-p) & t_1 \neq t_2 \end{cases}$$

写成信念矩阵如下：

甲

		H	L
乙	H	p^2	$p(1-p)$
	L	$p(1-p)$	$(1-p)^2$

（5）参与人的行动为 $A_1 = A_2 = \{a_1, a_2\}$。$a_1 = 0$，即不修路；$a_2 = 2$，即修路。

（6）参与人的策略为 $S_1 = S_2 = \{(a_1, a_1), (a_1, a_2), (a_2, a_1), (a_2, a_2)\}$。需要注意的是，小括号内逗号左边指参与人是 L 类型时采取什么行动，逗号右边指参与人是 H 类型时采取什么行动。

容易发现，这个博弈是一个对称的非完全信息静态博弈。接下来，我们画出博弈树（见图 4 - 2）。

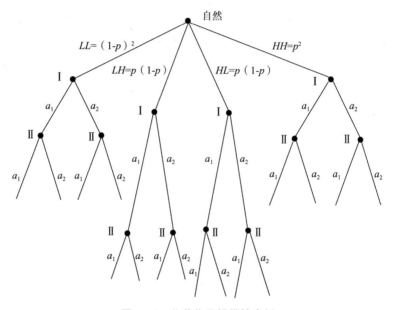

图 4 - 2　公共物品提供博弈树

为方便求解，我们假定 $p = 1/2$，可以得到上述博弈的收益矩阵，见表 4 - 11。

表 4 - 11　公共物品提供博弈的收益矩阵

	(a_1, a_1)	(a_1, a_2)	(a_2, a_1)	(a_2, a_2)
(a_1, a_1)	$(0, 0), (0, 0)$	$(0, 3/4), (0, 1/2)$	$(0, 3/4), (-1, 0)$	$(0, 3/2), (-1, 1/2)$
(a_1, a_2)	$(0, 1/2), (0, 3/4)$	$(0, 3/4), (0, 3/4)$	$(0, 3/4), (-3/4, 3/4)$	$(0, 1), (-3/4, 3/4)$
(a_2, a_1)	$(-1, 0), (0, 3/4)$	$(-3/4, 3/4), (0, 3/4)$	$(-3/4, 3/4), (-3/4, 3/4)$	$(-1/2, 3/2), (-3/4, 3/4)$
(a_2, a_2)	$(-1, 1/2), (0, 3/2)$	$(-3/4, 3/4), (0, 1)$	$(-3/4, 3/4), (-1/2, 3/2)$	$(-1/2, 1), (-1/2, 1)$

具体地，上述结果是如何得到的？我们先看第一行第三列，结果是（0，3/4），（-1，0），这一结果是如何得到的？$U_1(a_1/L_1,(a_2,a_1))$ 是指给定参与人 2 的策略是对修路无所谓（L 类型）时选择修路（a_2），对修路评价高（H 类型）时选择不修路（a_1），参与人 1 是 L 类型时选择不修路的收益。$v_1(a_1/L_1 \mid a_2/L_2)$ 是指给定参与人 2 是 L 类型但选择修路的情况下，参与人 1 是 L 类型时选择不修路的收益。因为参与人 1 既没有花费钱财修路，也对修路无所谓，所以该收益为 0。再看 $v_1(a_1/H_1 \mid a_2/L_2)$，它是指给定参与人 2 是 L 类型但选择修路的情况下，参与人 1 是 H 类型时选择不修路的收益。因为参与人 1 没有花费钱财修路（参与人 2 独自修路），但内心又渴望修路给自己带来 3 的收益，所以这一收益为 3。其他情况依此类推。

$$U_1(a_1/L_1,(a_2,a_1)) = 1/4 \times v_1(a_1/L_1 \mid a_2/L_2) + 1/4 \times v_1(a_1/L_1 \mid a_1/H_2)$$
$$= 1/4 \times 0 + 1/4 \times 0 = 0$$
$$U_1(a_1/H_1,(a_2,a_1)) = 1/4 \times v_1(a_1/H_1 \mid a_2/L_2) + 1/4 \times v_1(a_1/H_1 \mid a_1/H_2)$$
$$= 1/4 \times 3 + 1/4 \times 0 = 3/4$$
$$U_2(a_2/L_2,(a_1,a_1)) = 1/4 \times v_2(a_2/L_2 \mid a_1/L_1) + 1/4 \times v_2(a_2/L_2 \mid a_1/H_1)$$
$$= 1/4 \times (-2) + 1/4 \times (-2) = -1$$
$$U_2(a_1/H_2,(a_1,a_1)) = 1/4 \times v_2(a_1/H_2 \mid a_1/L_1) + 1/4 \times v_2(a_1/H_2 \mid a_1/H_1)$$
$$= 1/4 \times 0 + 1/4 \times 0 = 0$$

对于第一行第四列的结果（0，3/2），（-1，1/2），具体分析如下。

$$U_1(a_1/L_1,(a_2,a_2)) = 1/4 \times U_1(a_1/L_1 \mid a_2/L_2) + 1/4 \times U_1(a_1/L_1 \mid a_2/H_2)$$
$$= 1/4 \times 0 + 1/4 \times 0 = 0$$
$$U_1(a_1/H_1,(a_2,a_2)) = 1/4 \times U_1(a_1/H_1 \mid a_2/L_2) + 1/4 \times U_1(a_1/H_1 \mid a_2/H_2)$$
$$= 1/4 \times 3 + 1/4 \times 3 = 3/2$$
$$U_2(a_2/L_2,(a_1,a_1)) = 1/4 \times U_2(a_2/L_2 \mid a_1/L_1) + 1/4 \times U_2(a_2/L_2 \mid a_1/H_1)$$
$$= 1/4 \times (-2) + 1/4 \times (-2) = -1$$
$$U_2(a_2/H_2,(a_1,a_1)) = 1/4 \times U_2(a_2/H_2 \mid a_1/L_1) + 1/4 \times U_2(a_2/H_2 \mid a_1/H_1)$$
$$= 1/4 \times 1 + 1/4 \times 1 = 1/2$$

由于贝叶斯纳什均衡仍然属于纳什均衡，我们可以通过画线法找到它（见表 4 - 12）。

表 4 - 12　公共物品提供博弈的收益矩阵（画线法结果）

	(a_1, a_1)	(a_1, a_2)	(a_2, a_1)	(a_2, a_2)
(a_1, a_1)	$(\underline{0}, 0)$, $(\underline{0}, 0)$	$(\mathbf{0}, \mathbf{3/4})$, $(\mathbf{0}, \mathbf{1/2})$	$(\underline{0}, 3/4)$, $(-1, 0)$	$(\underline{0}, 3/2)$, $(-1, \underline{1/2})$
(a_1, a_2)	$(\mathbf{0}, \mathbf{1/2})$, $(\mathbf{0}, \mathbf{3/4})$	$(\mathbf{0}, \mathbf{3/4})$, $(\mathbf{0}, \mathbf{3/4})$	$(\underline{0}, 3/4)$, $(-3/4, 3/4)$	$(0, 1)$, $(-3/4, 3/4)$
(a_2, a_1)	$(-1, 0)$, $(\underline{0}, 3/4)$	$(-3/4, \underline{3/4})$, $(\underline{0}, 3/4)$	$(-3/4, \underline{3/4})$, $(-3/4, \underline{3/4})$	$(-1/2, \underline{3/2})$, $(-3/4, \underline{3/4})$
(a_2, a_2)	$(-1, \underline{1/2})$, $(\underline{0}, 3/2)$	$(-3/4, 3/4)$, $(0, 1)$	$(-3/4, 3/4)$, $(-1/2, 3/2)$	$(-1/2, 1)$, $(-1/2, 1)$

事实上，上述收益矩阵突出展示了参与人在不同类型下的期望收益。将每一格子里小括号内的两个数字加总，即将参与人 i 在 H 类型时的期望收益和 L 类型时的期望收益加总，可以得到给定该策略组合下参与人 1 的总期望收益。加总收益矩阵见表 4 - 13。

表 4 - 13　公共物品提供博弈的加总收益矩阵

	(a_1, a_1)	(a_1, a_2)	(a_2, a_1)	(a_2, a_2)
(a_1, a_1)	$(0, 0)$	$(\mathbf{3/4}, \mathbf{1/2})$	$(\underline{3/4}, -1)$	$(\underline{3/2}, -1/2)$
(a_1, a_2)	$(\mathbf{1/2}, \mathbf{3/4})$	$(\mathbf{3/4}, \mathbf{3/4})$	$(\underline{3/4}, 0)$	$(1, 0)$
(a_2, a_1)	$(-1, \underline{3/4})$	$(0, \underline{3/4})$	$(0, 0)$	$(1, 0)$
(a_2, a_2)	$(-1/2, \underline{3/2})$	$(0, 1)$	$(0, 1)$	$(1/2, 1/2)$

容易发现，根据新收益矩阵画线法得到的贝叶斯纳什均衡与前文完全一致（二者的差异仅在于收益的展示形式）。对于找到的三个贝叶斯纳什均衡，$\{(a_1, a_2), (a_1, a_1)\}$ 是指参与人 1 对修路无所谓时选择不修路，希望通过修路致富时选择修路，参与人 2 无论是对修路无所谓还是希望修路，都选择不修路；与之对称，$\{(a_1, a_1), (a_1, a_2)\}$ 是指参与人 1 无论是对修路无所谓还是希望修路，都选择不修路，参与人 2 对修路无所谓时选择不修路，希望通过修路致富时选择修路；第三个贝叶斯纳什均衡 $\{(a_1, a_2), (a_1, a_2)\}$ 是指参与人 1 和参与人 2 都是在对修路无所谓时选择不修路，希望通过修路致富时

选择修路。这三个均衡表明至少有一个参与人会"老实"地选择行动与偏好一致，不搭便车。

接下来，我们求解混合策略的贝叶斯纳什均衡。由于博弈是对称的，所以我们能够给出一个共同的均衡混合策略—— $\gamma_i^* = (\gamma_i^*(s^*/L), \gamma_i^*(s^*/H))$，可以展开表示成以下形式[①]：

$$\gamma_i^*(s^*/L) = [\gamma_i^*(a_1/L), \gamma_i^*(a_2/L)] = [u, 1-u]$$
$$\gamma_i^*(s^*/H) = [\gamma_i^*(a_1/H), \gamma_i^*(a_2/H)] = [w, 1-w]$$

其中，$u \in [0,1]$，$w \in [0,1]$。这表明对修路无所谓（L 类型）的参与人 i 会以 u 的概率选择不修路（a_1），以 $1-u$ 的概率选择修路（a_2）；对修路评价高（H 类型）的参与人 i 会以 w 的概率选择不修路（a_1），以 $1-w$ 的概率选择修路（a_2）。我们进一步分析 u 和 w 的取值情况。首先，在均衡状态下，可以保证 $u=1$。也就是说，对修路无所谓的参与人永远不想修路。这是因为如果 $1-u$ 为正，那么他被要求为修路提供部分（甚至全部）资金的概率也为正，从而产生负的预期收益。其次，在均衡状态下，$0 \leq w < 1$ 一定成立。这是因为，如果 $w=1$，又有 $u=1$，表明两种类型的参与人都不想修路，这意味着对修路评价高（H 类型）的参与人 i 的收益为 0。但是在这种情况下，如果 H 类型的参与人诚实地选择修路，他的收益将是 $30-20>0$，即好于 H 类型参与人选择不修路的收益。任何贝叶斯纳什均衡中 γ_i^* 必须满足 H 类型参与人以正概率选择修路。

所以，有 $Ev_i(a_2/H) \geq Ev_i(a_1/H)$，具体地：

$$Ev_1(a_2/H_1) = P(H_2/H_1) \times Ev_1(a_2/H_1, a/H_2) + P(L_2/H_1) \times Ev_1(a_2/H_1, a/L_2)$$
$$= \frac{p^2}{p^2+p(1-p)} \times [w \times Ev_1(a_2/H_1, a_1/H_2) + (1-w) \times Ev_1(a_2/H_1, a_2/H_2)]$$
$$+ \frac{p(1-p)}{p^2+p(1-p)} \times [u \times Ev_1(a_2/H_1, a_1/L_2) + (1-u) \times Ev_1(a_2/H_1, a_2/L_2)]$$
$$= p \times [w \times (3-2) + (1-w) \times (3-1)] + (1-p) \times [1 \times (3-2) + 0] = p - pw + 1$$

[①] 该例子最早可参见 Vega-Redondo（2003）的研究。但需要注意的是，此处原文解法有误，本书在此更正。

$$E v_1(a_1/H_1) = P(H_2/H_1) \times E v_1(a_1/H_1, a/H_2) + P(L_2/H_1) \times E v_1(a_1/H_1, a/L_2)$$

$$= \frac{p^2}{p^2 + p(1-p)} \times [w \times E v_1(a_1/H_1, a_1/H_2) + (1-w) \times E v_1(a_1/H_1, a_2/H_2)]$$

$$+ \frac{p(1-p)}{p^2 + p(1-p)} \times [u \times E v_1(a_1/H_1, a_1/L_2) + (1-u) \times E v_1(a_1/H_1, a_2/L_2)]$$

$$= p \times [w \times 0 + (1-w) \times (3-0)] + (1-p) \times [1 \times 0 + 0] = 3p(1-w)$$

所以，有 $p - pw + 1 \geqslant 3p(1-w)$，整理得到 $2p(1-w) \leqslant 1$。

如果 $p \leqslant 1/2$，$E v_i(a_2/H) > E v_i(a_1/H)$ 对所有 $w > 0$ 严格成立，这意味着对于对手的任何混合策略，H 类型参与人选择修路比选择不修路（企图搭便车）要严格地好。因此，在这种情况下，对称贝叶斯纳什均衡必须满足 $w = 0$，因此 $\gamma_i^*(s^*/H) = [\gamma_i^*(a_1/H), \gamma_i^*(a_2/H)] = [0, 1]$。

如果 $p > 1/2$，则 $2p(1-w) \leqslant 1$ 要求 $w > 0$。这意味着两种可能的行动都将产生相同的预期收益。也就是说，$E v_i(a_2/H)$ 和 $E v_i(a_1/H)$ 必须有重合，这也意味着 $2p(1-w) = 1$，即：

$$w = 1 - \frac{1}{2p}$$

因此，$\gamma_i^*(s^*/H) = [\gamma_i^*(a_1/H), \gamma_i^*(a_2/H)] = \left[1 - \frac{1}{2p}, \frac{1}{2p}\right]$。

总之，对于任何 $p \in [0, 1]$，贝叶斯纳什均衡的均衡策略有 $u = 1$，$w = \max\left\{0, 1 - \frac{1}{2p}\right\}$。

因此，我们可以得出结论，如果 $p > 1/2$，则存在等于 $(1 - 1/2p)^2$ 的严格正概率。也就是说，即使两个参与人都对修路有很高的评价，在（唯一的）对称贝叶斯纳什均衡下路也是修不成的。当然，当只有一个参与人的估值很高时（在这种情况下，修路也很有效），修不成路的这种情况出现的概率仍然很高，为 $1 - 1/2p$。从事前的角度来看，容易发现自相矛盾的是，有效率（为致富）修路的可能性越大，结果证明事后效率低下的可能性也越大。事实上，当 $p = 1$ 时，出现事后效率低下情况的概率最大。再来讨论前文假定 $p = 1/2$（临界值）的情况，$w = 0$，$u = 0$，即对修路无所谓的参与人永远不想修路，H 类型参与人选择修路比选择不修路（企图搭便车）要严格地好，涵盖了前文三个纯策略贝叶斯纳什均衡的情况，即至少有一个参与人会"老实"地选择行动与偏好一致，不搭便车。

4.2.4　古诺模型的延伸探讨

接下来，我们在前文分析的古诺模型的基础上引入非完全信息，通过一个具体算例来比较完全信息静态博弈和非完全信息静态博弈的结果。假设市场上只存在两个厂商，市场需求函数为 $P = 8 - Q$。首先，假设厂商1的成本函数为 $C_1 = 2q_1$，厂商2的成本函数为 $C_2 = 2q_2$。两个厂商同时行动，求解该古诺模型的均衡结果。

对于厂商1，给定厂商2的产量 q_2^*，最大化其收益可得 $\max (8 - q_1 - q_2^* - 2) q_1$，得到 $q_1^* = \dfrac{6 - q_2^*}{2}$。

对于厂商2，给定厂商1的产量 q_1^*，最大化其收益可得 $\max (8 - q_2 - q_1^* - 2) q_2$，得到 $q_2^* = \dfrac{6 - q_1^*}{2}$。

求解得到 $q_1^* = q_2^* = 2$。

考虑非完全信息的情况。厂商1的成本函数为 $C_1 = 2q_1$，对于厂商1来说，厂商2的成本函数不确定，存在高成本 $C_2^H = 3q_2$ 与低成本 $C_2^L = q_2$ 两种类型，二者的概率分布为 $(\theta, 1 - \theta)$。厂商2知道自己究竟是高成本类型还是低成本类型。我们来求解该非完全信息静态博弈的贝叶斯纳什均衡（假设 $\theta = 0$，0.2，0.5，0.8，1，其中 $\theta = 0$ 和 $\theta = 1$ 是完全信息静态博弈的情况）。

如表4-14所示，当 $\theta = 0$ 时，此时厂商2确定是低成本类型，因此变成完全信息静态博弈。给定厂商1的最优产量 q_1^*，厂商2最大化其收益可得 $\max (8 - q_2 - q_1^* - 1) q_2$，得到 $q_2^* = \dfrac{7 - q_1^*}{2}$。给定厂商2的最优产量 q_2^*，厂商1最大化其收益可得 $\max (8 - q_1 - q_2^* - 2) q_1$，得到 $q_1^* = \dfrac{6 - q_2^*}{2}$。然后求解得到 $q_1^* = 5/3$，$q_2^* = 8/3$。

表 4 - 14　模型均衡结果比较

	完全信息静态博弈		非完全信息静态博弈		
	$\theta = 0$	$\theta = 1$	$\theta = 0.2$	$\theta = 0.5$	$\theta = 0.8$
$c_1 = c_2 = 2$	$C_1 = 2$ $C_2^L = 1$	$C_1 = 2$ $C_2^H = 3$	$C_1 = 2$ $C_2^L = 1$ $C_2^H = 3$	$C_1 = 2$ $C_2^L = 1$ $C_2^H = 3$	$C_1 = 2$ $C_2^L = 1$ $C_2^H = 3$
$q_1^* = q_2^* = 2$	$q_1^* = 5/3$ $q_2^*(L) = 8/3$	$q_1^* = 7/3$ $q_2^*(H) = 4/3$	$q_1^* = 1.8$ $q_2^*(H) = 1.6$ $q_2^*(L) = 2.6$	$q_1^* = 2$ $q_2^*(H) = 1.5$ $q_2^*(L) = 2.5$	$q_1^* = 2.2$ $q_2^*(H) = 1.4$ $q_2^*(L) = 2.4$
NE_1	NE_2 (q_1^*, q_L^*)	NE_3 (q_1^*, q_H^*)	BNE_1 $(q_1^*, (q_H^*, q_L^*))$	BNE_2 $(q_1^*, (q_H^*, q_L^*))$	BNE_3 $(q_1^*, (q_H^*, q_L^*))$
厂商 1 与厂商 2 在不同均衡中的产量为（NE_1，BNE_1，BNE_2，BNE_3） θ：厂商 2 为高成本的概率 C：厂商的边际成本，固定成本为 0	厂商 1 会根据不同类型的对手（高成本类型或低成本类型），得到不同的均衡（5/3 或 7/3）		认为你是高成本类型的概率越高，你的产量就越低；反之亦然		

当 $\theta=0.2$ 时，给定厂商 1 的最优产量 q_1^*，在厂商 2 为高成本类型的情况下，厂商 2 最大化其收益可得 $\max\ (8-q_2-q_1^*-3)\ q_2$，得到 $q_2^*(H)=\dfrac{5-q_1^*}{2}$；在厂商 2 为低成本类型的情况下，厂商 2 最大化其收益可得 $\max\ (8-q_2-q_1^*-1)\ q_2$，得到 $q_2^*(L)=\dfrac{7-q_1^*}{2}$。厂商 1 将选择最优产量 q_1^* 以最大化其收益可得 $\max\ (0.2\times(8-q_1-q_2^*(H)-2)q_1+0.8\times(8-q_1-q_2^*(L)-2)q_1)$，将 $q_2^*(H)$ 和 $q_2^*(L)$ 代入该式求解得到 $q_1^*=1.8$，$q_2^*(H)=1.6$，$q_2^*(L)=2.6$。

当 $\theta=0.5$ 时，类似地，给定厂商 1 的最优产量 q_1^*，在厂商 2 为高成本类型的情况下，厂商 2 最大化其收益可得 $\max\ (8-q_2-q_1^*-3)\ q_2$，得到 $q_2^*(H)=\dfrac{5-q_1^*}{2}$；在厂商 2 为低成本类型的情况下，厂商 2 最大化其收益可得 $\max\ (8-q_2-q_1^*-1)\ q_2$，得到 $q_2^*(L)=\dfrac{7-q_1^*}{2}$。厂商 1 将选择最优产量 q_1^* 以最大化其收益可得 $\max\ (0.5\times(8-q_1-q_2^*(H)-2)q_1+0.5\times(8-q_1-q_2^*(L)-2)q_1)$，将 $q_2^*(H)$ 和 $q_2^*(L)$ 代入该式求解得到 $q_1^*=2$，$q_2^*(H)=1.5$，$q_2^*(L)=2.5$。

当 $\theta=0.8$ 时，求解得到 $q_1^*=2.2$，$q_2^*(H)=1.4$，$q_2^*(L)=2.4$。

当 $\theta=1$ 时，此时厂商 2 确定是高成本类型，因此变成完全信息静态博弈。给定厂商 1 的最优产量 q_1^*，厂商 2 最大化其收益可得 $\max\ (8-q_2-q_1^*-3)\ q_2$，得到 $q_2^*=\dfrac{5-q_1^*}{2}$。给定厂商 2 的最优产量 q_2^*，厂商 1 最大化其收益可得 $\max\ (8-q_1-q_2^*-2)\ q_1$，得到 $q_1^*=\dfrac{6-q_2^*}{2}$。然后求解得到 $q_1^*=7/3$，$q_2^*=4/3$。

有趣的是，我们发现厂商 1 认为厂商 2 是高成本类型的概率 θ 越高，厂商 1 的产量越高，厂商 2 的产量越低，如图 4-3 所示。

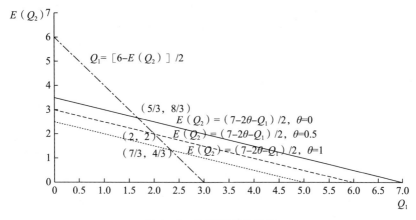

图 4－3 均衡随 θ 的变化

4.3 拍卖和竞争性出价

运用博弈论来分析拍卖行为和拍卖设计本身，是由诺贝尔经济学奖得主威廉·维克里（Vickrey, 1961）引入的，他的研究开辟了一个新的、不断发展的领域。博弈理论研究对拍卖形成的"大推进"，正是在美国联邦通信委员会于 1994 年率先决定对其电波频谱的一部分进行拍卖时成功运用博弈论帮助美国政府和投标公司之后才发生的。这些被拍卖的电波频谱是通信公司所使用的波段。这一拍卖被公认为非常成功，《经济学人》（*The Economist*）的一篇题为《书生的复仇》（Revenge of the Nerds）的文章提到了多位博弈论专家的研究。

拍卖有着很多合意的性质，非常透明，也有着明确的规则，常常将被拍卖的物品配置到对它估价最高的人手中，而且如果物品设计良好，它们不会因过于简单而不利于实际操作。一般来说，有两种常见的拍卖类型。第一类是公开拍卖（Open Auction），其中投标人可以观察到某个价格的动态过程，一直到某个赢者出现。公开拍卖有两种常见的形式。

英式拍卖（English Auction）。这是我们在电影（如《红色小提琴》）里经常看到的经典的拍卖形式。在这种形式的拍卖中，投标人都位于一个房间内（或者坐在计算机或电话前），只要有人还在不停地出价，该商品的价格就一直上升。一旦最后一个出价不再受到挑战，最后一个投标人即赢得这场拍卖，该商品的收益为他所出的价格（这个价格可能从某个最小的阈值开始起拍，它是拍卖人的保留价格）。

荷式拍卖（Dutch Auction）。这种拍卖形式几乎与英式拍卖背道而驰，也不是特别为我们所熟知。与英式拍卖一样，投标人可以看到实时的价格变化，但不是从最低的价格开始，而是从一个极高的价格开始的，拍卖人逐渐降低价格。一旦有一个竞标人喊出"买"，拍卖即结束，这位竞标人以他喊出的价格取得该商品。这种拍卖形式直到现在仍然流行于荷兰鲜花市场，故得名。

常见的第二类拍卖是密封拍卖（Sealed-bid Auction）。在这种拍卖中，参与人写下他们的出价，然后在不知道其对手出价的情况下将自己的出价提交上去。收齐提交上来的价格之后，最高出价者将会胜出，他将根据拍卖的规则进行价格收益。与公开拍卖一样，密封拍卖也有两种常见的形式。

第一价格密封拍卖（First-price Sealed-bid Auction）。这是一种常见的拍卖形式。先让每个投标人写下自己的出价，并将出价放在信封内，然后将这些信封同时打开。出价最高的投标人胜出，收益等于其所出的价格。与这种拍卖形成对照，有一种拍卖有时被参与人称为"反向拍卖"（Reverse Auction），它被很多政府和企业用来完成合同采购。例如，政府打算建造一栋新大楼或者一条高速公路，可以给出计划和具体规定，然后进行招标。每一个潜在的愿意参与的建筑商都可以提交一个密封价格，最终出价最低的投标人胜出，并获得标的，即完成该项工程（或者可能是完成某一项重大工程的一部分）。

第二价格密封拍卖（Second-price Sealed-bid Auction）。与第一价格密封拍卖一样，先让每个竞标人写下自己的出价，并将出价放在信封内，然后将这些信封同时打开，出价最高者赢得这场拍卖。二者的不同之处在于，尽管出价最高者胜出，但是他不需要收益他的出价，而是收益出价第二高的竞标者所出的价格，或者那些没有获胜的竞标者中最高的价格。这种类型的拍卖看起来可能并不是那么常见，但是它具有一种很有吸引力的性质，并与常见的英式拍卖有着极大关联。

无论所实施的拍卖类型为哪一种，有两件事情是显而易见的。第一，拍卖是竞标人作为参与人的博弈，行动就是出价，收益取决于能否拍得商品，以及需要为之支出多少（可能是拍卖出价最高的参与人支出多少）。实际上，我们还看到过一种拍卖类型，即简单的两人全收益博弈。第二，竞标人很难确切地知道所竞拍商品对其他竞标者价值几何。因此，我们给出的拍卖所具有的这些特征均适合作为非完全信息贝叶斯博弈进行建模。

4.3.1　独立私人价值

买者有两个原因愿意购买一件商品。他们可能希望消费它，享受美味，如某种特色食品。或者他们希望作为投资品来购买，并可能在一段时间后将其售卖出去，如黄金或股票。其动机可能混杂不清，就好比那些购买稀世名画或者购买房子的人，他们可能既想享受这些商品，也有将它们当作投资品的打算。

在第一种情况下，购买商品是为了直接消费，该商品对每个潜在购买者的唯一价值应该是从他们的私人立场出发看它们价值几何，而不需要考虑其他人是如何评价这一商品的。考虑这样一个卖家，他售卖一种品质极好的十分熟的菲力小牛排，若一个小时之内卖不出去就会变质，无暇犹豫和转卖。对待这样的小牛排，唯一要做的事情就是迅速烤了它，然后吃下去。它的价值或者我们愿意为它付出的金钱，应该仅仅取决于我们有多么享受这顿美食。这种情况被称为一种私人价值（Private Values），其中每个人愿意付出的金钱仅取决于他自己的类型，这也是他的私人信息。这与共同价值（Common Values）的情况大相径庭，在共同价值情况下，某些参与人的偏好可能取决于其他参与人的类型。

我们先从简单的私人价值情况开始对拍卖进行分析，把这个拍卖环境描述为一个博弈，其中投标人集合为 $N = \{1, 2, \cdots, n\}$。我们不考虑将卖者作为一个参与人，因为一旦拍卖规则由他制定，他对出价行为或者之后的结果就没有任何影响了。

为了体现参与人个人收益意愿的差别，我们借助类型这一为人们所熟知的概念来描述参与人的私人估价。特别地，我们假设参与人 i 获得某商品的估价是他的类型 θ_i，根据累积分布函数 $F_i(\cdot)$ 从区间 $\theta_i \in [\underline{\theta_i}, \overline{\theta_i}]$ 中抽得，这里 $F(\theta') = Pr\{\theta_i \leq \theta'\}$ 且 $\theta_i \geq 0$。我们还假设根据累积分布函数 $F_i(\cdot)$ 从区间 $\theta_i \in [\underline{\theta_i}, \overline{\theta_i}]$ 中抽取的 θ_i 是独立的，绝不相互关联。没有拍得该商品的参与人，其收益标准化为 0；拍得该商品的参与人，在付出价格 $p \geq 0$ 之后，其收益为 $v_i = \theta_i - p$。因此，这种情况被称为独立私人价值（Independent Private Values，IPV）。

遵循贝叶斯博弈的方法论，我们假设每个参与人都知道其他参与人所有类型的分布，并使用 $n-1$ 个累积分布函数 $F_j(\cdot)$ $(j \neq i)$ 来形成关于其他参与人类型 θ_i 的信念。

1. 第二价格密封拍卖

我们从第二价格密封拍卖形式开始分析，这种拍卖形式最容易分析。该博弈的规则如下：首先，参与人认识到他们的个人估价，但是他们只了解其对手估价的分布；其次，每个参与人提交一个出价 b_i $(b_i \geq 0)$，这使每个参与人都能选择行动；最后，出价被收集在一起，最高出价者获胜，他收益出价第二高的价格。这样我们可以将每个参与人 i 的收益函数表示为如下形式[①]：

$$v_i(b_i, b_{-i}; \theta_i) = \begin{cases} \theta_i - b_j^* & \text{如果对于所有的 } j \neq i, b_i > b_j \text{ 且 } b_j^* \equiv \max_{j \neq i}\{b_j\} \\ 0 & \text{如果对于某一 } j \neq i, b_i \leq b_j \end{cases}$$

给定参与人的行动是他的出价，参与人的策略是将一个出价赋予参与人的每一个类型，即此种情况下的私人价值。这样一来，参与人 i

---

① 注意，我们通过假设在双方给出同样的价格时两个参与人都不能取得标的物，也不需做任何收益来化解这种可能性。这一点可以很容易地更改为其中一个参与人随机地成为赢家并收益出价第二高的价格，这一价格等于他自己的出价（因为两个都是最高出价）。这种情况会稍增复杂性，在本节末会对此进行评论。

的策略是一个函数，即 $s_i:[\underline{\theta}_i,\overline{\theta}_i]\rightarrow\mathbb{R}_+$，它赋予其每一个可能估价一个非负的出价。

现在，我们可以将参与人 i 的收益及其估价 θ_i 写成一个关于他个人出价 b_i 和其他人所用策略 s_j（·）（$j\neq i$）的函数。首先应该写出参与人 i 期望收益的简略形式：

$$E_{\theta_{-i}}(v_i(b_i,s_{-i}(\theta_{-i});\theta_i)\mid\theta_i) = Pr\{i\text{ 赢得拍卖并支付 }p\}$$
$$\times(\theta_i - p) + Pr\{i\text{ 未赢得拍卖}\}\times 0$$

在更具体的条件下，可以考虑第二价格密封拍卖的规则，参与人 i 获胜的概率等于所有其他出价低于 b_i 的概率，在此情况下，参与人 i 收益出价第二高的价格 p。问题在于，所有其他出价低于 b_i 的概率到底是多少？这当然取决于其他参与人 j（$j\neq i$）的策略 s_j（θ_j）。特别地，i 的出价高于 j 的出价的概率，等于 j 的出价低于 b_i 的类型的概率。但是，在不能确切知道 j 的策略是什么的情况下，我们也无法写出这一概率。这一任务看起来的确让人望而却步，但是它表明，这种拍卖的规则会让我们得出下面这个令人感到惊奇的结论。

命题 4.1　在第二价格密封拍卖中，每个参与人都有一个弱优势策略，即按照自己的真实估价进行出价。也就是说，对于所有的 $i\in N$，$s_i(\theta_i)=\theta_i$ 是一个弱优势策略下的贝叶斯纳什均衡。

如果你还不熟悉这一著名的、率先由维克里（Vickrey，1961）发现的结论，这就有点让人感到意外了。正如我们将要看到的那样，这一结论也是很直观的，只要我们分析一下即可知晓。我们将通过表明对于任一估价 θ_i，出价 b_i 弱优于更高和更低的出价来证明这一结论。我们的分析将论证那些出价 $b_i<\theta_i$ 的情况，以及其他相对照的论证。

我们来看竞标者出价低于其估价的情形，即 $b_i<\theta_i$（见图 4-4）。我们感兴趣的有三种情形，其中其他参与人有 $n-1$ 个出价。

情形 1　参与人 i 是出价最高者，此时 i 赢得标的物，并收益价格 p（$p<b_i$）。这与所有其他 $n-1$ 个出价均在图 4-4 区域 L 中的情形相对应，也包括了第二高的出价。如果不出价 b_i，那么参与人 i 将会出价

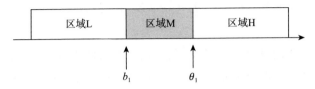

图 4-4 第二价格密封拍卖中的弱优势策略

θ_i，他仍将获胜，并收益同样的价格。因此，在情形 1 中，出其估价和出价 b_i 一样好。

情形 2 出价最高者 j 出价 b_j^*（$b_j^* > \theta_i$），此时 i 未赢得拍卖。这对应的是图 4-4 区域 H 中的获胜出价。如果不出价 b_i，那么参与人 i 将会出价 θ_i，他仍然输于 b_j^*。因此，在情形 2 中，出其估价和出价 b_i 一样好。

情形 3 出价最高者 j 出价 b_j^*（$b_i < b_j^* < \theta_i$），因此最高出价在图 4-4 区域 M 中，而 i 未赢得拍卖。如果参与人 i 出价 θ_i，那么他本可以赢得这场拍卖并获得收益，从而使得这种偏离是有利可图的。因此，在情形 3 中，出其估价要严格好于出价 b_i。

$$v_i = \theta_i - b_j^* > 0$$

由于情形 1 至情形 3 涵盖了所有的情形，因此我们可以得到结论，出价 θ_i 弱优于任何比它低的价格，因为它绝不会更差，甚至可能更好。相似的论证表明，出价 $b_i > \theta_i$ 也会弱劣于出价 θ_i。

每个参与人都有一个弱优势策略 $s_i(\theta_i) = \theta_i$，这一事实表明每个参与人都出其估价是一个弱优势策略的贝叶斯纳什均衡。这个结论值得关注，不仅因为它简洁明了的解决方案——参与人只需真实地在第二价格密封拍卖中出其估价即可，而且因为它表明了这一拍卖形式的其他三种颇具诱惑力的属性。

第一，在独立私人价值情形下，第二价格密封拍卖中的出价者并不关心其对手类型的概率分布，因此在分析这样的拍卖时，关于类型分布的共同知识假设可以被放松。特别地，这意味着我们甚至可以在认为参与人对其对手的估价毫无想法时应用此结论。这是第二价格密封拍卖非常优良的一个特征。

第二，在第二价格密封拍卖中，即便在类型上有所关联，但价值是私人的（一个参与人的价值取决于他自己的类型而不取决于其他参与人的类型）。按照真实意图出价也是一个弱优势策略。这表明，如果我们对私人价值所做的假设是正确的，但我们又错误地假设价值是独立的，那么出你的估价是一个弱优策略仍然是成立的。

第三，但绝非最不重要的，在私人价值情形下，第二价格密封拍卖的结果是帕累托最优的，因为对标的物评价最高的人最终得到了它。

正如我们所看到的那样，第二价格密封拍卖与常见的英式拍卖有着极大关联。我们可以对此博弈稍做改变，在处理相同的最高出价方面让它变得更具吸引力。假设有 m（$m \leq n$）个出价者与最高出价齐平，那么他们有相同的概率赢得拍卖，而根据定义，收益第二高的出价等于他们自己的出价。那么，每个出价者的收益函数可以表示为：

$$v_i(b_i, b_{-i}; \theta_i) = \begin{cases} \theta_i - b_j^* & \text{如果对于所有的 } j \neq i, b_i > b_j \text{ 且 } b_j^* \equiv \max_{j \neq i}\{b_j\} \\ \dfrac{\theta_i - b_i}{\text{最高出价者的数量}} & \text{如果对于所有的 } j \neq i, b_i \geq b_j \text{ 且对于某一 } j \neq i, b_i = b_j \\ 0 & \text{如果对于某一 } j \neq i, b_i \leq b_j \end{cases}$$

$b_i = \theta_i$ 为弱优势策略的论证仍然有效，先前的分析仍可适用。

2. 英式拍卖

典型的英式拍卖会有一个拍卖师，他和竞拍人一起位于一个房间内，拍卖师逐步提高标价，直到无竞拍人愿意继续抬高价格为止。这一过程可以被所有竞拍人观察到，直到价格提升到最后的价格。这看起来确实很容易将它描述成一个博弈，但还是存在一个小问题：在没有事先明确规定离散增量的情况下，估价大于现行价格 p（$p < \theta_i$）的参与人 i 还是没有最优反应，因为对于他所能做的任一增量而言，总有一个更小的增量是更好的。这个问题与我们在具有不同成本的伯特兰双头垄断模型中所看到的问题类似。

对于这个问题有两个解决方案。第一个解决方案是使用一个离散的行动空间，如美元或者美分。这也符合实际，但是如果你想对此运用微积分来分析，那就不可行了，这往往也意味着所用分析方法更为笨拙。第二个解决方案是稍微改变一下这个博弈，同时又不偏离英式拍卖的本质，这正是米尔格罗姆和韦伯（Milgrom and Weber，1982）在其具有广泛影响的论文中给出的办法。他们提出的"按钮拍卖"（Button Auction）博弈情况如下。

与之前一样，有 n 个参与人，每人估价为 $\theta_i(\theta_i \in [\underline{\theta_i},\overline{\theta_i}])$，根据累积分布函数 $F_i(\cdot)$ 进行抽取，θ_i 在出价者之间是独立的。一个新添的行为人（不是策略参与人）即拍卖师，由他来宣布现行价格，从 0 起拍，随时间推移而渐次提高。每个参与人都有一个按钮，在博弈开始时按下按钮，此时起拍价格为 $p=0$。如果参与人 i 的按钮被持续按下，则松开时的现行价格为 $p>0$。这意味着，如果现在所有其他人都在这场拍卖中出局，则参与人 i 的收益为 p。一旦一个参与人松开按钮，他就在这场拍卖中出局，不能再重新进入。胜者就是最后一个松开按钮的人，成交价格是倒数第二个松开按钮的人松开按钮时的价格。

按钮拍卖与英式拍卖之间的相似性是显而易见的。只要存在超过一个参与人，他愿意提高现行价格，那么拍卖师就可以抬高价格。按钮拍卖与英式拍卖也存在不同，在英式拍卖中，当前价格如果是 p 美元，拍卖会喊"我听到了 $p+k$ 美元吗？"；在按钮拍卖中，拍卖师会自动提升一个增量 k，而这个 k 是无限小的。

正如在第二价格密封拍卖中那样，我们为每个参与人定义策略为从他们的类型或估价到参与人松开按钮的价格上的映射。利用这些关于策略的定义，给定他关于其他参与人的策略和类型的信念。我们可以推导出每个参与人的期望收益函数。这看起来似乎又是一个令人望而生畏的问题，但是正如第二价格密封拍卖那样，下面这个颇具吸引力的结论可以让分析变得更为简单。

命题4.2 在按钮拍卖中，对于每个参与人来说，只要 $p<\theta_i$ 就按住按钮，一旦 $p=\theta_i$ 就松开按钮，是一个弱优势策略。这导致在弱劣势策略上的贝叶斯纳什均衡，这一均衡与第二价格密封拍卖在结果上是

等价的。

对于命题 4.2 的证明严格遵守了下面这个简单的观察结果。首先，如果现行价格 $p < \theta_i$，则参与人 i（他不是现行最高的出价者）应当继续按住按钮，因此他的价格会继续提升。如果他退出，则只能放弃在低于其估计的价格上获得该标的物的机会；而如果他继续以既定的策略进行下去，则可以保证得到一个非负的收益值，因为当 $p = \theta_i$ 时他就退出。其次，如果 $p = \theta_i$，则参与人 i 应当退出，否则他可能会赢，但是要收益超过其估价的数值。

这个结果与第二价格密封拍卖相同的事实如下。具有最高估价的参与人获胜，他收益的价格等于第二高的估价，因为那是倒数第二个退出的参与人退出时的价格。因此，第二价格密封拍卖的三个同样颇具吸引力的特征，也为私人价格情形下的英式拍卖所继承。首先，每个参与人都有一个最优策略，它既不取决于其他参与人类型的分布，也不取决于他们使用的策略。其次，即便在参与人类型分布有所关联的情况下，只要每个参与人的估价仅取决于其类型（私人价值），就是一个弱优势策略。最后，但并非最不重要的是，其结果是帕累托最优的。

3. 第一价格密封拍卖与荷式拍卖

与第二价格密封拍卖不同，第一价格密封拍卖让每一个竞拍者收益自己的出价。显然，没有竞拍者会愿意收益比自己估价更高的出价。不过，丝毫不令人感到奇怪的是，在第一价格密封拍卖中，我们损失了一个第二价格密封拍卖颇具吸引力的特征：在第一价格密封拍卖中，出其估价对一个参与人来说是一个劣策略。

这一断言为真的原因也很直白。如果一个参与人出其估价，那么他的收益就是 0。如果他输掉了，他会得到收益 0；如果他获胜了，他会收益其估价，这样得到的收益还是 0。相反，如果该参与人给一个比他的估价稍低的出价，那么其他参与人的出价会以正概率低于他的出价，在这种情况下，他会赢得该标的物，并获得一个正的收益。因此，他的期望收益是正的，这超过了他出其估价的所得。参与人不愿意出其估价这一事实，说明了这样一个简单的直觉。通过逐次降低你的出价，如果你赢了，你可以提高边际收益净值，它是减少你的出价而得到的边际收益。同时，获胜的概率会变得更低，这是减少你的出价导致的边际成本。然而，这一简单的直觉还远不足以帮助我们找到贝叶斯纳什均衡。这说明，在第一价格密封拍卖中，参与人并没有任何弱优势策略以将类型映射到出价上去，因为他们的最优反应取决于关于其他参与人出价的信念，而这一信念又取决于其他参与人的策略。

为了让分析有迹可循，我们对参与人的出价行为施加一个合理的假设。

假设 4.1　一个参与人的估价越高，他的出价就越高。也就是说，如果 $\theta_j' > \theta_j''$，则 $s_j(\theta_j') > s_j(\theta_j'')$。

这一假设说明，每个参与人的出价函数是可逆的，即对于每个参与人 j 给出的出价 b，总是存在参与人唯一的一个类型会给出这一出价，而且这一类型是由该参与人策略的逆 $s_j^{-1}(b)$ 给出的。施加这个假设的主要好处在于，它会给出有关 i 的出价高于 j 的出价的概率的一个非常简单的表达式，记作：

$$Pr\{s_j(\theta_j) < b_i\} = Pr\{\theta_j < s_j^{-1}(b_i)\} = F_j(s_j^{-1}(b_i))$$

回想一下在独立私人价值情形下，我们假设不同的类型是独立分布的，即参与人的估价是独立随机变量。由于这一原因，i 的出价高于所有其他出价的概率正是这些概率相乘的结果 $F_j(s_j^{-1}(b_i))$，$j \neq i$。由此，参与人 i 在第一价格密封拍卖中的期望收益为：

$$E_{\theta_{-i}}(v_i(b_i, s_{-i}(\theta_{-i}); \theta_i) \mid \theta_i) = \prod_{j \neq i}(F_j(s_j^{-1}(b_i)) \times (\theta_i - b_i))$$

因此，关于参与人类型的分布及其策略的信念的假设皆大有用场。这就是有关共同先验的共同知识假设的重要性所在，因为没有它，参与人就不能对类型的分布形成一致性信念。为了完成对第一价格密封拍卖贝叶斯纳什均衡可能是什么的分析，我们必须找到一个策略组合，以使每个参与人 i 的策略在给定其他 $n-1$ 个参与人策略的情况下，最大化由上式给出的期望收益。

为了进一步简化分析，我们来看这种对称情况：对于每个参与人 i 来说，其估价分布在同一区间 $[\underline{\theta_i}, \overline{\theta_i}]$ 上，且 $\underline{\theta} > 0$，该区间分布为同一分布 $F(\cdot)$，密度为 $f(\cdot)$。我们写下一个对称性均衡的条件（这是一个约束条件，可以使得分析变得更加容易），其中 n 个竞拍人中的每一个都使用相同的策略 $s: [\underline{\theta_i}, \overline{\theta_i}] \rightarrow \mathbb{R}_+$。如此一来，当每个参与人 i 的类型为 θ_i 且所有其他参与人都使用出价策略 $s(\cdot)$ 时，他的目标可以由前一个公式导出，变成以下形式：

$$\max_{b \geqslant 0} E_{-i}(v_i(b_i, s_{-i}(\theta_{-i}); \theta_i) \mid \theta_i) = (F(s^{-1}(b)))^{n-1}(\theta_i - b)$$

假设存在内点解，我们可以将上式的一阶条件表示为：

$$-(F(s^{-1}(b)))^{n-1}(\theta_i - b) + (n-1)(F(s^{-1}(b)))^{n-2}f(s^{-1}(b))\frac{\mathrm{d}s^{-1}(b)}{\mathrm{d}b}(\theta_i - b) = 0$$

如果出价策略组合 $(s_1(\cdot), \cdots, s_n(\cdot)) = (s^*(\cdot), \cdots, s^*(\cdot))$ 要成为一个贝叶斯纳什均衡，对于任意值 $\theta \varepsilon [\underline{\theta}, \overline{\theta}]$，$b = s^*(\theta)$ 必然是上式的解。如果这一点成立，则 $s^{*-1}(b) = \theta$，而且由于 $\frac{\mathrm{d}s^{-1}(b)}{\mathrm{d}b} = \frac{1}{s'(s^{-1}(b))}$，我们可以从上式推导出一个对称的贝叶斯纳什均衡的条件为：

$$-(F(\theta))^{n-1} + \frac{(n-1)(F(\theta))^{n-2}f(\theta)(\theta - s(\theta))}{s'(\theta)} = 0$$

这看起来或许有点让人望而生畏，但它实际上是一个非常容易处理的微分方程。我们可以将上式重新整理得到：

$$(F(\theta))^{n-1}s'(\theta) + (n-1)(F(\theta))^{n-2}f(\theta)s(\theta) = (n-1)(F(\theta))^{n-2}f(\theta)\theta$$

仔细查看上式的左边可以发现，它是 $(F(\theta))^{n-1}s(\theta)$ 的导数。因此，通过对上式的两边进行积分，可得：

$$(F(\theta))^{n-1}s(\theta) = \int_{\underline{\theta}}^{\theta}(n-1)(F(x))^{n-2}f(x)x\mathrm{d}x$$

下一步是对上式的右边使用分部积分，可以得到对称贝叶斯纳什

均衡出价（策略）函数①:

$$s(\theta) = \theta - \frac{\int_{\underline{\theta}}^{\theta} (F(x))^{n-1} dx}{(F(\theta))^{n-1}}$$

正如上式所证明的，在这个贝叶斯纳什均衡中，估价为 θ 的参与人 i 的收益将会低于他的估价，正如直觉告诉我们的，他所"隐匿"（Shade）出价的量，将取决于估价分布函数 $F(\cdot)$、竞拍人的数量 n 和他的类型 θ。有意思的是，这说明在这个对称例子里，这是唯一的对称贝叶斯纳什均衡，不过要证明这一结论则超出了本书讨论的范围。

作为对这样的贝叶斯纳什均衡的相对简单的阐释，我们来看一个特殊的情况，$F(\cdot)$ 在 $[0, 1]$ 上均匀分布。我们可以明确地求解上式：

$$s(\theta) = \theta - \frac{\int_{0}^{\theta} x^{n-1} dx}{\theta^{n-1}} = \theta - \frac{\theta^n}{n\,\theta^{n-1}} = \theta\left(\frac{n-1}{n}\right)$$

在这种情况下，每个参与人的均衡出价函数或策略是其类型乘以所谓的"出价隐匿因子"（Bid Shading Factor）$\left(0 < \frac{n-1}{n} < 1\right)$。当然，这说明参与人的出价低于其估价 θ，隐匿的量取决于竞拍人的数量（这一策略已经使用了均匀分布来得出这个简单的线性形式）。正如我们所清楚地看到的，竞拍人越多，竞争越激烈，出价就越接近参与人的真实估价 θ。

这说明，荷式拍卖和第一价格密封拍卖关系密切，正如英式拍卖

---

① 给定两个函数 $g(\theta)$ 和 $h(\theta)$，根据乘积求导公式，我们知道 $(gh)' = g'h + h'g$，对此方程两边求积分可得 $g(\theta)h(\theta) = \int g'(\theta)h(\theta)d\theta + \int g(\theta)h'(\theta)d\theta$。分部积分使用了这一条件来表达下列关系：$\int g'(\theta)h(\theta)d\theta = g(\theta)h(\theta) - \int g(\theta)h'(\theta)d\theta$。令 $g'(\theta) = (n-1)(F(\theta))^{n-2}f(\theta)$，$h(\theta) = \theta$，则有 $\int_{\underline{\theta}}^{\theta}(n-1)(F(x))^{n-2}f(x)x\,dx = (F(\theta))^{n-1}\theta - \int_{\underline{\theta}}^{\theta}(F(x))^{n-1}dx$，因为 $F(\underline{\theta}) = 0$。

与第二价格密封拍卖的关系密切一样。回忆一下，荷式拍卖从一个高不可攀的价格开始，然后连续下落，直到第一个竞标人宣布"买"。因此，每个竞标人都必须思考，在什么价格水平下宣布"买"呢？一个竞标人等的时间越长，在获胜的前提下，他得到的收益越多，但是其他人买走的风险也越大，这降低了赢的概率。

这一简单的观察结论表明，荷式拍卖和第一价格密封拍卖是策略性等价的（Strategically Equivalent），因为这两个博弈有同样的标准式，而且有相同的贝叶斯纳什均衡集。特别地，对称贝叶斯纳什均衡出价（策略）函数的解也是在荷式拍卖中竞标者宣布"买"的均衡解。其中的直觉是，在第一价格密封拍卖中的出价与荷式拍卖中接受的价格一样，要在竞标者获胜前提下的边际利润（这是"隐匿"出价进一步低于估价的边际收益）与所降低的获胜的概率（这是"隐匿"出价的边际成本）之间权衡。在（对称的）荷式拍卖中，如果一个参与人相信所有其他参与人都在使用对称贝叶斯纳什均衡出价函数，那么通过使用相同的出价函数，他自己也是在采取最优反应，因为荷式拍卖与第一价格密封拍卖是策略性等价的。

4. 收益等价

正如我们所看到的，很多拍卖形式在规则上千差万别：密封出价、公开出价、第一价格、第二价格……你可以往里面添加你自己想出来的种类。作为一个卖者，他计划通过使用拍卖来卖出商品，那么下面这个问题就很自然了：在这些拍卖形式中，哪一个可以带来最高的期望收益呢？对于独立私人价值情形而言，其间如果他们在价格 p 处赢得拍卖，则竞标者的收益由 $\theta - p$ 给出；如果输掉拍卖，则收益为 0，答案非常让人吃惊。就我们所考虑的四种拍卖而言，卖者所能获得的期望收益是相同的。

第二价格密封拍卖与英式拍卖可以让参与人获得相同的期望收益，因为在两种拍卖中，参与人都有一个（弱）优势策略，它会带来相同的结果。此外，正如前文所讨论的那样，荷式拍卖与第一价格密封拍卖也会带来相似的结果，因为在两种拍卖中，有所隐匿的出价所做的是一种微妙的平衡，即在试图获得更多利润和赢得标的物之间进行平衡，这使得两个博弈在策略上是等价的。然而，在第一价格密封拍卖中有所隐匿的出价与在第二价格密封拍卖中卖者对第二高估价的处理产生了相同的期望收益这一事实，还是颇为引人注目的。

这个结论被称为收益等价定理（Revenue Equivalence Theorem），被认为是拍卖理论的主要发现之一。首先对这个结论进行证明的是威廉·维克里（Vickrey，1961），随后迈尔森（Myerson，1981）进一步给出了一般性的证明，赖利和萨缪尔森（Riley and Samuelson，1981）也同时进行并完成了更一般性的证明。维克里和迈尔森都获得了诺贝尔经济学奖，部分就是基于他们对拍卖理论的贡献，这也塑造了经济学家和政策制定者思考这类普遍使用的配置机制的方法。

收益等价定理是指，任何一个满足四个条件的拍卖博弈将会让卖者获得相同的期望收益，从而让每一类型的竞标者获得相同的期望收益。这四个条件是：①每个竞标者的类型服从一个"性态良好"（Well-behaved）的分布①；②竞标者是风险中性的；③具有最高类型的竞标者赢得拍卖；④具有最低可能类型（θ）的拍卖者的期望收益为0。

在对这一重要结果进行阐释之前，先介绍一些背景知识相当有裨益。假设我们抽出一系列服从分布 F（·）的随机变量的值，也就是说，有某一随机变量 $x \sim F$（·），从中抽取一系列数值 x_1，x_2，…，x_n，所有数值都来自分布 F（·）。进一步地，每个值 x_i 都是独立抽得的，因此没有任何两个值是相互关联的。给定抽取的样本（x_1，x_2，…，x_n），我们来分析这些呈现出来的值的排序，对它们从大到小进行排序。将最大的值从这 n 个值中抽离，$x_n^{[1]} \equiv \max\{x_1, x_2, \cdots, x_n\}$，称为该样本的一阶统计量（First – order Statistic）。同样，将第二大的值从中抽离，记为 $x_n^{[2]}$，称为二阶统计量（Second – order Statistic）。如此，从这个样本中就任一 $k \in \{1, 2, \cdots, n\}$ 抽离三阶、四阶……k 阶统计量，这样就

---

① 分布函数 F_i（·）必然是严格递增且连续的，也是每个竞标者类型的分布。

可以从分布 F（·）中进行 n 次抽取。

这些统计量与出价之间的关系现在应该很清晰了。假设有 n 个对称性的竞标者，其估价来自区间 $[\underline{\theta},\overline{\theta}]$ 上的某个分布 F（·），是从中独立抽取的。在第二价格密封拍卖中，卖者会取得 n 个竞标者中第二高的估价。在弱优势策略上唯一的贝叶斯纳什均衡让每个参与人出其估价，最高出价者胜出，并收益第二高的出价。这正好是从分布 F（·）中抽取的 n 的二阶统计量。因此，卖者的期望收益是 $E(\theta_n^{[2]})$，同时也是二阶统计量的期望值。

在第一价格密封拍卖中，卖者取得 n 个竞标者中最高的出价。如果对称的竞标者都使用同一出价策略 $s(\theta)$，那么这正好是从分布 G（·）中抽取的 n 的一阶统计量，该分布是出价的分布，而不是估价的分布。因此，卖者的期望收益为 $E(b_n^{[1]})$，这是出价函数的一阶统计量的期望值。

为了看清对收益等价定理的阐释，我们来证明在有 n 个对称竞标者的情况下，其类型是从 $[0,1]$ 上的均匀分布中抽取而来的。从第一价格密封拍卖中得到出价函数的期望一阶统计量，等于类型（这是赢者在第二价格密封拍卖中所收益的量）的期望二阶统计量。

具有 n 个竞标者的对称贝叶斯纳什均衡由 $s(\theta) = \theta\left(\dfrac{n-1}{n}\right)$ 给出，这些竞标者的类型服从区间 $[\underline{\theta},\overline{\theta}]$ 上的均匀分布。该均衡说明，每个竞标者出其真实估价 θ 的 $\dfrac{n-1}{n}$。因此，获胜的出价会是 $\max\left(\theta_1\left(\dfrac{n-1}{n}\right),\theta_2\left(\dfrac{n-1}{n}\right),\cdots,\theta_n\left(\dfrac{n-1}{n}\right)\right)$，这等于从区间 $\left[0,\dfrac{n-1}{n}\right]$ 上抽取 n 次的均匀分布的一阶统计量。接着我们可以将此与第二价格密封拍卖的期望价值进行比较，后者是从 $[0,1]$ 上的均匀分布中抽取 n 次的期望二阶统计量的序列。

为了计算这两个期望收益，我们需要计算均匀分布的一阶统计量和二阶统计量。出价的 n 次抽取的一阶统计量 $x_n^{[1]}$ 的累积分布表示为 $F_n^{[1]}(\cdot)$，这并不难导出。特别地，$F_n^{[1]}(x)$ 等于所有 n 个被抽取到的出

价小于等于 x 的概率，因此有：

$$F_n^{[1]}(x) = Pr\{\max(b_1, b_2, \cdots, b_n) \leq x\} = (F(x))^n$$

这里最后一个等式源自这样的事实，即 n 个值是独立抽取的[①]。对于均匀分布而言，每个行为人的出价 b_i 均匀地抽自 $\left[0, \dfrac{n-1}{n}\right]$，所以 $F(b_i) = \dfrac{n}{n-1} b_i$，这说明一阶统计量的分布是：

$$F_n^{[1]}(x) = (F(x))^n = \left(\frac{nx}{n-1}\right)^n, 0 \leq x \leq \frac{n}{n-1}$$

从上式可以得到一阶统计量的密度为：

$$f_n^{[1]}(x) = \frac{\mathrm{d}F_n^{[1]}(x)}{\mathrm{d}x} = n\frac{n}{n-1}\left(\frac{nx}{n-1}\right)^{n-1} = \frac{n}{x}\left(\frac{nx}{n-1}\right)^n$$

这反过来说明，从第一价格密封拍卖中贝叶斯纳什均衡出价所得到的期望一阶统计量如下：

$$E(b_n^{[1]}) = \int_0^{\frac{n-1}{n}} x f_n^{[1]}(x)\,\mathrm{d}x = \int_0^{\frac{n-1}{n}} n\left(\frac{nx}{n-1}\right)\mathrm{d}x = \left(\frac{n}{n+1}\left(\frac{n}{n-1}\right)^n x^{n+1} \mid_0^{\frac{n-1}{n}}\right) = \frac{n-1}{n+1}$$

这样一来，卖者从 n 个竞标者第一价格密封拍卖中得到的期望收益等于 $\dfrac{n-1}{n+1}$，这 n 个竞标者的估价独立地抽自 $[0,1]$ 上的均匀分布。

现在，我们将从 n 次独立抽取得到的二阶统计量的分布用累积分布函数 $F_n^{[2]}(x) = Pr\{x_n^{[2]} \leq x\}$ 来表示。事件 $\{x_n^{[2]} \leq x\}$ 可能会以下面两种不同的方式之一发生（即两个互斥事件）。在第一个事件里，所有的抽取 x_i 均小于 x，或者说对于所有的 $i = 1, 2, \cdots, n$，有 $x_i \leq x$。在第二个事件里，对于 $n-1$ 个抽取来说，有 $x_i \leq x$，唯有对抽取 j，有 $x_j > x$。第二个事件可能以 n 种不同的方式发生：$x_1 > x$，对所有 $i \neq 1$，$x_i \leq x$；$x_2 >$

[①] 也就是说，对于所有的 $i = 1, 2, \cdots, n$，$Pr\{b_i \leq x\} = F(x)$，而且因为抽取是独立的，所以 $Pr\{\max\{b_1, b_2, \cdots, b_n\} \leq x\} = F(x) \times F(x) \times \cdots \times F(x) = (F(x))^n$。

x，对所有 $i \neq 2$，$x_i \leqslant x$；直到 $x_n > x$，对所有 $i \neq n$，$x_i \leqslant x$。这一描述揭示了二阶统计量的累积分布如下：

$$F_n^{[2]}(x) = Pr\{\max\{b_1, b_2, \cdots, b_n\} \leqslant x\} + \sum_{i=1}^{n} Pr\left\{\begin{array}{l} x_i > x, \\ \text{且对于所有的 } j \neq i, x_i \leqslant x \end{array}\right\}$$

$$= (F(x))^n + \sum_{i=1}^{n}(1 - F(x))(F(x))^{n-1} = (F(x))^n + n(1 - F(x))(F(x))^{n-1}$$

$$= n(F(x))^{n-1} - (n - 1)(F(x))^n$$

在第二价格密封拍卖中，每个参与人的出价 b_i 是其估价，假设其估价是从 $[0, 1]$ 中均匀抽取的，所以 $F(b_i) = b_i$，而且有：

$$F_n^{[2]}(x) = nx^{n-1} - (n - 1)x^n$$

从上式中可以得出二阶统计量的密度函数为：

$$f_n^{[2]}(x) = \frac{\mathrm{d}F_n^{[2]}(x)}{\mathrm{d}x} = n(n - 1)x^{n-2} - n(n - 1)x^{n-1}$$

由此可以得到期望二阶统计量为：

$$E(\theta_2^{[2]}) = \int_0^1 x f_n^{[2]}(x)\mathrm{d}x = \int_0^1 (n(n - 1)x^{n-1} - n(n - 1)x^n)\mathrm{d}x$$

$$= ((n - 1)x^n - \frac{n(n - 1)x^{n+1}}{n + 1}|_0^1) = (n - 1) - \frac{n(n - 1)}{n + 1} = \frac{n - 1}{n + 1}$$

因此，我们可以得出结论，卖者的期望收益在第一价格密封拍卖和第二价格密封拍卖中是一样的。收益等价定理事实上要远比所描述的这个简化版本更具一般性，它是一个极为深刻的结论，可以应用到一系列重要的非完全信息博弈中。这一结论与我们通常所说的包络定理的命题有关。有兴趣的读者可以参考克里希纳（Krishna, 2002）和米尔格罗姆（Milgrom, 2004）的文献，从中可以得到有关收益等价定理的深度分析，以及对拍卖设计的意义。

4.3.2　共同价值和赢者诅咒

我们回想一下，私人价值的情况描述了这样的情形，每个参与人的收益取决于所有参与人的行动组合和他自己的类型，但是不取决于其他参与人的类型。这一情况在描述诸如不同人如何评价一个汉堡或者一包薯片这类情形时是很有用处的，但是在很多情况下，一个参与人的收益还取决于其他参与人的私人信息。

举个例子，我们来看市场上的房产——你愿意为它收益几何呢？答案取决于两个主要成分：第一，生活在这样的房子中你所感知的私人价值；第二，如果你选择在以后卖掉它，你期望从这个房子里得到多少价值。其他人可能会调查这个房子，雇用调查员来获取这个房子的各种缺点，而这些缺点能够影响这个房子的价值。因此，如果你知道其他人的信息，这些信息会影响你对这个房子的收益意愿。然而，其他人的信息或类型一般是他们自己的私人信息。同样的观点可以用在艺术品、汽车甚至电影上——如果你认为别人对一部电影评价很好，你可能也会对这部电影评价颇高，因此你可以在观看之后与他们谈论，然后所有人都同意它有多好（或多差）。

我们将这种情况看作具有共同价值成分，这与逆向选择模型类似。我们来看一个关于纯共同价值的极端例子，在这个例子中，每个参与人赢得拍卖都具有同样的价值。假设有两个同样的石油企业同时考虑购买一处新油田。油田的石油储藏量要么很小，净利润仅为1000万美元；要么中等，净利润为2000万美元；要么很大，净利润为3000万美元。这些都是共同知识。如此一来，该油田只可能是其中三个取值之一，即$v \in \{1, 2, 3\}$。假设这些价值的分布是这样的：很低或很高价值的机会均等，而中等价值的概率是它们的2倍，即有：

$$Pr\{v = 1\} = Pr\{v = 3\} = \frac{1}{4}, Pr\{v = 2\} = \frac{1}{2}$$

这些也是共同知识。

现在假设政府控制了这块油田，准备用第二价格密封拍卖来对这块油田进行拍卖。在拍卖之前，两个企业都会先期做一点勘探（免费），这一勘探会为它们提供关于油田中石油品质的信号。具体来说，

每个企业 $i \in \{1, 2\}$ 获得一个低信号或高信号，$\theta_i = \{L, H\}$，与石油产量的关联如下：

（1）如果 $v = 10$，则 $\theta_1 = \theta_2 = L$。

（2）如果 $v = 30$，则 $\theta_1 = \theta_2 = H$。

（3）如果 $v = 20$，则要么 $\theta_1 = L$ 和 $\theta_2 = H$，要么 $\theta_1 = H$ 和 $\theta_2 = L$，这里每个事件（以 $v = 20$ 为条件）都以相同的概率发生。

这样一来，每对信号实现的概率由如表 4-15 所示的这个概率分布矩阵给出。

表 4-15　信号实现的概率分布矩阵

		θ_2	
		L	H
θ_1	L	1/4	1/4
	H	1/4	1/4

在这里，信号结果不是独立的——它们与石油的真实储藏量相关。

我们可以将每个参与人的信号与他的类型相联系，在某种程度上，给定一个信号，参与人可以形成对其对手信号的预期，从而也就相应地形成了对石油储藏量的预期。如果参与人 i 观察到一个低信号 L，那么他知道参与人 j 的信号为低的概率 $Pr\{\theta_j = L \mid \theta_i = L\}$ 等于参与人 j 的信号为高的概率 $Pr\{\theta_j = H \mid \theta_i = L\}$，即都等于 $1/2$。同样，$Pr\{\theta_j = H \mid \theta_i = H\} = Pr\{\theta_j = L \mid \theta_i = H\} = 1/2$。

给定每个类型所具有的更新后的后验信念，我们可以计算以参与人所拥有的信号为条件的该油田的石油储藏量。如果参与人 i 观察到了低信号，他知道有 $1/2$ 的概率其他信号也为低，$v = 1$；而有 $1/2$ 的概率其他信号为高，$v = 2$。因此有：

$$E(v_i \mid \theta_i = L) = \frac{1}{2} \times 1 + \frac{1}{2} \times 2 = 1.5$$

类似地，有：

$$E(v_i \mid \theta_i = H) = \frac{1}{2} \times 2 + \frac{1}{2} \times 3 = 2.5$$

在这个阶段我们已经识别出了类型——由一个参与人所拥有的信息来定义——映射到关于石油储藏量预期值上的方式，也因此知道了类型到拥有这一油田所得期望收益的映射方式。不过，一个参与人的类型独自可以决定拥有这块油田的价值并不成立，其他参与人的类型也拥有有价值的信息。我们现在将会看到，这些信息让这个简单的第二价格密封拍卖与独立私人价值情形相比稍为复杂一些。

我们先来考虑如下问题。在第二价格密封拍卖中，提交等于其期望估价的真实出价对于两个参与人来说是一个贝叶斯纳什均衡吗？正式地说，对于 $i \in \{1, 2\}$，$s_i(\theta_i) = E(v_i \mid \theta_i)$ 是一个贝叶斯纳什均衡吗？为了回答这一问题，我们假设参与人 2 正在根据这一规定进行博弈，然后考察遵循这个策略是不是参与人 1 的最优反应。

我们来看这种情况，其中 $\theta_1 = L$，参与人 1 出价 1.5（他的期望价值），然后参与人 2 以 1/2 的概率也出价 1.5，此时他们以同样的概率赢得拍卖——收益第二高的出价，即 1.5。只有当两个参与人都拥有低信号时，这种情况才会发生。在这种情况下，该油田的价值为 $v = 1$。参与人 2 以 1/2 的概率拥有高信号，而参与人 1 输掉拍卖，得到的收益为 0。因此，参与人 1 的期望收益为：

$$E v_1 = \frac{1}{2} \times \left[\frac{1}{2} \times (1 - 1.5) \right] + \frac{1}{2} \times 0 = -\frac{1}{8}$$

参与人 1 的出价少于 1.5，而且绝不会赢得拍卖。

这一可能令人惊讶的结果是共同价值情况下的直接结果。在这种情况下，类型是相互关联的。当参与人 1 赢得油田时，那是因为其对手的出价低（还有一种平局的情况），是参与人 2 拥有低信号的结果。但是如果参与人 1 在其信号下依其平均价值出价，那么他并没有考虑这样的事实，即他只在参与人 2 的信号为低时赢取该标的物。这是一个"坏消息"，因为它表明石油储藏量低于该参与人认为的平均数量。这种出现在共同价值情况下的现象即"赢者的诅咒"（Winner's Curse）。当他的信号最为乐观时，参与人赢得了拍卖，在共同价值情况下，如果他不考虑这一条件，意味着他过高地估计了该标的物的价值，从而过度收益。因此，在均衡中，参与人不得不以下面的事实为条件选择其出价：当参与人赢得拍卖时，意味着他的信号比其他参与人都高，这很可能说明赢者对该标的物的价值过于乐观。

这种现象在第一价格密封拍卖和第二价格密封拍卖中都存在，就拍卖如何有效地配置一件共同价值物品而言，这一点具有重要的经济后果。有关这一主题的更多讨论，可参见维佳·克里希纳（Krishna，2002）和保罗·米尔格罗姆（Milgrom，2004）的文献。

4.3.3 双向拍卖

下面我们考虑买方和卖方对自己的估价都存在私人信息的情况，可参见查特吉和萨缪尔森（Chatterjee and Samuelson，1983）的文献。在霍尔和拉齐尔（Hall and Lazear，1984）的文献中，买方为一家企业，卖方为一个工人，企业知道工人的边际产出，工人知道自己的机会成本。我们来分析一个叫作双向拍卖的交易博弈，卖方确定一个卖价 p_s，买方同时给出一个买价 p_b。如果 $p_b \geq p_s$，则交易以 $p = (p_b + p_s)/2$ 的价格进行；如果 $p_b < p_s$，则不发生交易。

买方对标的商品的估价为 v_b，卖方的估价为 v_s，双方的估价都是私人信息，并且服从 $[0,1]$ 区间上的均匀分布。如果买方以价格 p 购得商品，则可获得 $v_b - p$ 的效用；如果交易不能进行，则买方的效用为0。如果卖方以价格 p 售出商品，则可获得 $p - v_s$ 的效用；如果交易不能进行，则卖方的效用亦为0（双方的效用函数都是衡量因交易而带来的效用变化，如果交易没有发生，则双方的效用均没有变化。我们也可以把卖方效用定义为以价格 p 成交时效用为 p，交易不发生时效用为 v_s，两者并不存在实质区别）。

在这一静态贝叶斯博弈中，买方的一个策略是函数 $p_b(v_b)$，明确了买方在每一可能的类型下将会给出的买价。类似地，卖方的一个策略是函数 $p_s(v_s)$，明确了卖方在不同的估价情况下将给出的卖价。如果以下两个条件成立，则策略组合 $\{p_b(v_b), p_s(v_s)\}$ 即博弈的贝叶斯纳什均衡。对 $[0,1]$ 区间内的每一个 v_b，$p_b(v_b)$ 应满足：

$$\max_{p_b}\left(v_b - \frac{p_b + E(p_s(v_s)\,|\,p_b \geq p_s(v_s))}{2}\right)Pr\{p_b \geq p_s(v_s)\}$$

其中，$E(p_s(v_s)\,|\,p_b \geq p_s(v_s))$ 为在卖方价格小于买方价格的条件下，卖方价格的期望值。对 $[0,1]$ 区间内的每一个 v_s，$p_s(v_s)$ 应满足：

$$\max_{p_s}\left(\frac{p_s + E(p_b(v_b)\,|\,p_b(v_b) \geq p_s)}{2} - v_s\right)Pr\{p_b(v_b) \geq p_s\}$$

其中，$E(p_b(v_b)\,|\,p_b(v_b) \geq p_s)$ 为在买方价格大于卖方价格的条件下，买方价格的期望值。

此博弈有非常多的贝叶斯纳什均衡，作为一个例子，考虑下面的单一价格均衡，即如果交易发生，交易价格就只是单一的价格。对区间 $[0,1]$ 上的许多 x，令买方的策略为：如果 $v_b \geq x$，则出买价 x，其他情况下出买价为 0。同时，令卖方的策略为：如果 $v_s \leq x$，则出卖价 x，其他情况下出卖价为 1。给定买方的策略，卖方只能在以价格 x 成交或不能成交之间进行选择，这样卖方策略就是买方策略的最优反应，因为如果卖方的估价小于 x，他更愿意以 x 的价格成交，而不希望没有交易，即成交是他的最优反应。反之亦然。相似的分析还可以证明，买方策略也是卖方策略的最优反应，从而可证明上述策略为博弈的一个贝叶斯纳什均衡。在这一均衡结果下，图 4 – 5 标出区域内的 (v_s, v_b) 组合都会发生交易；而对于所有 $v_b \geq v_s$ 的 (v_s, v_b) 组合来讲，交易都是有效率的，图中阴影部分虽满足效率条件，但没有发生交易。

现在来推导双向拍卖的一个线性贝叶斯纳什均衡。我们并没有限制参与人的策略空间，使之只包含线性策略，仍允许参与人任意选择策略，看是否存在一个均衡，双方战略都是线性的。除单一价格均衡和线性均衡之外，博弈还存在许多其他均衡，但线性均衡有着有趣的效率特性，我们将在后文进行分析。

假设卖方的战略为 $p_s(v_s) = a_s + c_s v_s$，则 p_s 服从区间 $[a_s, a_s + c_s]$ 上的均匀分布，于是：

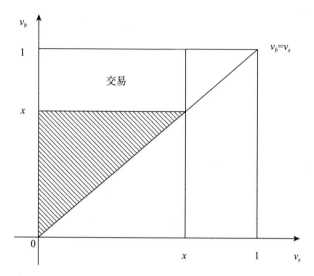

图 4-5　双向拍卖均衡图示

$$\max_{p_b}\left(v_b - \frac{1}{2}\left(p_b + \frac{a_s + p_b}{2}\right)\right)\frac{p_b - a_s}{c_s}$$

由上式的一阶条件可推出：

$$p_b = \frac{2}{3}v_b + \frac{1}{3}a_s$$

从而，如果卖方选择一个线性策略，则买方的最优反应也是线性的。相似地，假设买方的策略为 $p_b(v_b) = a_b + c_b v_b$，则 p_b 服从区间 $[a_b, a_b + c_b]$ 上的均匀分布，于是：

$$\max_{p_s}\left(\frac{1}{2}\left(p_s + \frac{p_s + a_b + c_b}{2}\right) - v_s\right)\frac{a_b + c_b - p_s}{c_b}$$

由上式的一阶条件可得：

$$p_s = \frac{2}{3}v_s + \frac{1}{3}(a_b + c_b)$$

也就是说，如果买方选择一个线性战略，则卖方的最优反应也是线性的。要使参与双方的线性策略成为彼此策略的最优反应，由 $p_b = \frac{2}{3}v_b + \frac{1}{3}a_s$ 可知 $c_b = 2/3, a_b = a_s/3$，由 $p_s = \frac{2}{3}v_s + \frac{1}{3}(a_b + c_b)$ 可知

$c_s = 2/3, a_s = (a_b + c_b/3)$。那么，线性均衡策略为：

$$p_b(v_b) = \frac{2}{3}v_b + \frac{1}{12}$$

且

$$p_s(v_s) = \frac{2}{3}v_s + \frac{1}{4}$$

上面两式如图 4 - 6 所示。

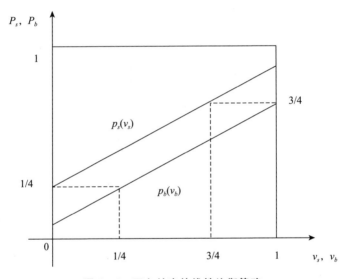

图 4 - 6 双向拍卖的线性均衡策略

如前文所述，在双向拍卖中，当且仅当 $p_b \geqslant p_s$ 时交易才会发生，合并上面两式的条件可知，在线性均衡中，当且仅当 $v_b \geqslant v_s + 1/4$ 时交易才会发生（见图 4 - 7）。与图 4 - 6 相印证，图 4 - 6 说明卖方的类型高于 3/4 时，他出的卖价超过了买方的最高可能出价 $p_b(1) = 3/4$；买方的类型低于 1/4 时，他出的买价低于卖方的最低可能要价 $p_s(0) = 1/4$。

比较图 4 - 5 和图 4 - 7，它们分别标示出在单一价格均衡及线性均衡中，交易发生所要求的估价组合。在这两种情况中，交易的潜在价值最大时（具体地讲，当 $v_s = 0$ 且 $v_b = 1$ 时）交易都会发生。但是，

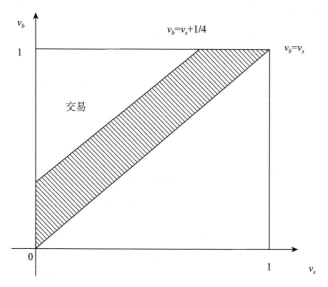

图 4 - 7 双向拍卖的线性均衡

单一价格均衡漏掉了一些有价值的交易（比如 $v_s = 0$ 且 $v_b = x - \varepsilon$，其中 ε 是足够小的正数），而且还包含一些几乎没有什么价值的交易（比如 $v_s = x - \varepsilon$ 且 $v_b = x + \varepsilon$）。而在线性均衡中，则漏掉了所有价值不大的交易，只包含价值在 1/4 以上的交易。这表明从参与人可得到的期望收益的角度来看，线性均衡要优于单一价格均衡，但同时还需要研究是否存在另外的均衡，其中参与人福利状况要更好。

迈尔森和萨特思韦特（Myerson and Satterthwaite，1983）证明，对于这里考虑的估价的均匀分布，双向拍卖的线性均衡中参与人的期望收益高于博弈的其他任何贝叶斯纳什均衡（包含但不限于单一价格均衡）。这意味着在双向拍卖中，不存在这样的贝叶斯纳什均衡：交易当且仅当有效率时才会发生（即当且仅当 $v_b \geqslant v_s$ 时）。他们同时证明后一结果相当普遍：如果 v_b 在区间 $[x_b, y_b]$ 上连续分布，v_s 在区间 $[x_s, y_s]$ 上连续分布，其中 $y_s > x_b$ 且 $y_b > x_s$，则买方和卖方之间不存在他们所乐于进行的讨价还价博弈，在其贝叶斯纳什均衡中，当且仅当有效率时交易才会发生。在下一节，我们将简要介绍如何应用显示原理证明这一普遍的结果。作为对本节的总结，我们把这一结果具体运用于霍尔和拉齐尔的就业模型（Hall and Lazaer，1984）：如果企业有关于工人边际产出（m）的私人信息，工人掌握自己机会成本（v）的私人信息，则企业和工人之间不存在他们所乐于进行的讨价还价博弈，当且仅当雇佣有效率（即 $m \geqslant v$）时达成雇佣协议。

4.4　机制设计

有很多这样的现实情境：某一核心权威希望实施某项决策，而这一决策取决于参与人集的私人信息。例如，政府部门打算选择一项公共工程项目的设计，这项工程是建立在其公民的偏好之上的，而关于他们对设计的偏好有着相应的私人信息。又如，一家垄断企业计划确定消费者集愿意为它生产的不同产品的收益是多少，该企业的目标当然是尽可能地赚到更多利润。

在本节，我们给出对机制设计（Mechanism Design）理论的一个简要介绍，这一理论就是研究像这样的核心权威应当设置何种机制，从而揭示彼此互动的参与人群体所具有的某些或者全部私人信息。实际上，我们的核心权威即机制设计者就是在设计一个博弈，让这些参与人参与进去，在均衡中机制设计者希望既能揭示相关的信息，又能根据它来采取行动。机制设计方面的研究可以追溯到里奥尼德·赫维茨（Hurwicz，1972）的研究，在过去 50 多年里这已经是一个非常活跃的理论研究领域。2007 年，里奥尼德·赫维茨与埃里克·马斯金（Eric Maskin）以及罗杰·迈尔森（Roger Myerson）因其对这一蓬勃发展的研究领域所做的基础性贡献而荣获诺贝尔经济学奖。有趣的是，进入 21 世纪，从事机制设计理论研究的计算机科学家对此产生了越来越浓厚的兴趣，这说明在在线系统的设计方面机制设计理论是非常有用的，尤其是对于在线广告和拍卖而言更是如此。

在本章，我们研究了具有独立私人价值的对称密封拍卖，而不对称密封拍卖理论以及卖者的私人信息不独立时的密封拍卖理论在数学上是非常复杂的，感兴趣的读者可以参考 Milgrom 和 Weber（1982）、

Lebrun（1999）、Maskin 和 Riley（2000）、Fibich 等（2004）、Reny 和 Zamir（2004）以及 Kaplan 和 Zamir（2011，2012）的文献。显示原理由 Myerson（1979）证明，最优机制的结构由 Myerson（1981）证明。对于希望深入理解拍卖理论和机制设计的读者，可以参考 Krishna（2002）、Milgrom（2004）以及 Klemperer（2004）的文献。

4.4.1　作为贝叶斯博弈的机制

1. 参与人

我们从参与人集 $N = \{1,2,\cdots,n\}$ 以及公共备选项目集 X 开始。集合 X 可以表示很多种可能的备选项目。举个例子，备选项目 $x \in X$ 可以表示某一提供给参与人集的公共产品或服务的属性，比如教育投资或者保护环境方面的投资。备选项目 $x \in X$ 的另外一个例子是参与人之间私人物品的配置，比如 n 个参与人中谁有权得到专利或污染特许权。X 是本框架中一个极为灵活的关键特征，这说明它可以应用于很多有趣且重要的环境中。我们称 X 为公共备择项集，因为所选中的备择项影响了参与人集 N 中所有的参与人，甚至即便是私人商品，如果一个参与人得到它，则其后果是其他所有人都无法得到它，也可算是影响了所有人（如拍卖）。

每个参与人 i 私下可以观察到一个信号（他的类型）$\theta_i \in \Theta_i$，这决定了他对结果的偏好。参与人 i 的类型集 Θ_i 可以是有限的，也可以是无限的。给定每个参与人 i 的类型 θ_i，可令 $\theta = (\theta_1, \theta_2, \cdots, \theta_n)$ 为状态空间（State of the World），这是因为它描述了 n 个参与人所有出现的类型的组合。状态 θ 是从 $\Theta \equiv \Theta_1 \times \Theta_2 \times \cdots \times \Theta_n$ 中随机抽取的，它是类型 $\theta \in \Theta$ 的所有可能组合的集合。θ 是根据某一 Θ 上的先验分布 $\phi(\cdot)$ 抽得的。如果状态空间是有限的，$\phi(\cdot)$ 则由概率给出；如果状态空间是连续的，$\phi(\cdot)$ 则由密度函数或者累积分布函数给出。与前文一样，我们假设 θ_i 是参与人 i 的私人信息，而且先验分布 $\phi(\cdot)$ 是共同知识。

现在再来看收益，我们集中关注用一种特定的便捷方法来表示结果上的偏好。假设每一个备择项都有一个"货币等价"值，而且这些偏好在货币上是可加的。也就是说，假设参与人 i 得到 m_i（$m_i \in \mathbb{R}$）的货币量（若 $m_i < 0$，则意味着货币从参与人 i 手中被拿走），如果被选中的公共备择项是 $x \in X$，则参与人 i 的收益由下式给出：

$$v_i(x, m_i, \theta_i) = u_i(x, \theta_i) + m_i$$

在这里，当参与人 i 的类型为 θ_i 时，我们将 $u_i(x, \theta_i)$ 解释为备择项 $x \in X$ 的货币等价值。对于这类偏好，货币是线性地加到其他结果的某个函数上的，被称为拟线性偏好（Quasilinear Preference）。

我们可以将这种规定的结果（Outcome）看成公共备择项选择与每个参与人得到（或付出）的货币量的组合。这样一来，结果就可以表示为 $y = (x, m_1, \cdots, m_n)$，而每个参与人 i 在上式给出的结果上有偏好。注意，我们只关注私人价值的情况，在这种情况下参与人 i 的收益不直接取决于其他参与人的私人信息。在更为一般的共同价值情况下，参与人的收益取决于其他人的信息，如逆向选择问题和共同价值拍卖。

2. 机制设计者

我们现在开始讨论前文所描述的所谓的核心权威，我们称其为机制设计者。机制设计者的目标是取得一种结果，它取决于参与人的类型。我们首先对这个结果集施加某些限制：假设该机制设计者不是收益资金的提供方，这意味着他所给出或所获得的货币收益是自我融资的。也就是说，$E_{i=1}^{n} m_i \leqslant 0$。注意，我们允许货币转移收益总和为负，这意味着机制设计者可以保有他从参与人处收集到的货币。这样一来，结果集被限制如下：

$$Y = \left\{ (x, m_1, \cdots, m_n) : x \in X, m_i \in \mathbb{R}, \forall i \in N, \sum_{i=1}^{I} m_i \leqslant 0 \right\}$$

机制设计者的目标由如下形式的选择规则（Choice Rule）给出：

$$f(\theta) = (x(\theta), m_1(\theta), \cdots, m_n(\theta))$$

其中，$x(\theta) \in X$ 且 $\displaystyle\sum_{i=1}^{I} m_i(\theta) \leqslant 0$。我们称 $x(\theta)$ 为决策规则（Decision Rule），而 $(m_1(\theta), \cdots, m_n(\theta))$ 为转移收益规则（Transfer Rule），

因为它决定了每个参与人的转移收益，或者给每个参与人的转移收益。有两个例子有助于我们阐释这一框架。

第一个例子是公共产品。令 $X = [0, \bar{x}]$ 为某个公共产品的规模，如水处理厂的规模设置会让某些公民受益，但也可能会让住在处理厂附近的居民利益受损。公民即参与人的群组 N。参与人 i 对这个公共产品的规模水平 $x \in X$ 的收益意愿（他的货币价值或者损害）由 $u_i(x, \theta_i)$ 给出。机制设计者可能是一个功利主义管理者，他希望选择的 x 值能够最大化参与人估价的总和，因此其决策规则 $x(\theta)$ 就是最大化 $\sum_{i=1}^{n} u_i(x, \theta_i)$。

第二个例子是私人物品的配置。将一件物品，比如手机信号电磁波频谱的波段使用特许权，配置给一个手机运营商 $i \in N$ 的群组。令 $x_i \in \{0, 1\}$ 表示参与人 i 得到该物品（$x_i = 1$）或没有得到该物品（$x_i = 0$）。那么，备择项的可能集为：

$$X = \{(x_1, x_2, \cdots, x_n) \text{ 使得 } x_i \in \{0,1\} \text{ 以及 } \sum_{i=1}^{n} x_i = 1\}$$

参与人 i 对这件私人物品的收益意愿由下式给出：

$$u_i(x, \theta_i) = \theta_i x_i$$

其中，θ_i 可以被看成每个参与人拥有这一波段的价值（即他从所提供的服务中得到的未来利润）。机制设计者可以再次作为一个功利主义的管理者出现，他希望选择的 x 值能够最大化参与人估价的总和，因此他的决策规则 $x(\theta)$ 就是最大化 $\sum_{i=1}^{n} u_i(x, \theta_i)$，在这种情况下，可以由将特许权配置给那些对它评价最高的人来完成。另一种情况是，机制设计者可能想获得最高的利润，他可以从想得到该物品的参与人那里集得货币，或者通过某类拍卖做到这一点。

4.4.2　机制博弈

在我们的框架中，机制设计者希望实施一个选择规则 $f: \Theta \to Y$。

然而，他无法直接做到这一点，因为该选择规则取决于不可观察的状态空间 θ。这样一来，为了实施随状态而异的选择规则，机制设计者必须先揭示参与人的类型，然后根据类型来预先给出结果。

可能正如你所想象的，参与人并没有动机来揭示自己的真实类型。在公共产品的例子里，有些参与人不希望水处理厂修建起来，因而可能会夸大这样一个工厂所带来的危害，而那些想把它修建起来的人又会夸大修建它的好处。机制设计者所面对的问题可以用两种方式来描述。第一，如果机制设计者想实施他的选择规则 $f(\cdot)$，那么参与人愿意分享的是哪些信息呢？第二，机制设计者能否运用某种成熟的规则集合来实施 $f(\cdot)$ 呢？这些规则最终可以揭示出参与人的私人信息。

第二个问题值得深入思考。机制设计者可能会意识到，如果直接要求参与人报告自己的类型，他可能得不到真正的私人信息。不过，他可以设计某个巧妙的博弈让这些参与人参加进来，在这个博弈里，其规则赋予每个参与人 i 一个行动集 A_i，而每个参与人选择 $a_i \in A_i$ 之后可得到某个结果函数 $g(a_1,\cdots,a_n)$，这个函数可以做出一个关于结果 $y \in Y$ 的选择。参与人 i 的策略是相机而定的计划 $s_i : \Theta_i \to A_i$。因为参与人 i 只观察到自己的类型 θ_i 而不能观察到其他人的类型，所以这是一个非完全信息博弈。给定在类型 $\phi(\cdot)$ 上的共同先验分布，以及结果上的收益 $v_i(g(s),\theta_i)$，这一框架刚好是一个贝叶斯博弈。正式地，我们给出如下定义。

定义 4.5 一个机制（Mechanism）$\Gamma = \{A_1, A_2, \cdots, A_n, g(\cdot)\}$，是 n 个行动集 $A_1, A_2, \cdots, A_n$ 的集族和一个结果函数 $g : A_1 \times A_2 \times \cdots \times A_n \to Y$。参与人 i 在机制 Γ 中的纯策略是一个将类型映射到行动上的函数 $s_i : \Theta_i \to A_i$。这些参与人的收益由 $v_i(g(s),\theta_i)$ 给出。

如果参与人被迫参加这个博弈，那么根据他们关于其他参与人的选择以及参与人类型实现的信念，每个参与人 i 会从其行动集 A_i 中选择一个最优反应。因为我们关注的是均衡行为，所以给出如下定义。

定义 4.6 策略组合 $s^*(\cdot) = (s_1^*(\cdot), \cdots, s_n^*(\cdot))$ 是机

制 $\Gamma = \{A_1, A_2, \cdots, A_n, g(\,\cdot\,)\}$ 的一个贝叶斯纳什均衡，如果对于每一个 $i \in N$ 以及每一个 $\theta_i \in \Theta_i$，有：

$$E_{\theta_{-i}}(v_i(g(s_i^*(\theta_i), s_{-i}^*(\theta_{-i})), \theta_i) \mid \theta_i) \geq E_{\theta_{-i}}(v_i(g(a_i', s_{-i}^*(\theta_{-i})), \theta_i) \mid \theta_i), \forall a_i' \in A_i$$

也就是说，如果参与人 i 相信其他参与人正在根据 $s_{-i}^*(\theta_{-i})$ 进行博弈，那么他可以通过遵循由 $s_i^*(\theta_i)$ 预先规定的行为来最大化其期望收益，而无须考虑参与人 i 的类型。

现在，假设机制设计者足够聪明，可以设计出这样的机制，其中有一个均衡策略组合 $s_i^*: \Theta_i \to A_i$，使得在给定类型 θ 的实现条件下，该博弈的结果的确就是机制设计者想要得到的结果。也就是说，对于所有的 $\theta \in \Theta$，$g(s_1^*(\theta_1), s_2^*(\theta_2), \cdots, s_n^*(\theta_n)) = f(\theta)$。在这种情况下，机制设计者的确太幸运了，因为他设计的机制可以带来他在知晓参与人类型时原本想要选出的结果。为了正式定义这一情境，我们给出如下定义。

定义 4.7　机制 Γ 实施了选择规则 $f(\,\cdot\,)$，如果存在一个该机制 Γ 的贝叶斯纳什均衡 $(s_1^*(\theta_1), s_2^*(\theta_2), \cdots, s_n^*(\theta_n))$，使得对于所有的 $\theta \in \Theta$，有 $g(s_1^*(\theta_1), s_2^*(\theta_2), \cdots, s_n^*(\theta_n)) = f(\theta)$。

机制设计者想知道 θ，然后选择结果 $f(\theta)$。给定任一 θ，运用具有均衡策略的机制 $s^*(\theta) = (s_1^*(\theta_1), s_2^*(\theta_2), \cdots, s_n^*(\theta_n))$，参与人选择与 $s^*(\theta)$ 相当的行动 $a = (a_1, a_2, \cdots, a_n)$，然后通过函数 $g(\,\cdot\,)$，该机制实现了机制设计者想要做到的事情，因为对于每一个 θ 来说，a 被选中满足 $g(a) = f(\theta)$。

定义 4.7 所引入的公式化的实施概念有时被称为局部实施（Partial Implementation），因为它要求想要的结果是一个均衡，但同时也允许其他不想要的均衡结果。我们来看下面这个多数投票的简单例子。令 $n = 3$，假设存在两个结果 $Y = \{a, b\}$，每个结果都是一个备择项（即一对候选人或一对政策）。假定我们想实施一个选择规则 $f(\,\cdot\,)$，使得 $f(\theta) = a$，只要至少两个参与人严格偏好 a 即可，对于 b 同样如此。假设我们运用多数投票机制来完成这一目标：三个参与人中的每一个人都投出一张票，得票多者获胜。这个机制的确有一个合意的贝叶斯纳什均衡，其中每个参与人都投出了自己的真实偏好。然而，多数投票机制也有不合意的纳什均衡，其中所有参与人在所有状态下都投票给 b。这一均衡导致结果 b 的出现，即便在状态 $\theta \in \Theta$ 下所有参与人都偏好 a 胜过偏好 b 时也是如此。原因在于，如果一个参与人相信其他两个参与人会投票给 b，那么他也相信无论自己如何投票，b 总会胜出，因此他也愿意投票给 b。没有所谓的坏均衡的实施被称为完全实施（Full Implementation），所谓的坏均衡即 $f(\theta)$ 不被实施的均衡。我们不会过多关注不合意的均衡问题，将止步于对局部实施概念的讨论。

4.4.3 显示原理

我们已经描述了机制设计者可用的工具。一个聪明的设计者可以设计一个机制，这是一个贝叶斯博弈，通过这一机制，可以让参与人选择均衡策略，而这一策略恰好是实施机制设计者想要的策略。当机制设计者力图实施 $f(\cdot)$ 时，只有在他不能让参与人表露其真实类型时才是有益的。

似乎机制设计者请求参与人为了实施 $f(\cdot)$ 而揭示各自的类型这种情境也独自成为一个特定的机制，或者是一个贝叶斯博弈。参与人可以选择的行动是报告他们的类型之一，在给定所报告类型的组合的情况下，结果由以这些报告为基础运行的 $f(\cdot)$ 来决定。因此，我们可以正式地将这个博弈定义如下。

定义 4.8 对于选择规则 $f(\cdot)$，$\Gamma = \{\Theta_1, \cdots, \Theta_n, f(\cdot)\}$ 是一个直接显示机制（**Direct Revelation Mechanism**），对于所有的 $i \in N$ 有 $A_i \in \Theta_i$，对于所有的 $\theta \in \Theta$ 有 $g(\theta) = f(\theta)$。

定义一个非常重要的基准也是很有用的，在这一基准中，这一直接显示机制的确具有一个均衡，它可以实施机制设计者想要的结果。

定义 4.9 选择规则 $f(\cdot)$ 是在贝叶斯纳什均衡中真实可实施的（**Truthfully Implementable**），如果对于所有的 θ，直接显示机制 $\Gamma = \{\Theta_1, \cdots, \Theta_n, f(\cdot)\}$ 对于所有的 i 具有一个贝叶斯纳什均衡

$s_i^*\,(\theta_i)=\theta_i$。对于所有的 i，等价地有：

$$E_{\theta_{-i}}(v_i(f(\theta_i,\theta_{-i}),\theta_i)\mid\theta_i)\geq E_{\theta_{-i}}(v_i(f(\hat\theta_i,\theta_{-i}),\theta_i)\mid\theta_i),\forall\hat\theta_i\in\Theta_i$$

也就是说，如果说真话在直接显示机制中是一个贝叶斯纳什均衡，那么 $f(\cdot)$ 就是在贝叶斯纳什均衡中真实可实施的。如果每个参与人 i 相信所有其他参与人都在如实报告他们的类型，那么参与人 i 也愿意如实报告自己的类型。

实际上，如果某个函数 $f(\cdot)$ 是真实可实施的，这就意味着机制设计者不会借助某种复杂博弈来得到他想要的结果。那么问题在于，如果机制设计者的选择函数 $f(\cdot)$ 不是真实可实施的，你能否找到某个巧妙的机制来实施它呢？答案是否定的。

命题 4.3　（贝叶斯纳什均衡实施的显示原理）选择规则 $f(\cdot)$ 在贝叶斯纳什均衡中是可实施的，当且仅当它在贝叶斯纳什均衡中是真实可实施的。

证明：

根据定义，如果 $f(\cdot)$ 在贝叶斯纳什均衡中是真实可实施的，那么使用直接显示机制，它在贝叶斯纳什均衡中就是可实施的。为了证明反过来也成立，假设存在某个机制 $\Gamma=(A_1,\cdots,A_n,g(\cdot))$ 通过使用均衡策略组合 $s^*(\cdot)=(s_1^*(\cdot),\cdots,s_n^*(\cdot))$ 和 $g(s^*(\cdot))=f(\cdot)$ 来实施 $f(\cdot)$，对于每一个 $i\in N$ 和 $\theta_i\in\Theta_i$，有：

$$E_{\theta_{-i}}(v_i(g(s_i^*(\theta_i),s_{-i}^*(\theta_{-i})),\theta_i)\mid\theta_i)\geq E_{\theta_{-i}}(v_i(g(a_i',s_{-i}^*(\theta_{-i})),\theta_i)\mid\theta_i),\forall a_i'\in A_i$$

这意味着没有参与人 i 希望偏离 $s_i^*(\cdot)$。对于参与人 i 来说，一种特别的偏离方式是通过使用 $s_i^*(\cdot)$，但假装他的类型是 $\hat\theta_i$ 而不是 θ_i 来实现，即选择行动 $a_i'=s_i^*(\hat\theta_i)$。因此，上式的一个特别情况是：

$$E_{\theta_{-i}}(v_i(g(s_i^*(\theta_i),s_{-i}^*(\theta_{-i})),\theta_i)\mid\theta_i)$$
$$\geq E_{\theta_{-i}}(v_i(g(s_i^*(\hat\theta_i),s_{-i}^*(\theta_{-i})),\theta_i)\mid\theta_i),\forall\hat\theta_i\in\Theta_i$$

但这只是 $f(\cdot)$ 在贝叶斯纳什均衡中真实可实施的条件。

乍看之下，这个命题颇不寻常。它基本上是在说，如果该机制设计者不能直接实施 $f(\cdot)$，那么这个世界上就不会再有机制可以实施了，这个结果是在均衡分析较强的条件下得到的，而均衡分析的条件正是博弈论的核心所在。简单来说，在均衡中参与人既不会错，也不会出人意料。因此，如果参与人在采取一个使 $f(\cdot)$ 可实施的机制，那么根据均衡理性的构造，他们必然知晓 $f(\cdot)$ 将会被实施，因此机制设计者同样可以直接实施它。

为使分析更加准确，我们把推理过程描述如下：假设存在某个巧妙的机制 Γ，它以对每个参与人 i 的策略 $s_i^*(\cdot)$ 来实施 $f(\cdot)$。现在假设每个参与人 i 编制了一个计算机程序并根据 $s_i^*(\cdot)$ 计算其均衡行动。也就是说，参与人提供了其类型 $\theta_i \in \Theta_i$ 给该程序，用这个程序计算均衡行动 $s_i^*(\cdot)$，并把它发送给机制设计者。参与人不会对计算机撒谎，因为根据构造，该程序要计算其最优反应策略。

由于机制设计者知道 $s_i^*(\cdot)$ 是该参与人的均衡策略，所以他可以省去参与人将其策略编程并"输入"计算机的麻烦，即计算 $g(s^*(\theta))$。这可以产生新的机制 Γ^*：参与人宣布他们的类型，对于所有 i，有 $A_i = \Theta_i$，将此传递给机制设计者；新的结果函数 $g^*(\cdot)$ 由先前提供参与人宣称类型 θ 给他们的均衡程序 $s_i^*(\cdot)$ 计算出来；机制设计者计算结果 $g(s_i^*(\theta))$ 并予以实施。也就是说，给定所宣称的类型 $\hat{\theta}_1, \hat{\theta}_2, \cdots, \hat{\theta}_n$，有：

$$g^*(\hat{\theta}_1, \hat{\theta}_2, \cdots, \hat{\theta}_n) = g(s_1^*(\hat{\theta}_1), s_2^*(\hat{\theta}_2), \cdots, s_n^*(\hat{\theta}_n)) = f(\hat{\theta}_1, \hat{\theta}_2, \cdots, \hat{\theta}_n)$$

机制 Γ 实施了 $f(\cdot)$，但是在新的机制下，根据构造，每个参与人会真实地报告他们的类型 θ_i 给机制设计者，而通过运行新机制，他们都知道该机制实施了 $f(\cdot)$。这意味着我们已经创造了一个直接显示机制，在这个机制中说真话是一个贝叶斯纳什均衡。因此，隐含在威力强大的显示原理背后的思想就是均衡分析的结果：在均衡中，参与人知道该机制实施 $f(\cdot)$，而且他们会选择坚持它，因此他们同样可能会真实地报告自己的类型，让机制设计者直接实施 $f(\cdot)$。

4.4.4　优势策略和维克里 - 克拉克 - 格罗夫斯机制

1. 优势策略实施

贝叶斯纳什均衡有一个特殊形式，就是优势策略（Dominant Strategy）上的均衡。也就是说，每个参与人都有一个不管他预期其他人采取什么样的策略，自己总可以最大化期望收益的策略。正式地，我们给出如下定义。

定义 4. 10　策略组合 $s^{*}(\cdot) = (s_{1}^{*}(\cdot), \cdots, s_{n}^{*}(\cdot))$ 是机制 $\Gamma = \{A_{1}, A_{2}, \cdots, A_{n}, g(\cdot)\}$ 的优势策略均衡（Dominant Strategy Equilibrium），如果对于每个 $i \in N$ 和 $\theta_{i} \in \Theta_{i}$，有：

$$v_{i}(g(s_{i}^{*}(\theta), a_{-i}), \theta) \geq v_{i}(g(a'_{i}, a_{-i}), \theta), \forall a'_{i} \in A_{i}, \forall a_{-i} \in A_{-i}$$

这个均衡概念富有吸引力的特征是它对参与人所要求的一个弱条件：参与人既不需要预测其他参与人在做什么，也不必形成对其他参与人类型分布的正确预期。其中的一个好处是，"坏"均衡通常不是一个问题（如果参与人有两个优势策略，它们必然在收益上是等价的，而我们所关注的大多数博弈确实没有具有相同收益的两个结果。）

那么问题在于，我们能否找到一个在优势策略上执行 $f(\cdot)$ 的机制 Γ 呢？到现在为止，你应该能够预测到答案是什么了。因为优势策略均衡只是贝叶斯纳什均衡的一个特例，所以显示原理必然可以用上。因此，我们可以得到这样的结论：要考察 $f(\cdot)$ 是不是在优势策略上可实施，只需考察 $f(\cdot)$ 是不是在优势策略上真实可实施的。也就是说，对于所有的 $i \in N$ 和 $\theta_{i} \in \Theta_{i}$，有：

$$v_{i}(f(\theta_{i}, \theta_{-i}), \theta_{i}) \geq v_{i}(f(\hat{\theta}_{i}, \theta_{-i}), \theta_{i}), \forall \hat{\theta}_{i} \in \Theta_{i}, \forall \theta_{-i} \in \Theta_{-i}$$

2. 维克里 - 克拉克 - 格罗夫斯机制

回忆一下，我们曾将注意力集中在每个备择项都有一个货币等价值的那些偏好上，它们在货币上是可加的，所以 $v_{i}(x, m_{i}, \theta_{i}) = u_{i}(x, \theta_{i}) + m_{i}$。这些偏好被称为拟线性偏好，因为每个参与人的收益在货币上是线性的，而且有一个新添的成分，它可以从选择 $x \in X$ 中导出取决于类型的收益。

这是拟线性情况下的一个极好的特征，在这种情况下，每个参与人都具有拟线性偏好。假设有两个备择项 $x, x' \in X$ 和一对具有类型 θ_i 与 θ_j 的参与人 i 和 j，满足 $u_i(x',\theta_i) > u_i(x,\theta_i)$ 和 $u_j(x,\theta_j) > u_j(x',\theta_j)$。也就是说，参与人 i 偏好结果 x' 胜过 x，而参与人 j 偏好结果 x 胜过 x'。进一步假设：

$$u_i(x',\theta_i) - u_i(x,\theta_i) > u_j(x,\theta_j) - u_j(x',\theta_j)$$

这表明参与人 i 在货币项目上偏好 x' 胜过 x 的程度要大于参与人 j 偏好 x 胜过 x' 的程度。拟线性情况表明，对于任一满足 $u_i(x',\theta_i) - u_i(x,\theta_i) > k > u_j(x,\theta_j) - u_j(x',\theta_j)$ 的货币数量 $k > 0$，我们可以用 x' 替换 x，将 k 从参与人 i 那里转移到参与人 j 那里，以使得两个人的境况都变得更好。这是拟线性偏好在货币上具有可加性的结果，它给出了下面这个很有用的命题。

命题 4.4 在拟线性情况下，给定状态空间 $\theta \in \Theta$，备择项 $x^* \in X$ 是帕累托最优的，当且仅当它是下式的解：

$$\max_{x \in X} \sum_{i=1}^{I} u_i(x,\theta_i)$$

也就是说，当且仅当一个解最大化 $u_i(\cdot,\theta_i)$ 函数的加总时，它才是帕累托最优的。证明很简单：如果备择项 x 不能最大化这个加总，那么我们就可以找到另外一个 x' 来做到这一点，然后我们可以找到参与人之间的货币转移收益，它们可以确保某些参与人的收益超过对其他人损失的补偿。注意，参与人之间的货币转移收益对于帕累托效率而言是一湾"水流"，因为一个人的所得是其他人的所失，水总是平的。就效率来说，唯一重要的事情就是使选择 $x \in X$ 变得正确，转移收益可以视为一种使剩余在参与人之间进行分割以解决问题的方式。

回想一下，选择规则 $f(\theta)$ 决定了备择项 $x(\theta)$ 以及货币转移收益 $m_1(\theta), \cdots, m_n(\theta)$ 的选择。如果对于所有的 $\theta \in \Theta$，$x^*(\theta)$ 是帕累托最优的，则我们称决策规则 $x^*(\cdot)$ 是第一优决策规则（First-best Decision Rule）。现在，我们集中关注一个仁慈的机制设计者，他总是希望在拟线性情况下实施第一优决策规则：

$$x^*(\theta) \in \underset{x \in X}{\arg\max} \sum_{i=1}^{I} u_i(x, \theta_i), \forall \theta \in \Theta$$

现在，我们所感兴趣的问题变成机制设计者能否找到一个转移收益规则 $(m_1(\cdot), \cdots, m_n(\cdot))$ 来使得选择规则 $(x^*(\cdot), m_1(\cdot), \cdots, m_n(\cdot))$ 在优势策略上是可实施的呢？也就是说，如果参与人面对这个帕累托最优的选择规则 $(x^*(\cdot), m_1(\cdot), \cdots, m_n(\cdot))$，说真话对每个参与人来说能成为一个在直接显示机制中的优势策略吗？

让我们看看在第一优决策规则 $(x^*(\cdot), m_1(\cdot), \cdots, m_n(\cdot))$ 的直接显示机制中参与人所面对的激励。每个参与人将会选择报告某个 $\hat{\theta}_i \in \Theta_i$，这产生了一个报告组合 $\hat{\theta} = (\hat{\theta}_1, \cdots, \hat{\theta}_n)$。这个被实施的选择表明，每个参与人的收益是 $v_i(y, \theta_i) = u_i(x^*(\hat{\theta}_i, \hat{\theta}_{-i}), \theta_i) + m_i(\hat{\theta}_i, \hat{\theta}_{-i})$，其中 $\hat{\theta}_i$ 是参与人 i 的报告，$\hat{\theta}_{-i}$ 是所有其他参与人的报告，而 θ_i 是参与人 i 的真实类型。因此，影响参与人 i 的报告决策的激励来自两个方面：他的报告会如何影响选择 $x^*(\hat{\theta}_i, \hat{\theta}_{-i})$，以及它是如何影响 $m_i(\hat{\theta}_i, \hat{\theta}_{-i})$ 的值的。

举例来看这样一个选择规则，其中 $m_i(\hat{\theta}_i, \hat{\theta}_{-i}) = 0$，因此转移收益绝不会给参与人 i，他的激励是由其报告影响选择 $x^*(\hat{\theta}_i, \hat{\theta}_{-i})$ 的方式导出的。很容易看出，$x^*(\hat{\theta}_i, \hat{\theta}_{-i})$ 是第一优决策规则，参与人 i 可能不想报告他的真实类型。原因是 $x^*(\hat{\theta}_i, \hat{\theta}_{-i})$ 是被选中来最大化总剩余的，但是参与人 i 只想最大化他自己的收益。这样一来，给定参与人 i 所具有的关于其他参与人报告的信念，参与人 i 将会通过报告 $\hat{\theta}_i \in \Theta_i$ 来获取决策 x，以最大化 $u_i(x, \theta_i)$，而不是报告那个可以最大化所有参与人收益加总的类型。

用经济学的术语来说，当没有转移收益时，这种激励不兼容的问题在于参与人并不对外部性（Externality）负责，这一外部性就是他的报告所施予其他人的成本。当参与人 i 的报告导致某个选择 x' 不是帕

累托最优选择 $x^*(\theta)$ 时，他将会有 $u_i(x', \theta_i) - u_i(x^*(\theta), \theta_i)$ 的收益，代价是给除了他以外的全社会施予了总和为 $\sum_{j \neq i}(u_j(x^*(\theta), \theta_j) - u_j(x', \theta_j))$ 的损失。这个问题可以通过一个设计巧妙的转移收益规则 $m_i(\hat{\theta}_i, \hat{\theta}_{-i})$ 来解决，该规则让参与人 i 将外部性内部化（Internalize the Externality），这样就使对他的激励和社会激励兼容了。为了实现这一点，我们需要设置函数 $m_i(\cdot)$，故每个参与人都会将他施加在其他人身上的外部性予以内部化。这就是隐含在下面这个重要的选择规则背后的思想。

定义 4.11 给定报告 $\hat{\theta}$，选择规则 $f(\hat{\theta}) = (x^*(\hat{\theta}), m_1(\hat{\theta}), \cdots, m_n(\hat{\theta}))$ 是一个维克里－克拉克－格罗夫斯机制（Vickrey-Clarke-Groves Mechanism，VCG 机制），如果 $x^*(\cdot)$ 是第一优决策规则，而且对于所有的 $i \in N$，有：

$$m_i(\hat{\theta}) = \sum_{j \neq i} u_j(x^*(\hat{\theta}_i, \hat{\theta}_{-i}), \hat{\theta}_j) + h_i(\hat{\theta}_{-i})$$

其中，$h_i(\hat{\theta}_{-i})$ 是 $\hat{\theta}_{-i}$ 的一个任意函数。

这个一般化的选择规则族首先由格罗夫斯予以描述。不过，维克里和克拉克研究了这类机制的特定情况（予以简短的讨论）。VCG 机制这个颇具吸引力的特征可以由下面这个命题予以描述。

命题 4.5 任一 VCG 机制在优势策略上是真实可实施的。

证明：

在 VCG 机制中，每个参与人 i 都在求解：

$$\max_{\hat{\theta}_i \in \Theta_i} u_i(x^*(\hat{\theta}_i, \hat{\theta}_{-i}), \theta_i) + \sum_{j \neq i} u_j(x^*(\hat{\theta}_i, \hat{\theta}_{-i}), \hat{\theta}_j) + h_i(\hat{\theta}_{-i})$$

首先注意到，$h_i(\hat{\theta}_{-i})$ 并不影响 i 的选择。同时也要注意到，该参与人的报告 $\hat{\theta}_i$ 只有通过其对决策 $x^*(\hat{\theta}_i, \hat{\theta}_{-i})$ 的影响才显得重要。这样一来，我们可以问，该参与人打算实施哪一个决策：$\max_x u_i(x, \theta_i) + \sum_{j \neq i} u_j(x, \hat{\theta}_j)$？由此可得，参与人 i 希望实施的决策可以根据其真实类型和其他人的报告类型来最大化总剩余。也就是说，他会喜欢实施 $x^*(\hat{\theta}_i,\hat{\theta}_{-i})$。参与人 i 可以通过报告其真实类型 $\hat{\theta}_i = \theta_i$ 完成这个决策 [根据 $x^*(\cdot)$ 的定义]。

直观而言，VCG 机制的运行机理如下：通过设定 $m_i(\hat{\theta}) = \sum\limits_{j\neq i} u_j(x^*(\hat{\theta}_i,\hat{\theta}_{-i}),\hat{\theta}_j) + h_i(\hat{\theta}_{-i})$，每个参与人 i 的收益包括三部分，即 $u_i(x^*(\hat{\theta}),\theta_i)$、$\sum\limits_{j\neq i} u_j(x^*(\hat{\theta}_i,\hat{\theta}_{-i}),\hat{\theta}_j)$ 和 $h_i(\hat{\theta}_{-i})$。由于 $h_i(\hat{\theta}_{-i})$ 不是参与人 i 的报告的函数，它对参与人 i 的激励并无影响，因此我们可以忽略它。我们集中看第二个部分，注意它有一个有用的解释：转移收益的这部分计算了一个值，如果他们的真实类型就是他们报告的类型，它是其他参与人由选中的备择项得来的 $u_j(\cdot,\hat{\theta}_j)$ 函数的加总。不过，我们注意到无论其他参与人是否说了真话，对它都没有什么影响这一点还是很重要的，但是只有转移收益给参与人 i 的这部分可以按照好像其他参与人说了真话那样计算。其结果是，参与人 i 面对一个好像其他参与人说了真话的选择，然后他自己的收益变成一个帕累托最优目标。这也是机制设计者希望最大化的目标，其中唯一的决策变量就是参与人 i 的报告类型。这样一来，就好像该参与人选择了最终决策 x，并通过 m_i 的加总，将其决策对其他参与人所造成的外部性予以内部化。

克拉克给出了一个特殊的 VCG 机制，即中枢机制（Pivotal Mechanism）。它可以通过设定下式得到：

$$h_i(\hat{\theta}_{-i}) = -\sum_{j\neq i} u_j(x^*_{-i}(\hat{\theta}_{-i}),\hat{\theta}_j)$$

其中：

$$x^*_{-i}(\hat{\theta}_{-i}) \in \operatorname*{argmax}_{x\in X} \sum_{j\neq i} u_j(x,\hat{\theta}_j)$$

在参与人 i 缺席的世界中，这是最优的选择 x。因此有：

$$m_i(\hat{\theta}) = \sum_{j\neq i} u_j(x^*(\hat{\theta}_i,\hat{\theta}_{-i}),\hat{\theta}_j) - \sum_{j\neq i} u_j(x^*_{-i}(\hat{\theta}_{-i}),\hat{\theta}_j)$$

我们可以这样来解释这个中枢机制。当参与人 i 做出其报告时，我们可以看成他加入其他参与人之中，并可能影响如果他不是社会一分子将会发生的结果。因此，有两种相关联的情形。

情形 1：$x^*(\hat{\theta}_i, \hat{\theta}_{-i}) = x^*_{-i}(\hat{\theta}_{-i})$。在这种情形下，参与人 i 的报告不会改变如果他不是社会一分子将会发生的结果。那么，该机制确定给参与人 i 的转移收益为 0。

情形 2：$x^*(\hat{\theta}_i, \hat{\theta}_{-i}) \neq x^*_{-i}(\hat{\theta}_{-i})$。在这种情形下，参与人 i 的报告会改变如果他不是社会一分子将会发生的结果。正是在这个意义上，可以说参与人 i 是中枢，最为关键。他的转移收益将因对外部性的课税而结束，这个外部性正是他的报告施加在其他参与人之上的损失，因为新选择对于其他参与人来说并不像那个没有参与人 i 的条件下最大化其收益的选择那样好。

考虑不可分私人物品配置的例子，其中物品可以被配置给 N 个参与人中的一个，而对于参与人 i 来说，拥有这个物品的价值为 $u_i(x, \theta_i) = \theta_i x_i$。最优配置是下式的解：

$$\max_{(x_1, \cdots, x_n) \in [0,1]^n} \sum_{i=1}^n \theta_i x_i$$
$$\text{s. t.} \quad \sum_i x_i = 1$$

这导致将该物品配置给具有最高估价的参与人 i^*，$i^* \in \mathrm{argmax}_i \theta_i$，而且，有：

$$x_i^*(\theta) = \begin{cases} 1 & \text{如果 } i = i^* \\ 0 & \text{其他} \end{cases}$$

则中枢博弈具有转移收益：

$$m_i(\hat{\theta}) = \sum_{j \neq i} u_j(x^*(\hat{\theta}), \hat{\theta}_{-i}) - \sum_{j \neq i} u_j(x^*_{-i}(\hat{\theta}_{-i}), \hat{\theta})$$

$$= \begin{cases} -\{\max_{j \neq i^*} \hat{\theta}_j\} & \text{如果 } i = i^* \\ 0 & \text{其他} \end{cases}$$

也就是说，如果每个参与人 $i \neq i^*$ 不是中枢人物，他的出现并不影响配置，因此 $m_i(\hat{\theta}) = 0$。如果参与人 i^* 是中枢人物，没有他，该物品就会流入那个具有次高估价的参与人手中，社会总剩余将会是 $\max_{j\neq i^*}\theta_j$。这的确是参与人 i^* 在出现时施予其他人身上的外部性，而这也恰恰是他在中枢机制中必须收益的数量。需要注意的是，这一机制和第二价格密封拍卖是等同的。回忆一下，我们已经知道，在第二价格密封拍卖中，每个参与人都有一个优势策略，其出价为其真实估价。该机制的这一特征首先由维克里（Vickrey，1961）进行研究，而且这一机制也确实被称为维克里拍卖（Vickrey Auction）。

4.5 总结

· 通过引入表达每个参与人各种不同潜在偏好的类型来对其他参与人的收益所具有的不确定性进行建模是可能的。将此与自然在可能类型上的分布结合在一起，给出了非完全信息贝叶斯博弈的定义。

· 参与人的偏好是与其类型相关的。参与人拥有的有关自己收益的信息，或者他可能拥有的有关博弈的其他相关特性的信息，都是参与人类型的题中应有之义。

· 参与人的类型空间表示自然从中选择参与人类型的集合。

· 自然在参与人类型组合上进行选择的方式是共同知识。这就是所谓的共同先验，即在所有参与人之间基于类型的概率分布是共同知识。由于每一个行为人都知道自己的类型，所以他可以使用共同先验知识来形成基于其他行为人类型的后验信念。

· 运用关于参与人类型分布的共同先验假设，将纳什均衡的概念涵盖进贝叶斯博弈中是完全可以的，我们将其重新命名为贝叶斯纳什均衡。

· "海萨尼转换"构造了一个由自然先行动的博弈模型，无法被精确定义的变量以概率分布的形式描述，并且此分布被假设为全部参与人的共同知识。借助贝叶斯规则，我们便可以简便地将全部高阶信念给出，于是便解决了高阶信念的问题。在非完全信息条件下，"海萨尼转换"将冯·诺伊曼和摩根斯坦意义上的非完全信息博弈转换为完全信息但不完美博弈。

• 海萨尼的纯化定理表明，在完全信息博弈中的混合策略均衡可以被看成表达具有异质性参与人的博弈的纯策略贝叶斯纳什均衡。

• 一般来说，有两种常见的拍卖类型。第一类是公开拍卖，其中投标人可以观察到某个价格的动态过程，一直到某个赢者出现。公开拍卖有两种常见的形式：英式拍卖和荷式拍卖。第二类是密封拍卖。在这种拍卖中，参与人写下他们的出价，然后在不知道其对手出价的情况下将自己的出价提交上去。收齐提交上来的价格之后，最高出价者将会胜出，他将根据拍卖的规则进行价格收益。与公开拍卖一样，密封拍卖也有两种常见的形式：第一价格密封拍卖和第二价格密封拍卖。

• 无论所实施的拍卖类型为哪一种，有两件事情是显而易见的。第一，拍卖是竞标人作为参与人的博弈，行动就是出价，收益取决于能否拍得商品，以及需要为之支出多少。第二，竞标人很难确切地知道所竞拍商品对其他竞标者价值几何。因此，拍卖因其所具有的这两个特征，适合作为非完全信息贝叶斯博弈进行建模。

• 拍卖博弈有两极。第一种情况是私人价值，每个参与人有足够的信息来推断出赢取标的物的价值。第二种情况是共同价值，其他参与人的信息将会决定标的物对任一参与人的价值。

• 在私人价值情况下，第二价格密封拍卖与英式拍卖是策略性等价的。在两种拍卖中，每个参与人都有一个简单的弱优势策略，即对标的物出其真实的估价。估价最高者赢得拍卖，并收益第二高的估价。

• 在私人价值情况下，第一价格密封拍卖与荷式拍卖是策略性等价的。在两种拍卖中，每个参与人的最优反应取决于其他参与人的策略，而贝叶斯纳什均衡并不能直接求出。在均衡中，每个出价者在出价时隐匿其估价，以求从拍卖中获得一个正的期望价值。

• 收益等价定理是指，任何一个满足四个条件的拍卖博弈将会让卖者获得相同的期望收益，从而让每一类型的竞标者获得相同的期望收益。这四个条件是：①每个竞标者的类型服从一个"性态良好"的分布；②竞标者是风险中性的；③具有最高类型的竞标者赢得拍卖；④具有最低可能类型（θ）的拍卖者的期望收益为 0。

- 如果拍卖是共同价值拍卖，那么参与人必须考虑"赢者的诅咒"这一负面现象，并且出价时要注意避免对标的物的过度收益。

- 很多情况下都有一个心怀参与人群体福利的核心机制设计者，这里的最优决策取决于参与人所拥有的私人信息。

- 一个机制是一个博弈，它从参与人那里提取信息，帮助核心机制设计者根据他想要实施的决策规则来制定决策。

- 显示原理说明，如果一个决策规则由使用了某一机制的机制设计者所实施，那么它可以被简单地直接显示博弈所实施，在这个博弈中，每个参与人报告其类型，而机制设计者使用其决策规则。

- 一个特别有用的机制是 VCG 机制。当参与人具有拟线性偏好时，它实施了在优势策略上的帕累托最优决策规则。

4.6　习题

1. 考察古诺双寡头模型，两个企业分别是企业 1 和企业 2，它们同时选择供给数量 q_1 和 q_2。每个企业将面对的价格由市场需求函数 $p(q_1, q_2) = a - b(q_1 + q_2)$ 决定。每个企业以 μ 的概率具有边际单位成本 c_L，以 $1 - \mu$ 的概率具有边际单位成本 c_H。这些概率是共同知识，但是真正的类型只揭示给每个企业自己。求解该贝叶斯纳什均衡。

2. 假设市场只存在两个厂商，市场需求函数为 $P = 8 - Q$。假设厂商 1 的成本函数为 $C_1 = 2q_1$，厂商 2 的成本函数为 $C_2 = 2q_2$。

（1）两个厂商同时行动，求解该古诺模型的均衡结果。

（2）考虑非完全信息的情况。厂商 1 的成本函数为 $C_1 = 2q_1$，对于厂商 1 来说，厂商 2 的成本函数不确定，存在高成本 $C_2^H = 3q_2$ 与低成本 $C_2^L = q_2$ 两种类型，二者的概率分布为（θ，$1 - \theta$）。厂商 2 知道自己究竟是高成本还是低成本类型。试求解 $\theta = 0$ 和 $\theta = 1$（完全信息静态博弈）时的均衡结果。假设 $\theta = 0.6$，求该非完全信息静态博弈的贝叶斯纳什均衡。

3. 考虑一个古诺双寡头模型。市场的反需求函数为 $P(Q) = a - Q$，其中 $Q = q_1 + q_2$ 为市场总产量，两个企业的总成本均为 $c_i(q_i) = cq_i$，但需求不确定，分别以 θ 的概率为高需求（$a = a_H$），以 $1 - \theta$ 的概率为低需求（$a = a_L$）。此外，信息也是非对称的：企业 1 知道需求是高还是低，但企业 2 不知道。以上信息都是共同知识，两个企业同时进行决策。现在假定 a_H、a_L、θ 和 c 的取值范围使得所有均衡产出都是正数，求此博弈的贝叶斯纳什均衡。

4. 考虑如下非对称信息的产品差异化的伯川德博弈：企业 i 的市场需求 $q_i = a - p_i - b_i p_j$，两个企业的生产成本都为 0；b_1 取值为 b_H 或 b_L，且 $b_H > b_L > 0$，$b_1 = b_H$ 的概率为 θ，而 $b_2 = \theta b_H + (1 - \theta) b_L$；$b_1$ 是企业 1 的私人信息，b_2 是共同信息。现假定两个企业同时选择价格，以上博弈结构是共同知识，求解以上博弈的贝叶斯纳什均衡。

5. 考虑一个非完全信息性别博弈。假设杰克和罗丝是一对恋爱 3 个月的情侣，在日常相处中杰克更主动一些，也更了解罗丝的喜好，但罗丝仍然不能确切地知道杰克的收益函数。收益函数如下表所示，其中如果双方都选择看拳击比赛，杰克的收益为 $2 + t_p$，t_p 是杰克的私人信息，t_p 服从 $[0, x]$ 区间上的均匀分布。杰克在 t_p 超过某临界值 p 时选择看拳击比赛，否则选择看歌剧。试求解该博弈的纯策略贝叶斯纳什均衡。

杰克

		歌剧	拳击
罗丝	歌剧	2, 1	0, 0
	拳击	0, 0	1, $2 + t_p$

6. 有两个参与人，各自拥有一间屋子。参与人 i 对自己屋子的估价为 v_i。参与人 i 的屋子对另外一个参与人的价值，即对参与人 $j \neq i$ 的价值为 $3/2 v_i$。每个参与人 i 知道其屋子对自己的价值 v_i，但是不知道另外一个参与人屋子的价值。价值 v_i 是从区间 $[0, 1]$ 上独立抽取的，

分布为均匀分布。

（1）设参与人同时宣布他们是否愿意交换屋子。如果两个参与人都同意交换，则交易发生，否则就没有交易。找出该博弈的纯策略贝叶斯纳什均衡，其中每个参与人 i 当且仅当价值 v_i 没有超过某个阈值 θ_i 时接受交换。

（2）如果参与人 j 对参与人 i 的屋子估价为 $5/2v_i$，那么问题（1）中的答案会改变吗？

（3）试解释问题（1）中描述的该博弈的任一贝叶斯纳什均衡必然包括问题（1）中推得的类型的阈值策略。

7. 两个企业同时决定是否进入某一市场，企业 i 的进入成本 $\theta_i \in [0, \infty)$ 是私人信息，θ_i 是服从分布函数 $F(\theta_i)$ 的随机变量，分布密度 $f(\theta_i)$ 严格大于 0，并且 θ_1 和 θ_2 独立。如果只有一个企业进入，则进入企业 i 的利润函数为 $w^m - \theta_i$；如果两个企业都进入，则企业 i 的利润函数为 $w^d - \theta_i$；如果没有企业进入，则利润为 0。假定 w^m 和 w^d 是共同知识，且 $w^m > w^d > 0$，计算贝叶斯纳什均衡并证明均衡是唯一的。

8. 在 n 人参与的私人价值拍卖中，参与人的类型 V_i 都服从 $[0, M]$ 上的均匀分布，参与人的类型 V_i 是私人信息，V_i 的分布是共同知识。

（1）如果实行第一价格密封拍卖，求对称的贝叶斯纳什均衡。

（2）如果实行第二价格密封拍卖，求贝叶斯纳什均衡。

（3）在以上两种类型的拍卖中，证明拍卖人的期望收益相等。

9. 在有两个投标者的密封拍卖中，投标者的估价独立分布于 $[0, 1]$ 上且两人的估价相同，则贝叶斯纳什均衡是什么？博弈的结果是什么？如果两个投标者知道他们的估价相同，结果会发生什么变化？

10. 在一个由两个人参加的拍卖中，参与人 i 的类型 t_i 服从 $[0, 1]$ 上的均匀分布，且两者的分布独立。假设双方都采用线性对称均衡策略。

（1）如果 $V_i = t_i + 0.5$，求解对称均衡。

（2）如果 $V_i = t_1 + t_2$，求解对称均衡。

11. 在飞机上设置头等舱、在高铁上设置商务座和一等座，是一种典型的非线性定价，其目的在于通过这种自选择菜单（高定价＋高标准服务、低定价＋低标准服务），使得那些具有高收益意愿的消费者选择前者、具有低收益意愿的消费者选择后者成为贝叶斯纳什均衡。请用机制设计的思想详细谈谈飞机、高铁等设置头等舱（商务座或一等座）、经济舱（二等座）的道理是什么？

12. 假设两个兄弟对接下来的家庭度假计划各有其偏好。可能的选项是：到安徽黄山旅行（A），到海南三亚旅行（B），到云南大理旅行（C）。兄弟 1 的偏好是固定的，他的类型是 θ_1，他偏好 A 胜过 B，偏好 B 胜过 C。兄弟 2 可能是以下两种类型中的一种，即 $\theta_2 \in \{\theta_2', \theta_2''\}$，其中类型 θ_2' 偏好 C 胜过 B，偏好 B 胜过 A；而类型 θ_2'' 偏好 B 胜过 A，偏好 A 胜过 C。他们的父母希望实施以下这个选择函数：$f(\theta_1, \theta_2') = B$ 和 $f(\theta_1, \theta_2'') = A$。

（1）如果父母使用直接显示机制，对于兄弟 2，真实地揭示其类型是一个优势策略吗？

（2）如果选择函数为 $f(\theta_1, \theta_2') = C$ 和 $f(\theta_1, \theta_2'') = A$，你对问题（1）的回答会变化吗？

（3）如果选择函数为 $f(\theta_1, \theta_2') = B$ 和 $f(\theta_1, \theta_2'') = B$，你对问题（1）的回答会变化吗？

参考文献

[1] Brandenburger, A., Dekel, E., "*Hierarchies of Beliefs and Common Knowledge*", *Journal of Economic Theory*, 1993, 59 (1), pp. 189 – 198.

[2] Chatterjee, K., Samuelson, W., "Bargaining under Incomplete Information", *Operations Research*, 1983, 31 (5), pp. 835 – 851.

[3] Fibich, G., Gavious, A., Sela, A., "Revenue Equivalence in Asymmetric Auctions", *Journal of Economic Theory*, 2004, 115 (2),

pp. 309 – 321.

[4] Govindan, S., Reny, P. J., Robson, A. J., "A Short Proof of Harsanyi's Purification Theorem", *Games & Economic Behavior*, 2003, 45 (2), pp. 369 – 374.

[5] Hall, R., Lazaer, E., "The Excess Sensitivity of Layoffs and Quits to Demand", *Journal of Labor Economics*, 1984, 2, pp. 233 – 257.

[6] Harsanyi, J. C., "Games with Randomly Disturbed Payoffs: A New Rationale for Mixed-strategy Equilibrium Points", *International Journal of Game Theory*, 1973, 2 (1), pp. 1 – 23.

[7] Hurwicz, L., "On Informationally Decentralized Systems", In McGuire, C. B., Radner, R., *Decision and Organization: A Volume in Honor of Jacob Marshak*, North Holland, Amsterdam, 1972.

[8] Kaplan, T. R., Zamir, S., "Asymmetric First-price Auctions with Uniform Distributions: Analytic Solutions to the General Case", *Economic Theory*, 2012, 50, pp. 269 – 302.

[9] Kaplan, T. R., Zamir, S., "Multiple Equilibria in Asymmetric First-price Auctions", Working Paper, 2011.

[10] Klemperer, P., *Auctions: Theory and Practice*, Princeton University Press, 2004.

[11] Krishna, V., *Auction Theory*, Academic Press, 2002.

[12] Lebrun, B., "First Price Auctions in the Asymmetric N Bidder Case", *International Economic Review*, 1999, 40, pp. 125 – 142.

[13] Luce, R. D., Raiffa, H., *Games and Decisions*, Wiley, New York, 1957.

[14] Maskin, E., Riley, J., "Asymmetric Auctions", *Review of Economic Studies*, 2000, 67, pp. 413 – 438.

[15] Mertens, J. F., Zamir, S., "Formulation of Bayesian Analysis for Games with Incomplete Information", *International Journal of Game Theory*, 1985, 14 (1), pp. 1 – 29.

[16] Milgrom, P. R. , *Putting Auction Theory to Work*, Cambridge Books, Cambridge University Press, 2004.

[17] Milgrom, P. R. , Weber, R. J. , "A Theory of Auctions and Competitive Bidding", *Econometrica*, 1982, 50, pp. 1089 – 1122.

[18] Myerson, R. B. , "Incentive Compatibility and the Bargaining Problem", *Econometrica*, 1979, 47, pp. 61 – 73.

[19] Myerson, R. B. , "Optimal Auction Design", *Mathematics of Operations Research*, 1981, 6 (1), pp. 58 – 73.

[20] Myerson, R. B. , Satterthwaite, M. , "Efficient Mechanisms for Bilateral Trading", *Journal of Economic Theory*, 1983, 28, pp. 265 – 281.

[21] Neumann, J. V. , Morgenstern, O. , *Theory of Games and Economic Behavior*, Princeton University Press, 1947.

[22] Reny, P. J. , Zamir, S. , "On the Existence of Pure Strategy Monotone Equilibria in Asymmetric First-price Auctions", *Econometrica*, 2004, 72, pp. 1105 – 1125.

[23] Riley, J. G. , Samuelson, W. F. , "Optimal Auctions", *The American Economic Review*, 1981, 71, pp. 381 – 392.

[24] Vega-Redondo, F. , *Economics and the Theory of Games*, Cambridge University Press, 2003.

[25] Vickrey, W. , "Counter Speculation, Auctions, and Competitive Sealed Tenders", *Journal of Finance*, 1961, 16, pp. 8 – 37.

第5章 非完全信息动态博弈

在完全信息条件下，我们已经知道静态（标准式）博弈并不能完全体现动态博弈的所有重要方面。在动态博弈中，一些参与人会对其他参与人之前做出的行动有所反应。进而，正如前面章节中逆向归纳法和子博弈完美纳什均衡所证明的那样，我们需要对已经熟悉的可置信问题和序贯理性多加注意。本章将把序贯理性的思想运用到非完全信息动态博弈中，并引入可以体现这些思想的均衡概念。

在非完全信息博弈中，有些参与人具有与其对手可能具有的类型集相对应的信息集，因为每个参与人都不知道自然会为其他参与人选择何种类型。无论参与人是否观察到其对手过去的行为（这在非完全信息博弈中意味着完美信息），在非完全信息条件下关于对手是何种类型总是存在不确定性。这相应表明，会有很多不是单点的信息集，这会导致很多并不常见的真子博弈出现。正如我们将会看到的，这妨碍了将子博弈完美当作一个解概念以确保序贯理性的运用。我们将不得不更为严格地对待参与人所持有的信念，而且这些信念需要与环境（自然）以及其他参与人的策略一致。

本章集中关注均衡行为，重点介绍完美贝叶斯纳什均衡（Perfect Bayesian Nash Equilibrium，PBNE）。完美贝叶斯纳什均衡是给定信念策略为序贯理性，并且给定策略时信念与之弱一致的纳什均衡。一个完美贝叶斯纳什均衡是一些策略和信念的简单集合。在博弈的任意阶段，这些策略在给定信念时都是最优的，并且信念都是在任何可能的时候通过贝叶斯法则从均衡策略和观测到的行动中获取的。在这里，信念被提升到策略的层次，而均衡不仅包含每个参与人的策略，而且包含每个参与人在不同信息集的信念。在坚持参与人应该选择理性的策略之前，我们应该要求他们持有理性的信念。笼统来讲，完美贝叶斯纳什均衡一定是贝叶斯纳什均衡，都由各参与方的类型依存策略以及对对手分布的信念构成。但本章要介绍的完美贝叶斯纳什均衡更强调信念和策略间耦合的一致性。

完美贝叶斯纳什均衡的定义就如同一个圆圈：策略必须在给定信念时最优，而且信念又必须由策略得出。这意味着我们必须同时求解策略和信念，就像解一个方程组那样。在某些时候，这是十分复杂的，我们必须花费相当长的时间并采用不同的方法来求解这些博弈。然而，最起码我们知道如果要寻找完美贝叶斯纳什均衡，那么我们应该在每个博弈中找到至少一个与这门课上相似的完美贝叶斯纳什均衡。本章接下来的内容陈述了这一要求。本章总结了纳什均衡、贝叶斯纳什均衡和完美贝叶斯纳什均衡的共同理性基础，即知识、信念与最优反应。

5.1   子博弈完美的引入

为了理解真子博弈的作用，以及它们是如何被用于得出子博弈完美纳什均衡概念的，我们考虑下面这个已经熟悉的完全信息进入博弈。参与人 1 是某个行业的潜在进入者，参与人 2 是这个行业的垄断在位者。如果参与人 1 选择不进入（O），那么垄断在位者得到收益 2，而潜在进入者得到收益 0。潜在进入者的另外一个选项是进入（E），这给了垄断在位者一个回应的机会。如果垄断在位者选择接纳进入（A），那么无论是潜在进入者还是垄断在位者都可以得到收益 1。垄断在位者的另外一个选择是抵制进入（F），在此种情况下两个参与人的收益都是 -1，两败俱伤。该博弈的扩展式由图 5−1 给出。表 5−1 这个矩阵式有助于找到该博弈的纳什均衡。

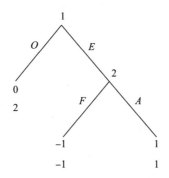

图 5 - 1　一个简单的进入博弈

表 5 - 1　完全信息进入博弈矩阵

参与人 2

		F	A
参与人 1	O	0, 2	0, 2
	E	-1, -1	1, 1

　　在扩展式博弈中，纳什均衡对概率为 0 的信息集上的参与人没有限制，这意味着在这个纳什均衡下存在不可置信问题。对于上述博弈来说，有两个纯策略纳什均衡，即（O，F）和（E，A）。不过，对于（O，F）这条均衡路径，垄断在位者不管参与人 1 是否进入，都会选择抵制进入（F），那么（O，F）意味着参与人 1 未进入时就被垄断在位者抵制进入（F）的威胁所吓退，而垄断在位者需要在参与人 1 做出选择后再做选择，这种威胁显然是不可置信的。对于（O，F）这条均衡路径，在参与人 1 选择不进入时，其路径不会触碰到垄断在位者的信息集，因此垄断在位者不管选择哪种行动都不会影响自身效用，此时（O，F）可以看作动态博弈中的纳什均衡。为了排除不可置信的威胁，需要在每个信息集上排除不会被选择的路径，也就是选择概率为 0 的路径，保留最优路径。这要求任何一个信息集上的参与人在进行决策时必须假设该信息集已经实现，这也是序贯理性和子博弈完美纳什均衡的来源。子博弈精练纳什均衡与纳什均衡的不同之处在于，子博弈完美纳什均衡要求该行为下的策略选择所形成的均衡必须在所有子博弈中都是纳什均衡，排除均衡策

略中不可置信的威胁或承诺，排除"不合理""不稳定"的纳什均衡，只留下真正稳定的纳什均衡，即子博弈完美纳什均衡。

考虑子博弈完美纳什均衡的概念，逆向归纳法清楚地表明，在参与人 1 选择进入之后，参与人 2 严格偏好接纳进入。因此，参与人 1 应该进入，并预期到进入得到的收益 1 要好于不进入得到的收益 0。如此一来，子博弈完美意味着序贯理性，并从这两个纳什均衡中挑选出唯一一个子博弈完美纳什均衡，即（E, A）。在这个均衡中，企业 1 进入，企业 2 选择接纳。

现在，考虑一个对这一博弈的直接变体，它囊括了非完全信息。特别地，假设潜在进入者拥有一项技术，他和垄断在位者的技术一样好，在此情况下上述博弈描述了收益。然而，潜在进入者也可能拥有一项更低劣的技术，此时他不会通过进入来获得什么；而垄断在位者如果选择抵制进入则损失会较少。这个故事的一个特定情况可以由下面这个事件序列来体现。

（1）自然选择潜在进入者的类型，可为弱（W）和有竞争力（C）两种，因此 $\theta_1 \in \{W, C\}$，令 $Pr\{\theta_1 = C\} = p$。潜在进入者知道自己的类型，但是垄断在位者仅知道其类型的概率分布。

（2）潜在进入者与之前一样在 E 和 O 之间进行选择，而垄断在位者可以观察到潜在进入者的选择。

（3）在观察到潜在进入者的行动之后，如果潜在进入者选择进入，则垄断在位者与之前一样在 A 和 F 之间进行选择。

对于参与人 1 类型出现的每种结果而言，收益是不同的，它们由图 5-2 中博弈的扩展式给出。

考虑该博弈的标准式，参与人 1 具有四个纯策略，这是从以下事实得来的：对于参与人 1 而言，策略是取决于类型的行动，而行动和类型都是两个。我们定义参与人 1 的策略为 $s_1 = s_1^C s_1^W$，这里 $s_1^{\theta_1} \in \{O, E\}$ 是类型为 θ_1 的参与人 1 选择的策略。因此，参与人 1 的纯策略集为：

$$s_1 \in S_1 = \{OO, OE, EO, EE\}$$

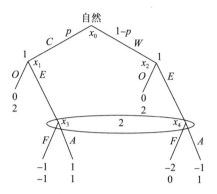

图 5 - 2 非完全信息条件下的进入博弈

举例来说，$s_1 = OE$ 意味着当参与人 1 的类型为 C 时选择 O，当参与人 1 的类型为 W 时选择 E。由于参与人 2 在参与人 1 进入之后只有一个信息集，该信息集中有两个行动，所以他有两个纯策略 $s_2 \in \{A, F\}$。

为了将这个扩展式博弈变成一个标准式矩阵博弈，我们需要计算每对纯策略的期望收益。这里的期望值是基于自然行动所致的随机化而计算出来的。由于参与人 1 具有四个纯策略，而参与人 2 只有两个纯策略，所以在标准式矩阵中将有八个格目。例如，我们来看策略对 $(s_1, s_2) = (OE, A)$。该博弈的收益将由下面两个结果之一决定。

（1）自然选择 $\theta_1 = C$，在此情况下参与人 1 选择 O，收益为 $(0, 2)$，这会以概率 $Pr\{\theta_1 = C\} = p$ 发生。

（2）自然选择 $\theta_1 = W$，在此情况下参与人 1 选择 E，而参与人 2 选择 A。这一结果的收益为 $(-1, 1)$，这会以概率 $Pr\{\theta_1 = W\} = 1-p$ 发生。

从这两种可能的结果中我们可以计算出参与人 1 和参与人 2 的期望收益：

$$Ev_1 = p \times 0 + (1-p) \times (-1) = p - 1$$
$$Ev_2 = p \times 2 + (1-p) \times 1 = 1 + p$$

类似地，如果策略为 $(s_1, s_2) = (EE, F)$，则参与人 1 和参与人 2 的期望收益为：

$$Ev_1 = p \times (-1) + (1-p) \times (-2) = p - 2$$
$$Ev_2 = p \times (-1) + (1-p) \times 0 = -p$$

通过这种方式，我们可以完成对矩阵的描述，并得到对这个非完全信息贝叶斯博弈的表达。为了切实计算期望收益，令 $p = 0.5$，在此情况下贝叶斯博弈的矩阵表达见表 5 – 2。

表 5 – 2 贝叶斯博弈的矩阵表达

参与人 2

	F	A
OO	0, 2	0, 2
OE	– 1, 1	– 0.5, 1.5
EO	– 0.5, 0.5	0.5, 1.5
EE	– 1.5, – 0.5	0, 1

（参与人 1）

根据我们在第 4 章的分析，很容易找到纯策略贝叶斯纳什均衡：该矩阵的每个纳什均衡都是一个该贝叶斯博弈的贝叶斯纳什均衡。因此，（*OO*，*F*）和（*EO*，*A*）都是该贝叶斯博弈的纯策略贝叶斯纳什均衡[①]。

有意思的是，这两个贝叶斯纳什均衡与图 5 – 1 中完全信息博弈的两个纳什均衡是紧密相连的。均衡（*OO*，*F*）是这样的情况，垄断在位者"威胁"要抵制进入，这使得潜在进入者无论何种类型都选择不进入，这样则与图 5 – 1 完全信息博弈中的（*O*，*F*）均衡类似。均衡（*EO*，*A*）是垄断在位者接纳进入的情况，它会使得较强的潜在进入者进入（得到收益 1 而不是 0），较弱的潜在进入者不进入（得到收益 0 而不是 – 1），这与图 5 – 1 完全信息博弈中的（*E*，*A*）均衡类似。

不仅均衡类似，关于（*OO*，*F*）也有一个类似的可置信性问题：参与人 2 "威胁"要抵制进入，但是如果他发现自己在参与人 1 进入之后的信息集中，那么他将有一个严格最优的反应，即接纳进入。这样

---

① 注意，对于参与人 1 来说，*OE* 是严格劣于 *OO* 的，而 *EE* 是严格劣于 *EO* 的。还需注意的是，存在一个混合策略贝叶斯纳什均衡的连续统，在位者以 $p \geq 0.5$ 的概率采取 *F*，潜在进入人采取 *OO*。潜在进入者在 *OO* 和 *EO* 之间进行混合策略选择，不可能是一个混合策略贝叶斯纳什均衡，因为如果是的话，垄断在位者的最优反应是 *A*，在此情况下潜在进入者将会严格偏好 *EO* 胜过 *OO*。

一来，贝叶斯纳什均衡（OO，F）就涉及参与人 2 的不可置信性行为，这一行为不是序贯理性的。

现在新的问题是，这两个均衡中哪一个会作为该扩展式博弈的子博弈完美纳什均衡而胜出呢？回想一下子博弈完美纳什均衡的定义，即在每一个子博弈中，对该子博弈策略的限制必然是它的一个纳什均衡。这意味着参与人既在均衡路径上，也在偏离均衡路径上选择了互为最优的反应。不过，我们来看图 5 - 2 中的扩展式博弈，很容易看出只有一个真子博弈，即整个博弈。因此，（OO，F）和（EO，A）都作为子博弈完美纳什均衡胜出。

这个例子证明了子博弈完美纳什均衡这一非常具有吸引力的概念并未对非完全信息的某些博弈造成杀伤力。起先这可能看起来稍微让人感到困惑。不过，问题在于子博弈完美纳什均衡的概念将注意力集中在子博弈内的最优反应上，而当存在非完全信息时，唯一的子博弈是整个博弈本身。

出现这一结果的原因在于，在我们所分析的这个修改后的进入博弈里，即便参与人 2 观察到参与人 1 的行动，参与人 1 具有若干类型的事实表明，从参与人 2 做出行动开始，就没有真子博弈存在了。这是因为无论参与人 2 何时采取行动，他都不知道参与人 1 的类型，这意味着除了整个博弈外再无真子博弈可言。实际上，与体现参与人对其对手类型的不确定性的信息集相关的行动节问题在所有非完全信息博弈中都存在。

为了将子博弈完美纳什均衡的逻辑扩展到非完全信息动态博弈中，我们需要对解概念施加更为严格的结构，以便使序贯理性得到良好定义。我们的目标是找出一个分析结构，以剔除那些像这个修改后的进入博弈中那样的不可置信性威胁的均衡。

5.2　序贯均衡

假设 n 人序贯博弈中有一给定的行动策略空间 $\pi = \{\pi_1, \cdots, \pi_n\}$，根据这些知识，一个参与人对结果唯一有价值的信息就是他的期望收益。事实上，正如我们已经讨论过的，在博弈的任何节点 N，每

个参与人 j 都准确知道自己的期望收益：

$$E_j(N,\pi) = E_j(N,\pi_1,\cdots,\pi_n)$$

既然每个参与人的目标都是最大化自己的个人收益，因此参与人在某些节点改变其行动策略是有利的。因为给定其他参与人的行动策略不变，在某些信息集时改变行动策略能提高其期望收益。

理性的参与人会选择策略组合 $\pi = \{\pi_1,\cdots,\pi_n\}$，此时没有参与人能够在给定其他人行动策略不变时，在任何信息集时改变其行动策略以提高个人收益。我们现在来介绍序贯均衡的概念。

定义 5.1 **一个 n 人序贯博弈的序贯均衡 (π,μ)，其中 π 是行动策略组合，μ 是与 π 一致的信念体系，(π,μ) 满足没有参与人能在任何信息集时通过偏离 π 而获益。**

序贯博弈中的一个行动策略组合和一个信念体系要成为序贯均衡，需要满足从博弈的任何信息集开始，这个策略组合在与其相对应的信念体系下都是均衡策略组合。因此，一个序贯均衡包含序贯理性。我们可以说，序贯博弈中参与人选择序贯均衡是符合序贯理性的。

既然序贯均衡中的信念与策略组合是相对应的，信念也会随着博弈的进行而修正。给定这些修正的信念和策略组合，行动策略在每一信息集下都能最大化其期望收益。因此，随着博弈的进行，参与人在任何信息集下都没有激励偏离他的策略。这使我们想起子博弈完美纳什均衡也有类似的性质，但只有在单节信息集且它是子博弈起始节点时这两个概念才相似。事实上，我们应当注意到序贯均衡的概念概括了没有子博弈的序贯博弈的子博弈完美的概念。

注意到序贯均衡总是子博弈完美纳什均衡，这是个重要结果。

定理 5.1 **任何序贯均衡都是子博弈完美纳什均衡。**

序贯均衡是否存在呢？这归功于 Kreps 和 Wilson 的贡献，答案是存在序贯均衡。

定理 5.2 **（Kreps-Wilson）任何不完美信息的序贯博弈都有序贯均衡。**

在图 5 - 3 中，我们用一个既没有子博弈又没有纯策略纳什均衡的博弈中的序贯均衡来说明定理 5.2。

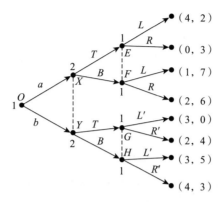

图 5 - 3　既没有子博弈又没有纯策略纳什均衡的博弈

考虑图 5 - 3 中的不完美信息序贯博弈，读者可以自行核实该博弈没有纯策略纳什均衡。我们将要寻找一个序贯均衡的混合策略纳什均衡。

考虑策略组合 $\pi = (\pi_1, \pi_2)$，且 $\pi_1(b) = 1$，$\pi_1(a) = 0$，$\pi_1(L) = 1$，$\pi_1(R) = 0$，$\pi_1(L') = \dfrac{1}{6}$，$\pi_1(R') = \dfrac{5}{6}$。$\pi_2(T) = \pi_2(B) = \dfrac{1}{2}$。

我们首先说明同策略组合相一致的信念体系 μ 可表示如下：

$$\mu_2(X) = 0, \mu_2(Y) = 1 \quad \text{在信息集} \{X, Y\} \text{上}$$

$$\mu_1(G) = \frac{1}{2}, \mu_1(H) = \frac{1}{2} \quad \text{在信息集} \{G, H\} \text{上}$$

$$\mu_1(E) = \frac{1}{2}, \mu_1(F) = \frac{1}{2} \quad \text{在信息集} \{E, F\} \text{上}$$

通过采取混合策略组合 $\{\pi_n\} = \{(\pi_{1n}, \pi_{2n})\}$ 可以验证上面的结果。

$$\pi_1^n(b) = 1 - \frac{1}{2n}, \pi_1^n(a) = \frac{1}{2n}$$

$$\pi_1^n(L') = \frac{1}{6}, \pi_1^n(R') = \frac{5}{6}$$

$$\pi_1^n(L) = 1 - \frac{1}{2n}, \pi_1^n(R) = \frac{1}{2n}$$

$$\pi_2^n(T) = \frac{1}{2} - \frac{1}{2n}, \pi_2^n(B) = \frac{1}{2} + \frac{1}{2n}$$

博弈论教程

这与策略组合 $\pi = （\pi_1，\pi_2）$ 相似。更多地，一个直观的计算结果显示信念 $\{\mu\pi_n\}$ 同 π_n 是贝叶斯一致的。

步骤 1：考虑信息集 $I = \{G，H\}$。

显然，I 是属于参与人 1 的，$\mu_1（G）=\mu_1（H）=\dfrac{1}{2}$。在该信息集上，对于任意行动策略 p 有 $P（L'）=p$，$P（P'）=1-p$，p 介于 0 和 1 之间。参与人 1 选择该策略的期望收益为：

$$E(p,I) = 0.5 \times [3p + 2 \times (1-p)] + 0.5 \times [3p + 4 \times (1-p)] = 3$$

收益与 P 无关，这表明参与人 1 偏离序贯均衡，并不能增加收益。

步骤 2：考虑信息集 $I_1 = \{E，F\}$。

在信息集 I_1 上有 $\mu_1(E) = \mu_1(F) = \dfrac{1}{2}$。参与人 1 选择行动策略 $P(L) = p$，$P（R）=1-p$ 所得的期望收益为：

$$E(p,I_1) = 0.5 \times [4p + 0 \times (1-p)] + 0.5 \times [p + 2 \times (1-p)] = 1 + 1.5p \leq 2.5$$

因此，能最大化参与人 1 期望收益的行动策略是以 1 的概率选择 L，以 0 的概率选择 R，最大收益为 2.5。

步骤 3：考虑信息集 $I_2 = \{X，Y\}$。

由于 $\mu_2（Y）=1$，参与人 2 的期望收益由博弈从节点 Y 后如何进行决定。设参与人 2 选择行动策略 $P（T）=p$，$P（B）=1-p$。计算参与人 2 的期望收益得：

$$E(p,I_2) = \frac{5}{3}$$

同样，收益与 p 无关，参与人 2 偏离序贯均衡，也不能增加收益。

步骤 4：考虑博弈的起点。

此时，如果参与人 1 以概率 p 选择 a，以概率 $1-p$ 选择 b，计算其期望收益可得：

$$E(p,O) = 2.5p + 3 \times (1-p) = 3 - 0.5p$$

当 $p = 0$ 时期望收益最大，这意味着参与人 1 必须选择 b 而不选择

· 240 ·

a，所以参与人 1 在起点选择 b 是最优的。

因此，我们证明了在任何信息集偏离 π 都不能使任何参与人获益。所以，(π, μ) 是一个序贯均衡，且是序贯理性的。

在定理 5.2 中我们提到一个序贯均衡总是子博弈完美的，这便产生了一个疑问：一个子博弈完美纳什均衡是否一定是一个序贯均衡。下面的例子表明该命题未必成立。考虑图 5－3 中的不完美信息序贯博弈。该博弈只有一个子博弈，它起始于节点 X。容易证明向量组合 $(\{b\}, \{T, L\})$ 和 $(\{a\}, \{T, R\})$ 都是子博弈完美纳什均衡。

说明如下。

(1) 博弈完美均衡 $(\{b\}, \{T, L\})$ 由策略组合 $\pi = (\pi_1, \pi_2)$ 得来，其中 $\pi_1(b) = 1$，$\pi_1(a) = \pi_1(c) = 0$，$\pi_2(T) = 1$，$\pi_2(B) = 0$，$\pi_2(R) = 0$，$\pi_2(L) = 1$ 位于信息集 $\{Y, Z\}$ 的信念体系 $\mu = (\mu_1, \mu_2)$，有 $\mu_2(Y) = 0$，$\mu_2(Z) = 1$，它与策略组合 π 是一致的，组合 (π, μ) 是一个序贯均衡。

(2) 子博弈完美纳什均衡 $(\{a\}, \{T, R\})$ 不是一个序贯均衡。

我们分别证明这些观点。首先，组合 (π, μ) 是一个序贯均衡，考虑混合策略组合 $\{\pi_n = (\pi_{1n}, \pi_{2n})\}$ 由以下定义：$\pi_{1n}(b) = 1 - 1/n$，$\pi_{1n}(a) = \pi_{1n}(c) = 1/2n$ 以及 $\pi_{2n}(T) = 1 - 1/n$，$\pi_{2n}(B) = \pi_{2n}(R) = 1/n$，$\pi_{2n}(L) = 1 - 1/n$。

显然 $\pi_n - \pi$ 对信念体系 $\mu\pi_n = (\mu_1\pi_n, \mu_2\pi_n)$ 同 π_n 是贝叶斯一致的。在信息集 $\{Y, Z\}$ 中有：

$$\mu_2^{\pi_n}(Y) = \frac{\pi_1^n(c)}{\pi_1^n(c) + \pi_1^n(b)} = \frac{\dfrac{1}{2n}}{1 - \dfrac{1}{2n}} \to 0 = \mu_2(Y)$$

$$\mu_2^{\pi_n}(Z) = \frac{\pi_1^n(b)}{\pi_1^n(c) + \pi_1^n(b)} = \frac{1 - \dfrac{1}{n}}{1 - \dfrac{1}{2n}} \to 1 = \mu_2(Z)$$

它们表明信念体系 μ 与策略组合 π 是一致的。接下来我们检查组合 (π, μ) 可使期望收益最大化。

如果参与人 2 以概率 p 选择 R，以概率 $1 - p$ 选择 L，则信息集

$\{Y, Z\}$ 的期望收益为：

$$E(Y, Z) = p \times 1 + (1-p) \times 2 = 2 - p$$

显然，$p = 0$ 时期望收益最大，所以参与人 2 在信息集 $\{Y, Z\}$ 上偏离策略组合 π_2 不能提高其收益。

假设参与人 1 在节点 X 时以概率 p_1 选择 c，以概率 p_2 选择 b，以概率 $1 - p_1 - p_2$ 选择 a，则其期望收益为：

$$E(X) = p_1 \times 3 + p_2 \times 6 + (1 - p_1 - p_2) \times 2 = 2 + p_1 + 4p_2$$

考虑到 $p_1 \geqslant 0$，$p_2 \geqslant 0$，且 $p_1 + p_2 \leqslant 1$，则 $p_1 = 0$，$p_2 = 1$，期望收益取得最大值。这表明参与人 1 在节点 X 偏离其行动策略不能提高自己的收益。

接下来假定参与人 2 在起点以概率 q 选择 T，以概率 $1 - q$ 选择 B，则其在节点 O 的期望收益为：

$$E(O) = q \times 1 \times 1 \times 2 = 2q$$

显然，$q = 1$ 时期望收益最大，所以参与人 2 在节点 O 偏离策略组合也不能获益，我们就证明了 $(\{b\}, \{T, L\})$ 是一个序贯均衡。

再来看子博弈完美纳什均衡 $(\{a\}, \{T, R\})$ 为何不是序贯均衡。假设 P 是信息集 $\{Y, Z\}$ 的任意概率分布，同时假设 $p(Y) = s$，$p(Z) = 1 - s$。同样，假设参与人 2 在信息集 $\{Y, Z\}$ 上以概率 p 选择 R，以概率 $1 - p$ 选择 L 能最大化其期望收益，则期望收益为：

$$E^*(Y, Z) = s[p \times 0 + (1-p) \times 2] + (1-s)[p \times 1 + (1-p) \times 2] = 2 - (1+s)p$$

显然，$p = 0$ 时期望收益最大，所以参与人 2 通过偏离原策略能获益。这说明子博弈完美纳什均衡 $(\{a\}, \{T, R\})$ 不可能是序贯均衡，因为参与人 2 在信息集 $\{Y, Z\}$ 中选择其他策略能提高收益。

由以上分析可知，序贯均衡在求解没有子博弈的序贯博弈中非常有用。序贯博弈中的重要例子——信号博弈往往也没有子博弈，所以求解它们也要用到序贯均衡中的序贯理性。信号博弈中有两个参与人，自然首先行动并做出选择，参与人 1 知道自己的类型后向参与人 2 发出信号表明自己的类型，参与人 2 根据信号做出决定。信号博弈非常重要，因为它能描述很多现实情况。例如，你在二手车市场上买车就是与卖者进行信号博弈。自然决定车的类型，随后卖者发出信号并索要一定价格。买者即参与人 2 决定是否购买。健康保险市场也是一个信号博弈的例子。作为保险的购买者知道自己的真实健康状况，而保险公司则不知道。保险公司通过体检报告可获得投保人健康状况的一些信号，然后根据这些信号决定是否卖保险给投保人。下面我们来看这类信号博弈的两个例子。

5.2.1 项目融资

经理人 E 通过融资来进行某一项目，其自有资金不足以进行投资。项目被公认为是有价值的，但只要经理人知道项目的确切价值。经理人知道投资 I 后项目价值可能为 H，也可能为 L。由于经理人没有足够的自有资金来支撑项目，他需要寻找风险资金来进行投资。作为投资回报，经理人可以为风险投资者提供 e 的股份，$0 \leqslant e \leqslant 1$。

假设这是一个两阶段博弈，时期 1 投资发生，时期 2 收益实现。投资回报率 i 可被看作当时的利率或者投资的机会成本。

风险投资者 C 可以选择接受股份 e 或者拒绝。此时参与人 C 只知道项目以 p 的概率价值为 H，以 $1-p$ 的概率价值为 L。p 由自然决定且被参与人当作参数。因此，风险投资者是否接受投资方案需要考虑所提供的股份 e 以及他对项目成功机会的推断，所以该信号博弈中经理人发出信号 e，风险投资者根据该信号决定是否投资。

这个没有子博弈的不完美信息信号博弈如图 5-4 所示。

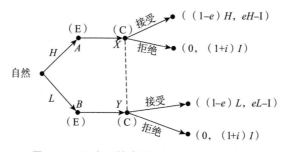

图 5-4 没有子博弈的不完美信息信号博弈

如果 $H-I>L-I>(1+i)I$，参与人 C 知道项目以 p 的概率价值

为 H，以 $1-p$ 的概率价值为 L，只有在满足下列条件时才会接受 e：

$$p(eH-I)+(1-p)(eL-I) \geqslant (1+i)I \qquad (5-1)$$

由图 5-4 可知，参与人 C 在自己信息集中做出选择，他知道他以概率 p 位于节点 X，以概率 $1-p$ 位于节点 Y。给定这个信念，理性的参与人 C 会在 e 满足式（5-1）时接受 e。进一步地，给定参与人 C 的信息集，他的信念是序贯理性的。考虑到这一情况，经理人 E 也会在满足式（5-1）时提供 e。这引致了一个序贯均衡。

（1）参与人 C 在其信息集有信念，即该项目以 p 的概率价值为 H，以 $1-p$ 的概率价值为 L。

（2）设最小股份为 e^*，参与人 E 会提供一个略高于 e^* 的 e。

（3）参与人 C 会接受 e，因为它是符合序贯理性的。

因此，在 $e^* = \dfrac{(2+i)\ I}{pH+\ (1-p)\ L} < 1$ 时项目值得投资，风险投资者获得的 e 略高于 e^*。

在上面的分析中，信号 e 没有对项目实际价值传达出任何信息。当经理人知道项目价值为 H 时，他会提供略高于投资者可接受的 e。这是因为，假如投资者知道项目价值为 H，他会乐于接受 e_h，且满足：

$$e_h H - I \geqslant (1+i)I$$

如果投资者知道项目价值仅为 L，此时他能接受的 e_l 满足：

$$e_l L - I \geqslant (1+i)I$$

既然经理人有激励在可能的情况下为投资者提供最小的股份，他将总是想说服投资者这个项目价值为 H。投资者预期到这一情况，他不相信经理人对项目价值发出的任何信号。

在前文中，我们看到项目在满足特定条件时可被融资。然而，考虑下述情况：

$$H - I > (1+i)I > L - I$$
$$p(eH-I)+(1-p)(eL-I) < (1+i)I \qquad (5-2)$$

此时之前的解不再有效，因为此时投资者拒绝一切投资邀请更加有利。遗憾的是，即使项目融资后价值为 H，这个项目也无法得到融资。在这种情况下，可以验证序贯均衡如下。

（1）参与人 C 知道项目以 p 的概率价值为 H。

（2）参与人 C 拒绝满足式（5-2）的任何 e。

（3）参与人 E 将提供股份 e，且满足：①项目价值为 H 时 e（$H-I$）$\geq I$（$1+i$）；②项目价值为 L 时，$e=0$。

此时项目能获得融资的唯一途径是如果经理人想从投资者处获得融资，当他知道项目价值为 H 时，他将回报 a（$H-L$）给投资者，且 a（$H-L$）满足：

$$a(H-L)\geq(1+i)I$$

投资者知道经理人在项目价值为 H 时会提供该股份，他将接受该股份。

5.2.2　就业市场信号博弈

我们再把注意力转向另一个信号博弈的例子。这里展示的博弈来源于迈克尔·斯彭斯（Spence，1973）的贡献。在该博弈中，自然决定每个人的类型为高能力 H 或低能力 L。公司（参与人1）决定给雇员什么样的工资水平，但不知道其真实类型，只能观察其受教育水平 e。公司依据雇员的受教育水平决定工资 w（e）。雇员（参与人2）选择一个受教育水平 e 并进入就业市场。共同知识是一半的雇员为高能力，一半的雇员为低能力。

在下面的分析中我们只关注线性工资合同。特别地，假定工资合同 w（e）$=me+0.1$，其中 m 是非负数，0.1 可被认为是受教育水平为 0 时的工资水平。

假定在同样的受教育水平 e 下，高能力的雇员比低能力的雇员有更高的生产效率。特别地，受教育水平为 e 时，假定高能力的雇员对公司的价值为 $2e$，低能力的雇员对公司的价值为 e。公司利润在雇员为高能力时为 $2e-w$（e），在雇员为低能力时为 $e-w$（e）。

雇员的效用受工资和教育成本的影响，高能力雇员的受教育水平

为 e 时的效用为：

$$u_H(e) = w(e) - \frac{1}{2}e^2$$

低能力雇员的受教育水平为 e 时的效用为：

$$u_L(e) = w(e) - \frac{3}{4}e^2$$

显然，这意味着低能力雇员的受教育成本更高。这个不完美信息的序贯博弈按如下顺序进行。

（1）公司（参与人1）制定工资 $w(e)$，且它是受教育水平的一个函数。

（2）自然决定每个雇员的类型。

（3）雇员（参与人2）发送信号 e，e 为其受教育水平。对公司来说，e 不一定准确显示雇员的类型。

（4）公司提供工资 $w(e)$。

（5）雇员接受或拒绝该工资 $w(e)$。双方收益如图5-5所示。

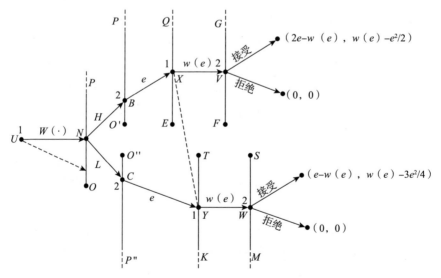

图 5-5　就业市场信号博弈

由于 m 可以有无限个非负取值，所以节点 N 也有无限个可能性。半直

线 OP 上都是可能的节点 N。一旦到达节点 N，自然决定雇员的类型，接着到达节点 B 或者节点 C。在图 5-5 中，它们分别是半直线 $O'P'$ 和 $O''P''$。从节点 B 和节点 C，雇员选择受教育水平并发送信号 e，到达节点 X 或节点 Y。同样，由于 e 可以是任何非负数，节点 X 和节点 Y 也有无限个可能性，分别用半直线 EQ 和 TK 表示。很明显，集合 $\{X,\ Y\}$ 是参与人 1 的一个信息集。在信息集 $\{X,\ Y\}$ 上，参与人 1 提供工资 $w\ (e)$，博弈继续到节点 V 或者节点 W。参与人 2 接着做出决定，博弈结束。

在这个信号博弈中，参与人 2 发送信号 e，参与人 1 是信号的接收者并提供工资 $w(e)$ 作为对信号的反应，博弈的解依赖工资水平 $w(e)$。我们继续来解这个博弈。

首先准确描述参与人的收益函数及其策略。我们用英文单词的首字母 A 表示接受，用 R 表示拒绝。显然，参与人 1 的策略就是工资合同 $w\ (e)=me+0.1$，它完全由参数 m 决定。参与人 2 的策略是组合 $(\{e_L,\ e_H\},\ s)$，且满足以下条件。

（1）S 分别是节点 V 和节点 W 处的方程，选择 A 或者 R。

（2）e_H 是节点 B 到节点 X 的方程，由于节点 B 在半直线 $O'P'$ 上的位置完全由节点 N 决定（字母 m），也就是说，$e_H=e_H\ (m)$。

（3）同样，e_L 是节点 C 到节点 Y 的方程，$e_L=e_L\ (m)$。

由此，参与人的效用可表示为：

$$u_1(m,(\{e_L,e_H\},s))$$

$$=\begin{cases} \dfrac{1}{2}[2e_H(m)-me_H(m)-0.1]+\dfrac{1}{2}[e_L(m)-me_L(m)-0.1] & \text{if} \quad s(V)=s(W)=A \\[2mm] \dfrac{1}{2}[2e_H(m)-me_H(m)-0.1] & \text{if} \quad s(V)=A,\ s(W)=R \\[2mm] \dfrac{1}{2}[e_L(m)-me_L(m)-0.1] & \text{if} \quad s(V)=R,\ s(W)=A \\[2mm] 0 & \text{if} \quad s(V)=R,\ s(W)=R \end{cases}$$

$$u_2^L(m,(\{e_L,e_H\},s))=\begin{cases} me_L(m)-\dfrac{3}{4}e_L^2(m)+0.1 & \text{if} \quad s(W)=A \\[2mm] 0 & \text{if} \quad s(W)=R \end{cases}$$

$$u_2^H(m,(\{e_L,e_H\},s))=\begin{cases} me_H(m)-\dfrac{1}{2}e_H^2(m)+0.1 & \text{if} \quad s(V)=A \\[2mm] 0 & \text{if} \quad s(V)=R \end{cases}$$

上述方程表明不同类型的雇员有不同的效用函数。与之前提到的一样，博弈起始于参与人 1 提供工资合同 $w(e)=me+0.1$，参与人 2 对此做出反应，选择一定的受教育水平 e 来最大化其效用。如果参与人 2 是高能力的，则他的受教育水平满足使 $u_H(e)$ 最大。

可以验证他的效用函数在 $u'_H(e)=m-e=0$ 时最大。所以，高能力的参与人 2 的最优策略是 $e_H^*(m)=m$。此时最大的效用为 $u_H(m)=0.5mm+0.1>0$，这表明参与人 2 在节点 V 的策略应为 A，即 $s^*(V)=A$。当雇员为低能力类型时，他要最大化自己的效用 $u_L(e)$。此时，对效用函数求导得低能力的参与人 2 的最优策略为 $e_L^*(m)=2/3m$。此时最大的效用 $u_L(e)>0$，这表明参与人 2 在节点 W 的策略也是 A，即 $s^*(W)=A$。

现在参与人 1 预期到参与人 2 对受教育水平的选择。然而，由于他不知道参与人 2 的具体类型，他必须选择 m 来最大化自己的期望收益。由于一半雇员为高能力，另一半雇员为低能力，参与人 1 认为自己以 0.5 的概率位于节点 X，以 0.5 的概率位于节点 Y，则参与人 1 在信息集 $\{X,Y\}$ 中的期望收益为：

$$E(m)=\frac{1}{2}[2e_H^*(m)-me_H^*(m)-0.1]+\frac{1}{2}[e_L^*(m)-me_L^*(m)-0.1]$$

参与人 1 预期到 $e_H^*(m)=m$，$e_L^*(m)=2/3m$，其期望收益可进一步表示为：

$$E(m)=\frac{1}{2}(2m-m^2-0.1)+\frac{1}{2}(\frac{2}{3}m-\frac{2}{3}m^2-0.1)=\frac{1}{2}(\frac{8}{3}m-\frac{5}{3}m^2-0.2)$$

显然这个方程在 $E'(m)=0$ 时最大，此时 $m^*=0.8$。

所以，这个博弈的解为：

$$m^*=0.8, e_H^*(m)=m, e_L^*(m)=2/3m$$

$$s^*(V)=\begin{cases}A & \text{if} & w(e)-\frac{1}{2}e^2\geq0\\ R & \text{if} & w(e)-\frac{1}{2}e^2<0\end{cases}$$

$$s^*(W) = \begin{cases} A & \text{if} \quad w(e) - \dfrac{3}{4}e^2 \geq 0 \\ R & \text{if} \quad w(e) - \dfrac{3}{4}e^2 < 0 \end{cases}$$

也就是说，参与人 1 提供工资合同 $w(e) = 0.8e + 0.1$，参与人 2 接受该合同并选择受教育水平 $e_H^*(m) = 0.8$（高能力类型时），$e_L^*(m) = 0.533$（低能力类型时）。显然，这是一个纳什均衡，我们可以证明这是该博弈的一个序贯均衡。

在该例题中，我们得出不同类型的雇员选择不同的受教育水平。

$$e_H^*(m) = 0.8 > e_L^*(m) = 0.533$$

公司通过观察雇员的受教育水平可以区别两种类型的雇员。因此，这个序贯均衡也被称作分离均衡。

在下一例题中，均衡时两种类型的参与人选择相同的受教育水平，这个均衡被称作混同均衡。再回到图 5-5 中的就业市场信号博弈。不同之处是此时工资合同不再是线性的，而是一个两阶段工资形式：

$$w(e) = \begin{cases} 0 & \text{if} \quad e < \acute{e} \\ \overline{w} & \text{if} \quad e \geq \acute{e} \end{cases}$$

也就是说，如图 5-6 所示，工资合同在 $\acute{e} > 0$ 时有一个"触发增长"，公司需要决定触发点 $\acute{e}$ 的大小。

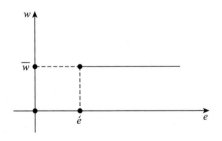

图 5-6　工资合同

在本博弈中，我们假定高能力雇员能给公司带来 $1.5e - w(e)$ 的利润，低能力雇员能给公司带来 $e - w(e)$ 的利润。共同知识是有 1/4 的雇员是高能力的，3/4 的雇员是低能力的。此时两种类型雇员的效应函数分布为：

$$u_H(e) = w(e) - \frac{3}{4}e^2$$

$$u_L(e) = w(e) - e^2$$

同前例一样，博弈仍是以制定工资合同为起点。参与人 2 得知自己的类型后选择一定的受教育水平 e。公司提供工资，雇员决定接受还是拒绝。如果雇员是高能力的，他选择的 e 要使效用函数取得最大值。如果 $\overline{w} - \frac{3}{4}\acute{e}^2 > 0$，则他选择 $e = \acute{e}$ 并接受该合同，否则选择 $e = 0$ 并拒绝工资合同。如果雇员为低能力的，则他选择 e 来最大化其效用。如果 $\overline{w} - \acute{e}^2 > 0$，则他选择 $e = \acute{e}$ 并接受该合同，否则选择 $e = 0$ 并拒绝工资合同。

公司预期到这个情况，就会设计工资合同来最大化自己的期望收益。公司在信息集 $\{X, Y\}$ 上的期望收益为：

$$E(\overline{w}) = \frac{1}{4}[1.5e - w(e)] + \frac{3}{4}[e - w(e)]$$

工资要么是 0 要么是一个固定值 $\overline{w}$，为使利润最大化，公司可以设置 $\overline{w} \simeq \frac{3}{4}e^2$（$\overline{w}$ 略高于 $\frac{3}{4}e^2$），或者设置 $\overline{w} \simeq e^2$。我们分别来看这两种情况。

情况 1：$\overline{w} \simeq \frac{3}{4}e^2$。

这表明 $e = \frac{2}{3}\sqrt{3\overline{w}}$，由于 $e^2 > \frac{3}{4}e^2 \simeq w(e)$，有 $u_L(e) = w(e) - e < 0$，此时低能力的雇员会拒绝该合同。因此，公司的期望收益为：

$$E(\overline{w}) = \frac{1}{4}\left[\frac{3}{2} \times \frac{2}{3}\sqrt{3\overline{w}} - \overline{w}\right] = \frac{1}{4}(\sqrt{3\overline{w}} - \overline{w})$$

求解 $E'(\overline{w}) = 0$ 得到 $\overline{w} = \frac{3}{4} = 0.75$。此时 $e = 1$，公司的期望收益为：

$$E(\overline{w}) = \frac{1}{4}\left(\frac{3}{2} \times 1 - \frac{3}{4}\right) = 0.1875$$

情况 2：$\overline{w} \simeq e^2$。

由于 $e^2 > \dfrac{3}{4}e^2$，各种类型的雇员都会接受该合同，则公司的期望收益为：

$$E(\overline{w}) = \frac{1}{4} \times \frac{3}{2}(\sqrt{\overline{w}} - \overline{w}) + \frac{3}{4}(\sqrt{\overline{w}} - \overline{w}) = \frac{9}{8}(\sqrt{\overline{w}} - \overline{w})$$

求解 $E'(\overline{w}) = 0$ 得 $\overline{w} = \dfrac{81}{256} = 0.3164$，且 $e \geqslant \acute{e} = \dfrac{9}{16}$，公司的期望利润为：

$$E(\overline{w}) = \frac{9}{8} \times \frac{9}{16} - \left(\frac{9}{16}\right)^2 = \frac{81}{256} = 0.3164$$

由于情况 2 的期望利润比情况 1 的期望利润要高，因此公司会选择 $\overline{w} = \dfrac{81}{256} = 0.3164$，此时 $\acute{e} = \dfrac{9}{16} = 0.5625$。如果每个雇员选择这个受教育水平，就都能最大化其个人效用。

综上，我们得到下述均衡。

（1）公司制订工资方案：

$$w(e) \simeq \begin{cases} 0 & \text{if } e < 0.5625 \\ 0.3164 & \text{if } e \geqslant 0.5625 \end{cases}$$

（2）雇员得知自己的类型后选择受教育水平 $e = 0.5625$。

（3）公司在信息集 $\{X, Y\}$ 上提供工资 $w = 0.3164$。

（4）每个雇员都接受工资合同。

可以证实这个序贯均衡的信念体系是 $\mu(X) = \dfrac{1}{4}$ 及 $\mu(Y) = \dfrac{3}{4}$。

在本例中，不同类型的参与人 2 都选择同样的受教育水平，这个信号并没有显示参与人 2 的真实类型，因此是一个混同均衡。而公司以同样的工资水平雇用各种类型的雇员能获得更高利润。

5.3　贝叶斯均衡中的信念

在贝叶斯均衡中，参与人的类型不同（若参与人类型相同，则没有信息不对称，贝叶斯均衡会退化成纳什均衡），每个参与人会根据主观预期来选择对自己最有利的策略，这意味着每个参与人会形成自己的信念。信念是对已经发生的事情的一个推断，也可以理解为他对自己位于信息集上哪个决策的一种估计。

在动态博弈中，参与人会根据已知的信息集不断修正对其他参与人行动的信念，使得信念和策略保持一致。一般来讲，参与人在信息集上的信念与所要"精炼"的参与人的均衡策略相关。给定参与人的均衡策略，参与人的信念必须满足以下原则。

（1）与策略的一致性原则。

（2）结构一致性原则。

（3）共同信念原则。

第一个原则用来指导非完全信息扩展式博弈中处于均衡路径上的信息集信念设定，即参与人信念与策略的相互耦合，参与人 1 最初对参与人 2 的策略存在一个信念，在参与人 2 行动后，参与人 1 的信念得以更新并做出了最优反应。参与人 1 的反应策略印证了参与人 2 的行动是最优的，参与人 2 的行动恰好印证了参与人 1 的信念，相当于信念推测出了策略，策略印证了信念。第二个原则应用于处于均衡路径之外的信息集的信念设定。这意味着既便是处于偏离均衡路径的信息集上，参与人仍然要根据目前发生的事情和对未来发生事情的信念，以一种合理的方式选择自己的行为。即便是参与人未到达信息集，也能根据自己的信念选择最优行动，这种信念可以通过贝叶斯法则得到。第三个原则是博弈问题解的特性所决定的对博弈问题的结构要求，旨在解决博弈中的不对称性，在一个未预测到的事情发生后，所有参与人对参与人 i 的计划的信念都是相同的，即所有参与人对任一未预测到的事件具备相同的信念。

定义 5.2 对于一个给定的非完全信息扩展式博弈中的均衡，如果博弈根据均衡策略进行时将以正的概率到达某信息集，则称此信息集**处于均衡路径上（On the Equilibrium Path）**，简称均衡路径信息集。反之，如果博弈根据均衡策略进行时肯定不会到达某信息集，则称此信息集为处于均衡路径之外的信息集（Off the Equilibrium Path），简称非均衡路径信息集。

策略的一致性，是指对于任一与参与人的策略相一致的信息集，即处于均衡路径上的信息集，参与人关于已发生事件的信念即博弈如何到达该信息集的信念，应由贝叶斯法则及参与人的均衡策略共同确定。

在图5-7中的非完全信息扩展式博弈中，参与人1有三种类型，分别为t_1、t_2、t_3，参与人1观测到自然N的选择（即知道自己的类型）；参与人2观测不到自然N的选择，但能观测到参与人1的选择。因此，存在三个关于参与人1的由单决策节构成的信息集，以及两个关于参与人2的由多决策节构成的信息集I_2（$\{x_1，x_3，x_5\}$）和I_2（$\{x_2，x_4，x_6\}$）。对于由单决策节构成的信息集，可直接设定信念$p=1$。因此，下面主要讨论由多决策节构成的信息集上的信念设定。

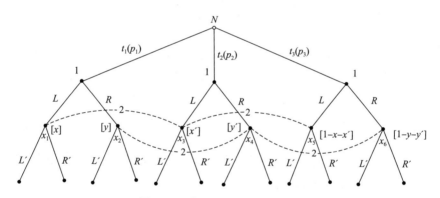

图5-7　非完全信息扩展式博弈

假设在所涉及的均衡中，参与人1的均衡策略为（L，L，L），也就是说，无论什么类型的参与人1，他的选择都为L。因此，参与人2位于均衡路径上的信息集为I_2（$\{x_1，x_3，x_5\}$）。在给定参与人1的均衡策略为（L，L，L）的前提下，参与人2位于信息集I_2（$\{x_2，x_4，x_6\}$）上任一决策节的可能性都存在，所以$x>0$，$x'>0$，$1-x-x'>0$。至于x，x'及$1-x-x'$的具体值，则需根据贝叶斯法则来确定。

用p（$t_i\mid L$）（$i=1，2，3$）表示当参与人2观测到参与人1的选

择为 L 时，参与人 1 的类型为 t_i 的概率，因此 $p\ (t_1\ |\ L)\ = x$，$p\ (t_2\ |\ L)\ = x'$，$p\ (t_3\ |\ L)\ = 1 - x - x'$。根据贝叶斯法则，有：

$$p(t_i|L) = \frac{p(L|t_i)p(t_i)}{p(L)} \tag{5-3}$$

其中，$p\ (t_i)$ 为参与人 1 类型的先验分布；$p\ (L\ |\ t_i)$ 表示类型为 L 的参与人 1 选择行动 L 的条件概率；$p\ (L)$ 为参与人 1 选择行动 L 的概率，也就是博弈到达信息集 I_2（$\{x_1,\ x_3,\ x_5\}$）的概率。由全概率公式可得：

$$p(L)\ =\ \sum_{t_j \in T} p(L\ |\ t_j)p(t_j) \tag{5-4}$$

其中，$T = \{t_1,\ t_2,\ t_3\}$ 为参与人 1 的类型集。

将式（5-4）代入式（5-3）中，有：

$$p(t_i\ |\ L)\ =\ \frac{p(L\ |\ t_i)p(t_i)}{\sum_{t_j \in T} p(L\ |\ t_j)p(t_j)} \tag{5-5}$$

在图 5-7 中，$p\ (t_1)\ = p_1$，$p\ (t_2)\ = p_2$，$p\ (t_3)\ = p_3$。而当参与人 1 的均衡策略为（L，L，L）时，任一类型的参与人 1 都选择了 L，因此对 $\forall t_1 \in T$，有：

$$p(L|t_i) = 1 \tag{5-6}$$

根据式（5-5）与式（5-6），即可求得参与人 2 在信息集 I_2（$\{x_1,\ x_3,\ x_5\}$）上的信念为：

$$x = p(t_1|L) = \frac{1 \times p_1}{1 \times p_1 + 1 \times p_2 + 1 \times p_3} = \frac{p_1}{p_1 + p_2 + p_3}$$

$$x' = p(t_2|L) = \frac{1 \times p_2}{1 \times p_1 + 1 \times p_2 + 1 \times p_3} = \frac{p_2}{p_1 + p_2 + p_3}$$

$$1 - x - x' = p(t_3|L) = \frac{1 \times p_3}{1 \times p_1 + 1 \times p_2 + 1 \times p_3} = \frac{p_3}{p_1 + p_2 + p_3}$$

对于图 5-7 中的博弈，进一步假设参与人 1 的均衡策略为（L，L，R）。也就是说，对于类型为 t_1 和 t_2 的参与人 1，其选择都为 L；对于类型为 t_3 的参与人 1，其选择都为 R。因此，参与人 2 的两个信息集

I_2 （ $\{x_1$，x_3，$x_5\}$ ）和 I_2 （ $\{x_2$，x_4，$x_6\}$ ）都位于均衡路径上。

给定参与人 1 的均衡策略 （ L，L，R ），根据式 （5-3） 可得参与人 2 处于信息集 p （ $L\mid t_1$ ） = p （ $L\mid t_2$ ） = p （ $L\mid t_3$ ） = 1 上，所以 p （ $R\mid t_1$ ） = p （ $R\mid t_2$ ） = p （ $R\mid t_3$ ） = 0。因此，根据式 （5-3） 可得参与人 2 在信息集 I_2 （ $\{x_1$，x_3，$x_5\}$ ） 上的信念为：

$$x = p(t_1 \mid L) = \frac{1 \times p_1}{1 \times p_1 + 1 \times p_2 + 0 \times p_3} = \frac{p_1}{p_1 + p_2}$$

$$x' = p(t_2 \mid L) = \frac{1 \times p_2}{1 \times p_1 + 1 \times p_2 + 0 \times p_3} = \frac{p_2}{p_1 + p_2}$$

$$1 - x - x' = p(t_3 \mid L) = \frac{0 \times p_3}{1 \times p_1 + 1 \times p_2 + 0 \times p_3} = 0$$

参与人 2 在信息集 I_2 （ $\{x_2$，x_4，$x_6\}$ ） 上的信念为：

$$x = p(t_1 \mid R) = \frac{0 \times p_1}{0 \times p_1 + 0 \times p_2 + 1 \times p_3} = 0$$

$$x' = p(t_2 \mid R) = \frac{0 \times p_2}{0 \times p_1 + 0 \times p_2 + 1 \times p_3} = 0$$

$$1 - x - x' = p(t_3 \mid R) = \frac{1 \times p_3}{0 \times p_1 + 0 \times p_2 + 1 \times p_3} = 1$$

所谓结构一致性，是指对于给定均衡策略下未能到达的信息集，即处于非均衡路径上的信息集，参与人在该信息集上的信念由贝叶斯法则以及参与人某个可能选择使用的均衡策略共同确定。

从式 （5-3） 可以看出，应用贝叶斯法则确定信息集上信念的前提是，式 （5-3） 的分母不能等于 0，也就是博弈能够到达信息集的概率必须大于 0。但是，对于处于均衡路径之外的信息集，博弈能够到达的概率都等于 0。例如，在图 5-7 中，当参与人 1 的均衡策略为 （ L，L，L ） 时， I_2 （ $\{x_2$，x_4，$x_6\}$ ） 为参与人 2 处于均衡路径之外的信息集，此时博弈能够到达的概率为 p （ R ）。由全概率公式可得：

$$p(R) = p(R \mid t_1) \times p_1 + p(R \mid t_2) \times p_2 + p(R \mid t_3) \times p_3$$

由于参与人 1 的均衡策略为 （ L，L，L ），因此 p （ $R\mid t_1$ ） = p （ $R\mid t_2$ ） = p （ $R\mid t_3$ ） = 0，所以 p （ R ） = 0。

　　由于博弈能够到达非均衡路径上信息集的概率为0,因此无法直接应用贝叶斯公式来确定非均衡路径上信息集的信念。在实际计算中,可先任意确定一信念,但该信念必须与参与人"某个可能选择使用的均衡策略"相吻合。例如,在图5-8中,当参与人1的均衡策略为L时,参与人2的均衡策略为L'。此时,只有信念$p=1$与参与人2的均衡策略为L'相吻合。又如,在图5-9中,对于参与人2,信念$p>1/2$与均衡策略R'相吻合,信念$p<1/2$与均衡策略L'相吻合。

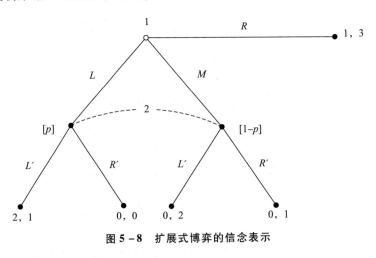

图5-8　扩展式博弈的信念表示

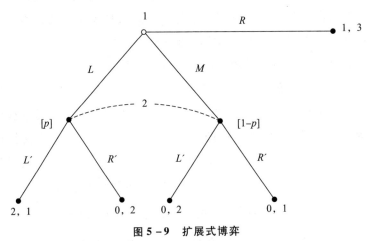

图5-9　扩展式博弈

　　所谓共同信念,是指所有参与人在任一信息集(包括给定策略下能够到达的信息集与未能到达的信息集）上的信念相同。

该原则是基于博弈问题解的特性而施加的。在传统的博弈论中，博弈问题解的概念要求所有的不对称性包括在博弈问题的描述之中，而每个参与人被假设为用相同的方法分析博弈情形。例如，在子博弈完美纳什均衡中隐含了这样的假设：如果一个未预测到的事件发生，即博弈到达非均衡路径的子博弈上，那么所有参与人关于某个参与人 i 的计划的信念是一样的。而对于目前所讨论的问题，必然要求所有参与人具有相同的关于任一未预测到事件的信念，也就是所有参与人关于博弈到达任一非均衡路径上多决策节信息集的信念相同。

为了更好地理解上述三个原则在参与人信念设定中的作用，考察图 5 – 10 中的非完全信息扩展式博弈。在图 5 – 10 中，参与人 2 有三个由多决策节构成的信息集：I_2（$\{x_1, x_4\}$）、I_2（$\{x_2, x_5\}$）和 I_2（$\{x_3, x_6\}$）。给定参与人 1 的均衡策略为（L, M），即对于类型为 t_1 的参与人 1，其选择为 L；而对于类型为 t_2 的参与人 1，其选择为 M。因此，参与人 2 的两个信息集 I_2（$\{x_1, x_4\}$）和 I_2（$\{x_2, x_5\}$）位于均衡路径上，而信息集 I_2（$\{x_3, x_6\}$）位于非均衡路径上。

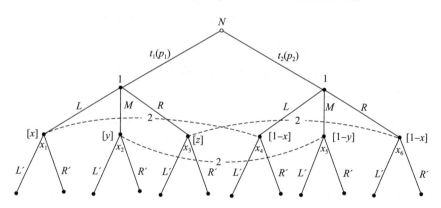

图 5 – 10 非完全信息扩展式博弈（支付未知）

给定参与人 1 的均衡策略（L, M），有 $p(L \mid t_1) = p(M \mid t_2) = 1$，所以 $p(M \mid t_1) = p(L \mid t_2) = 0$。因此，由式（5 – 3）可知，参与人 2 在均衡路径信息集 I_2（$\{x_1, x_4\}$）上的信念为 $x = p(t_1 \mid L) = 1$，$1 - x = p(t_2 \mid L) = 0$；参与人 2 在均衡路径信息集 I_2（$\{x_2, x_5\}$）上

的信念为 $y = p(t_1 \mid M) = 0$，$1 - y = p(t_2 \mid M) = 1$。

对于非均衡路径信息集 $I_2(\{x_3, x_6\})$ 上信念的设定，需考虑参与人 1 的均衡策略及参与人 2 在非均衡路径信息集上可能选择的均衡策略。为了分析非均衡路径信息集 $I_2(\{x_3, x_6\})$ 上的信念与均衡策略间的关系，图 5 – 11 给出了图 5 – 10 中博弈的部分支付。

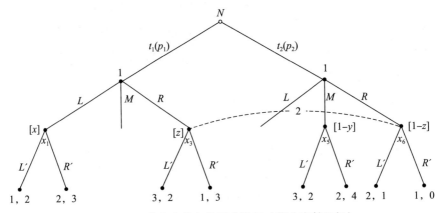

图 5 – 11 非完全信息扩展式博弈（部分支付已知）

设参与人 2 在信息集 $I_2(\{x_3, x_6\})$ 上的信念为 $[z, 1 - z]$，则参与人 2 在信息集 $I_2(\{x_3, x_6\})$ 上的最优选择取决于其信念 $[z, 1 - z]$。由图 5 – 11 可知参与人的支付如下。

（1）当 $z < 1/2$ 时，参与人 2 的最优选择为 L'，类型为 t_1 的参与人 1 所得支付为 3，类型为 t_2 的参与人 1 所得支付为 2。

（2）当 $z > 1/2$ 时，参与人 2 的最优选择为 R'，类型为 t_1 的参与人 1 所得支付为 1，类型为 t_2 的参与人 1 所得支付为 1。

（3）当参与人 1 的均衡策略为 (L, M) 时，$x = p(t_1 \mid L) = 1$，参与人 2 在信息集 $I_2(\{x_1, x_4\})$ 上的最优选择为 R'，类型为 t_1 的参与人 1 所得支付为 2。

（4）当参与人 1 的均衡策略为 (L, M) 时，$1 - y = p(t_2 \mid M) = 1$，参与人 2 在信息集 $I_2(\{x_2, x_5\})$ 上的最优选择为 R'，类型为 t_2 的参与人 1 所得支付为 2。

由于类型为 t_1 的参与人 1 的最优选择为 L，因此类型为 t_1 的参与人

1 选择 L 的支付大于选择 R 的支付。由前文的分析（1）和（3）可知：当类型为 t_1 的参与人 1 选择 R 时，若 $z < 1/2$，则其支付为 3，大于他选择 L 时的支付。显然，这与 L 为参与人 1 的最优选择相矛盾。因此，参与人 2 在信息集 I_2（$\{x_3，x_6\}$）上的信念 $[z，1-z]$ 必须满足 $z > 1/2$，这与前文的分析（2）和（3）也是相吻合的。

参与人 2 在信息集 I_2（$\{x_3，x_6\}$）上的信念 $[z，1-z]$ 除了必须与类型为 t_1 的参与人 1 的最优选择 L 相一致外，还必须与类型为 t_2 的参与人 1 的最优选择 M 相一致。根据前文的分析（2）和（4）容易验证：当 $z > 1/2$ 时，参与人 2 在信息集 I_2（$\{x_3，x_6\}$）上的信念 $[z，1-z]$ 与类型为 t_2 的参与人 1 的最优选择 M 相一致。由以上分析可知，参与人在非均衡路径信息集上信念的设定，除了要与自己的最优选择相一致外，还必须与其他参与人的均衡策略相吻合。为了加深对这一点的理解，考察图 5 - 12 中的博弈。图 5 - 12 中的博弈与图 5 - 11 的不同之处仅为：当类型为 t_2 的参与人 1 选择 R，而参与人 2 选择 R' 时，参与人 1 的支付由 1 变成 3。

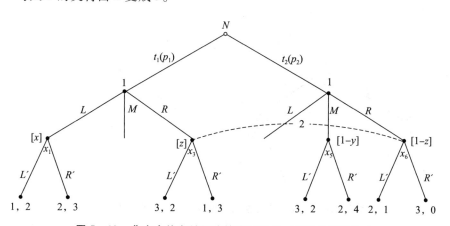

图 5 - 12　非完全信息扩展式博弈再举例（部分支付已知）

仍假定参与人 1 的均衡策略为（$L，M$），则参与人 2 在均衡路径信息集 I_2（$\{x_1，x_4\}$）和 I_2（$\{x_2，x_5\}$）上信念的设定与图 5 - 11 中的情形相同。下面主要分析如何设定参与人 2 在非均衡路径信息集 I_2（$\{x_3，x_6\}$）上的信念。

设参与人 2 在信息集 I_2（$\{x_3,\ x_6\}$）上的信念为 $[z,\ 1-z]$，由前文的计算可知：只有当 $z>1/2$ 时，参与人 2 在信息集 I_2（$\{x_3,\ x_6\}$）上的信念 $[z,\ 1-z]$ 才能与类型为 t_1 的参与人 1 的最优选择 L 相一致。同时，前文的计算还表明：当 $z>1/2$ 时，参与人 2 在信息集 I_2（$\{x_3,\ x_6\}$）上的最优选择为 R'，类型为 t_2 的参与人 1 所得支付为 3，大于其选择均衡策略 M 时的支付〔见前文的分析（4）〕。因此，当 $z>1/2$ 时，参与人 2 在信息集 I_2（$\{x_3,\ x_6\}$）上的信念 $[z,\ 1-z]$ 与类型为 t_2 的参与人 1 的均衡策略 M 相矛盾。所以，对于图 5 - 12 中的博弈，不存在参与人 2 在信息集 I_2（$\{x_3,\ x_6\}$）上的信念 $[z,\ 1-z]$，该信念与参与人 1 的均衡策略（$L,\ M$）相吻合。

上述信念无法设定情形的出现，原因在于前文假设（$L,\ M$）为参与人 1 的均衡策略。考察更一般的情形，图 5 - 13 中博弈的支付与图 5 - 12 的不同之处仅为：当类型为 t_1 的参与人 1 选择 R，而参与人 2 选择 R' 时，参与人 2 的支付由 3 变成 1。

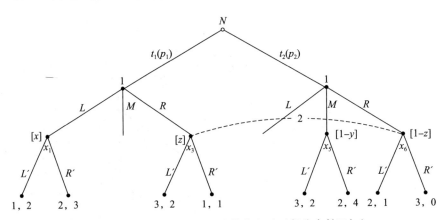

图 5 - 13 非完全信息扩展式博弈变形（部分支付已知）

在图 5 - 13 中，对于位于信息集 I_2（$\{x_3,\ x_6\}$）上的参与人 2，其策略 R' 严格劣于策略 L'，因此无论参与人 2 在信息集 I_2（$\{x_3,\ x_6\}$）上的信念 $[z,\ 1-z]$ 如何设定，参与人 2 的最优策略都是 L'。所以，当类型为 t_1 的参与人 1 选择 R 时，其支付为 3，大于其选择 L 所得的任何支付。这意味着（$L,\ M$）不可能是参与人 1 的均衡策略。

5.4 扩展式博弈中的完美贝叶斯纳什均衡

我们已经看到了扩展式博弈中的纳什均衡可能是不合理的，因为它们可能依赖于偏离均衡路径的子博弈中的不可置信的威胁。我们在某些时候通过加强解的概念来排除这些不合理的均衡——使得子博弈完美，这需要限制一个策略组合在所有子博弈中都是该子博弈的纳什均衡。

一个考虑子博弈完美的概念是把它看作满足序贯理性原则的纳什均衡。也就是说，随着序贯博弈的进行，子博弈完美确保参与人在博弈的每一回合都保持理性。然而，子博弈完美并不能帮助我们理解没有子博弈的序贯博弈中的序贯理性。这是一个相当重要的问题，因为许多种类的序贯博弈没有子博弈。例如，在非完全信息博弈中，参与人持有不同的信息，博弈也具有和自然进行类型选择的信息集，所以它常常会出现唯一的真子博弈就是整个博弈的情况——没有子博弈。这样一来，子博弈完美纳什均衡就很难对贝叶斯纳什均衡集进行限制，以使它们满足序贯理性。这启发我们去思考应如何理解这类博弈的序贯理性。

因为不同于策略式博弈中的纳什均衡策略空间，不是每个序贯博弈中的纳什均衡都能提供一个可信的解。该命题在有子博弈的序贯博弈中成立，类似担忧在没有子博弈的序贯博弈中同样存在。子博弈完美纳什均衡似乎是个合理的解，因为它满足随着博弈的进行任意博弈树上已达到的解都能在博弈剩余部分继续成为博弈的解。因此，我们可以说一个子博弈完美纳什均衡的策略空间满足序贯理性，随着博弈的进行，继续选择子博弈完美纳什均衡的策略空间是个理性选择。

我们来看图 5-14 中的扩展式博弈。对其策略格式的分析很容易得出这个博弈有两个纯策略纳什均衡：(U, l) 和 (A, r)。这个博弈只有一个子博弈，即这个博弈本身，所以这两个纳什均衡都是子博弈完美的。

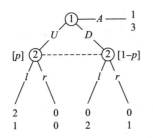

图 5 - 14 扩展式博弈引例

(A, r) 这一均衡是不合理的。原因在于：如果参与人 2 的信息集永远不会到达，参与人 2 将不确定这是因为参与人 1 选择了 U 还是参与人 1 选择了 D。然而，无论参与人 1 如何选择都对参与人 2 的决定没有影响。无论参与人 2 关于参与人 1 的非选择信念如何，参与人 2 都严格偏好于选择 l，如果他的信息集能够到达的话。因为对任意参与人 2 在该信息集可能会有的信念，r 都不是一个最优的反应行动，因此我们说在参与人 2 的信息集上是被占优的。我们不满意 (A, r) 这一均衡的原因是，它包含了一个在信息集上被占优的行动。

再来看一个高度格式化的柠檬市场的例子。市场上有两种车——高质量车和低质量车，两种车的比例相同。一方面，卖者通常对高质量车有一个保留价格 P_h（卖者能接受的最低价格），对低质量车有一个保留价格 P_l。另一方面，买者对高质量车有一个保留价格 H，对低质量车有一个保留价格 L。为使市场交易能够存在，我们假定 $H > P_h$，$L < P_l$，同时假定保留价格 H、P_h、L、P_l 对所有参与人都是共同知识，也假定 $P_l < P_h$，$L > H$。在这个市场上，卖者通常比买者拥有更多信息。

现在我们来看卖者将一辆旧车投入市场的序贯博弈的结果。自然向卖者显示车的质量（G 对应高质量车，B 对应低质量车），他决定是为旧车要一个高价 P_h 还是低价 P_l。买者不知道车的质量，但能看到卖者对车的要价 P，买者决定是否买车。序贯博弈的过程如图 5 - 15 所示。

显然，这个不完美信息的序贯博弈没有任何子博弈，因此任何纳

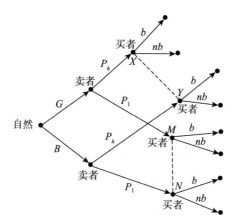

图 5 - 15　柠檬市场引例 I

什均衡似乎都是序贯理性的。然而，一旦买者到达一个信息集，他要做什么（他怎样做才理性）是不明确的，因为他并不知道这车是好是坏。如果买者对车的质量有一个信念，他就会基于这些信念决定如何行动。问题便由此产生了：在买者的信息集下，一个理性的参与人应该有何信念？

不管买者在信息集下持有什么信念，该信念应该是"理性的"。一种考察买者信念是否理性的方法是检查该信念在参与人做出不同选择时是否保持一致。在柠檬市场上，有如下情况。

（1）如果买者观察到价格 P 接近 P_h，那么他应该相信这车是高质量的。

（2）如果买者观察到价格 P 接近 P_l，那么他应该相信这车是低质量的。

如果卖者知道了这些情况，他应该对一个高质量车索要高价并对一个低质量车索要低价吗？答案当然是对所有车都索要高价。可以看出，当卖者考虑到买者的反应后，买者对卖者各种选择的信念并不是一致的。

我们仔细考虑后可知，高要价并不能让买者相信卖者只对高质量车索要高价。因此，买者应该相信高要价的车同样可能是高质量或低质量的。在这种情形下，买者只会在买车的预期收益超过不买车的预期收益时才会买车。因此,买者只有在$0.5(H-P)+0.5(L-P)\geq 0$时才会买车,即$P\leq 0.5(H+L)$。

如果卖者要价高,理性的买者将不会购买。因此,在序贯博弈下,如果卖者要价$P\geq P_h$,买者会相信既然高质量车和低质量车都有可能被索要此价格,那么它会以0.5的可能性值H,以0.5的可能性值L。也就是说,买者相信他以0.5的可能性位于节点X,以0.5的可能性位于节点Y。在这种情况下,买者的明智信念是:

$$P(\{X\})=P(\{Y\})=0.5$$

节点属于信息集$I_1=\{X,Y\}$。

然而,如果$P_h>P\geq P_l$,买者就知道销售的不是高质量车,市场上只有低质量车。因此,当买者看到车的要价低于P_h时,他应当确信他位于节点N。在此情形下,买者的合理信念为$P(\{M\})=0$和$P(\{N\})=1$。

节点属于信息集$I_2=\{M,N\}$。

由此可以看出有以下两种情况。

情况1:$P_h\leq 0.5(H+L)$。

在此情况下,由于价格$P=0.5(H+L)$与卖者对高质量车的保留价格$P\leq 0.5(H+L)$相等或比它更高,卖者将会提供两种质量的车。买者也相信各种质量的车都被提供且交易价格都是P。此时买者的期望收益为0,买者将按此价格买车。

情况2:$P_h>0.5(H+L)$。

在此情况下,如果价格$P=0.5(H+L)$被提议,高质量的车将不被提供,只有低质量的车供销售。因此,买者知道到达的是节点N,并最多收益L。此时只有低质量的车被买卖,交易价格介于P_l和L之间。

在先前的序贯博弈中,我们看到参与人的信念扮演了极其重要的角色。信念是有意义的,换句话说,给定价格P,有以下两种情况。

(1)买者的信念同卖者的激励是一致的。

(2)买者的最优策略是基于其对卖者最优策略的信念。

在每种情况下，与买者和卖者最优策略相一致的信念导致了均衡。事实上，我们给出了柠檬市场上序贯均衡的启发式概念。接下来我们将全面描述这个概念。

我们继续说明前文描述的直观均衡确实是柠檬市场的纳什均衡。如果要证实上述过程产生的是纳什均衡，我们必须再次回顾柠檬市场博弈的博弈树。事实上，由于 $P \geqslant 0$ 包括无限个非负的价值，这个博弈树事实上包含无数个节点。请注意自然向卖者显示车的质量作为起始点 B 或者 G，然后卖者对车索要价格 P。若车是高质量的，则博弈位于节点 X；若车是低质量的，则博弈位于节点 Y。博弈树如图 5–16 所示。

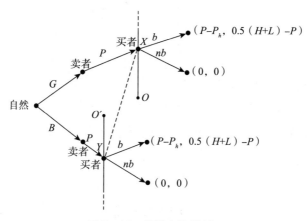

图 5–16　柠檬市场引例 Ⅱ

因此，买者有信息集 $\{X, Y\}$，显然，节点 X 有无限多个可能性——半直线 OX 和 $O'Y$ 上的点。

我们现在讨论每个参与人的策略。卖者的一个策略是索要任何非负的价格，买者的一个策略 s 是节点 X 和 Y 的方程，导致他的收益为 b（买车）和 nb（不买车）。既然节点 X 和 Y 完全由价格 P 决定，我们可以把 s 看作方程 $s: [0, \infty) \rightarrow \{n, nb\}$。同前文一样，我们定义两种情况。

情况 1：$P_h \leqslant 0.5 (H + L)$。

参与人的收益函数表示如下：

$$u_1(P,s) = \begin{cases} P - P_h & \text{if} \quad s(X) = b \\ P - P_l & \text{if} \quad s(Y) = b \\ 0 & \text{if} \quad s(X) = nb \\ 0 & \text{if} \quad s(Y) = nb \end{cases}$$

$$u_2(P,s) = \begin{cases} \dfrac{H+L}{2} - P & \text{if} \quad s = b \\ 0 & \text{if} \quad s = nb \end{cases}$$

此时，均衡策略 (P^*, s^*) 为：

$$P^* = 0.5(H+L)$$

$$s^*(P) = \begin{cases} b & \text{if} \quad \dfrac{H+L}{2} \geqslant P \\ nb & \text{if} \quad \dfrac{H+L}{2} < P \end{cases}$$

情况 2： $P_h > 0.5 (H+L)$。

卖者知道买者永远不会出高于 0.5 $(H+L)$ 的价格来买车，只有低质量车留在市场上。这意味着参与人有如下收益方程：

$$u_1(P,s) = \begin{cases} P - P_l & \text{if} \quad s = b \\ 0 & \text{if} \quad s = nb \end{cases}$$

$$u_2(P,s) = \begin{cases} \dfrac{H+L}{2} - P & \text{if} \quad s = b \\ 0 & \text{if} \quad s = nb \end{cases}$$

此时，均衡策略 (P^*, s^*) 为：

$$P^* = L$$

$$s^*(P) = \begin{cases} b & \text{if} \quad L \geqslant P \\ nb & \text{if} \quad L < P \end{cases}$$

并且，它是一个纳什均衡。

柠檬市场的例子有两方面的意义。首先，它是一个没有子博弈的序贯博弈；其次，信念对于达到均衡非常重要。这两点对于不完美信息博弈都很重要，我们在寻找均衡时考虑这两点很有必要。当然，不是每个信念都是合理的，比如卖者宣布自己的车是低质量的就相当可信。序贯均衡的概念就是用于解决这类问题。

我们来正式地阐述一下这个原因，首先要求所有人在其信息集上都有一个关于他到达哪个节点的信念。

贝叶斯必要条件1 对于一个给定的策略组合 σ，我们要求对于每个参与人 $i \in I$，在他的每个信息集 $h_i \in H_i$ 上，参与人 i 都有在知道他位于这一信息集的情况下，他位于该信息集上哪个节点的信念 $\rho_i (h_i) \in \Delta (h_i)$。

信念 $\rho_i (h_i) \in \Delta (h_i)$ 仅仅是在信息集上不同节点之间的概率分布。而参与人 i 在该博弈中的信念，是对所有参与人 i 的信息集 $h_i \in H_i$ 的详细说明。n 维的参与人信念 $\rho = (\rho_1, \cdots, \rho_n)$ 是一个信念组合。

为了准确地给均衡一个标准，我们要求每一个可能的均衡不仅是一个策略组合 σ，而且是一个策略 - 信念组合 (σ, ρ)。我们想要说明一个均衡的要求：对于任意的参与人 $i \in I$ 以及任意的参与人 i 的信息集 $h_i \in H_i$，给定参与人 i 在该信息集上的信念 $\rho_i (h_i) \in \Delta (h_i)$，参与人 i 的策略是一个最优反应。但这太令人迷惑了。为此，我们必须使表述更加精确。

回忆一下，子博弈由单个信息集以及它在原博弈中所有后续节点组成。子博弈的信息集、行动以及收益都来自原博弈。我们现在来一般化子博弈的概念并且定义连续博弈。一个连续博弈包括了参与人 i 的信息集 h_i 以及它在原博弈中所有的后续节点。同样，连续博弈的信息集、行动以及收益都来自原博弈。如果指定的初始信息集不是单节的，那么该连续博弈就不是一个子博弈。由于这个连续博弈没有最初的节点，因此不能作为一个博弈来运行。可以推断，在连续博弈中，给定那个信念组合 ρ 时 $\rho_i (h_i)$ 在每个节点上的概率分布。我们可以像在子博弈中那样限制任意策略 σ_j 和任意参与人的信念 ρ_j，简单地将不属于这个更小博弈的信息集丢开。

贝叶斯必要条件2 考察定义在某个参与人 i 的信息集 $h_i \in H_i$ 上的连续博弈及其条件信念 $\rho_i (h_i)$，这一连续博弈的策略信念组合必然是其纳什均衡。

定义 5.3 令 (σ, ρ) 为一个策略信念组合，并且令 $h_i \in H_i$ 为参

与人 i 的一个信息集。同时，令 $(\tilde{\sigma}, \tilde{\rho})$ 为从信息集 h_i 开始的连续博弈下符合 (σ, ρ) 的策略信念组合。如果存在另一个参与人 i 的策略 $\sigma_i{}'$ 使得给定其他对手的策略 $\sigma_{-i}{}'$，参与人 i 在连续博弈选择策略组合 $(\tilde{\sigma}_i{}', \tilde{\sigma}_{-i})$ 的期望收益都更好，我们就说参与人 i 的策略 σ_i 是被占优的。

贝叶斯必要条件 1 和 2 对于消除不合理的均衡如 (A, r) 是充分的。为了证明这一说法，我们构造一个从参与人 2 的信息集开始的连续博弈，并且假设其信念为 $p \in [0, 1]$，如图 5-17 所示。这一连续博弈的策略形式也在图中标示出来，其中 l 是其唯一的纳什均衡。

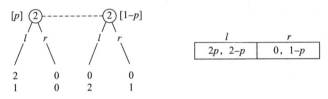

图 5-17　从参与人 2 的信息集开始的连续博弈

更一般地，贝叶斯必要条件 2 拒绝所有包含在任意给定节点含有被占优行动的策略组合。

考察扩展式博弈图 5-18（a）中的一个策略信念组合 $s = (U, a, d; l; p)$。现在考察从参与人 2 的信息集开始的连续博弈。图 5-18（b）描述了对连续博弈中这一策略组合的限制。

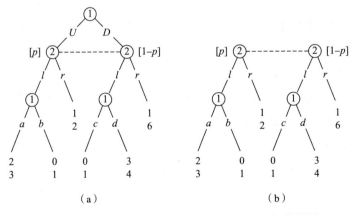

（a）　　　　　　　　　　　　（b）

图 5-18　策略信念组合 $s = (U, a, d; l; p)$ 的限制

在这一约束 $\tilde{s}$ 下的期望收益为 $p(2,3) + (1-p)(3,4) = (3-p, 4-p)$。

接下来评估在从参与人 2 的信息集开始的连续博弈中这一策略组合 s 是否符合贝叶斯必要条件 2。我们可以构建这一连续博弈的策略形式。例如，约束下的策略组合 $(a, c; l)$ 的期望收益是 $p(2,3) + (1-p)(0,1) = (2p, 2p+1)$。参与人 1 的其他策略产生的收益同样由此可得，并在表 5-3 中以矩阵描述。

表 5-3 图 5-18（b）博弈的收益矩阵

	l	r
(a, c)	$2p,\ 1+2p$	$1,\ 6-4p$
(a, d)	$3-p,\ 4-p$	$1,\ 6-4p$
(b, c)	$0,\ 1$	$1,\ 6-4p$
(b, d)	$3-3p,\ 4-3p$	$1,\ 6-4p$

在这个给定的连续博弈中，如果 s 要符合贝叶斯必要条件 2，那么 $\tilde{s} = (a, d; l; p)$ 必须是这个连续博弈的一个贝叶斯纳什均衡，这要求 (a, d) 是参与人 1 对参与人 2 的行动 l 的一个最优反应，即 $3-p \geq \max\{2p, 0, 3-3p\}$，这对所有的 $p \in [0, 1]$ 都是满足的。为了使得 l 成为参与人 2 对 (a, d) 的最优反应，必须有 $4-p \geq 6-4p$，这只有在 $p \in \left[\dfrac{2}{3}, 1\right]$ 时才能得到满足，因此当且仅当 $p \in [0, 1]$ 时，$\tilde{s}$ 是这个连续博弈的一个贝叶斯纳什均衡。

我们同样提出疑问：在从参与人 2 的信息集开始的连续博弈中，l 是否严格被占优呢？这要求 $6-4p > \max\{1+2p, 4-p, 1, 4-3p\} = 4-p$，即 $p < \dfrac{2}{3}$。

然而，贝叶斯必要条件 1 和 2 并不足以保证取代纳什均衡的概念。考察图 5-19 中的博弈，策略组合 $(U, r; p=0)$ 满足贝叶斯必要条件 1 和 2，但是 (U, r) 甚至不是这个博弈的一个纳什均衡。

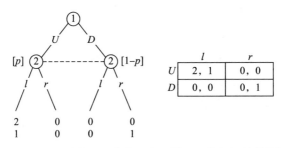

图 5 - 19 贝叶斯必要条件 1 和 2 甚至不能保证纳什均衡

所以，需要添加第三个必要条件。它保证了均衡时每个参与人的信念都是正确的。

贝叶斯必要条件 3 任何在路径上的信息集上的信念必须通过贝叶斯法则由策略组合决定，即如果 $h_i \in H_i$ 是当参与人按照 σ 行动时，参与人 i 以正的概率到达的信息集，那么 $\rho_i (h_i) \in \Delta (h_i)$ 必须由贝叶斯法则计算得出。

这一必要条件消除了那些非纳什均衡组合 $(U, r; p=0)$，因为给定参与人 1 选择 U，参与人 2 在他的信息集上的信念必然是 $p=1$ 而不是 $p=0$。然而，添加贝叶斯必要条件 3 甚至不能保证剩余的策略信念组合为博弈的子博弈完美纳什均衡。考察图 5 - 20 中的博弈，考虑从参与人 2 的单节信息集开始的子博弈。这个子博弈有一个唯一的纳什均衡 (U, r)。因此，这个博弈唯一的子博弈完美纳什均衡是 (B, U, r)。每个信息集都在均衡路径上，并且贝叶斯法则意味着 $p=1$。这个策略信念组合 $(B, U, r; p=1)$ 满足贝叶斯必要条件 1、2 和 3。

但是现在考虑策略信念组合 $(A, U, l; p=0)$。这是一个纳什均衡，并且满足贝叶斯必要条件 1、2 和 3（注意到参与人 3 的信息集不在均衡路径上，因此贝叶斯必要条件 3 对 p 没有约束）。然而这个组合不是子博弈完美的，因为我们已证明了子博弈完美要求参与人 2 和 3 的行动集为 (U, r)。这个策略的问题可以追溯到参与人 3 信息集上的信念。在参与人 3 的信息集到达的唯一路径上参与人 1 选择 B。在这种情况下，根据这一策略组合，参与人 2 应该选择 U。因此，参与人 3 在到达他的路径的前提下，应该认为他在左边的节点，并且应该相信 $p=$

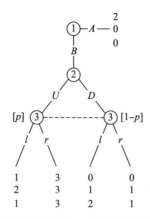

图 5 - 20　贝叶斯必要条件 1、2 和 3 不保证子博弈完美

1 而不是 $p = 0$。

我们现在添加另一个贝叶斯必要条件，这消除了我们考察的那些非子博弈完美纳什均衡。

贝叶斯必要条件 4　任意在偏离路径信息集上的信念必须在任何可能的时候通过贝叶斯法则由策略组合决定。

贝叶斯必要条件 1、2、3 和 4 共同组成了扩展式博弈中的完美贝叶斯纳什均衡（在后文将介绍的发送接收者博弈中，贝叶斯必要条件 4 没有约束力，因此贝叶斯必要条件 1、2、3 构成了发送接收者博弈中的完美贝叶斯纳什均衡的定义）。

如同我们在发送接收者博弈中所看到的那样，完美贝叶斯纳什均衡可能会允许那些不合理的均衡出现，因为它们依赖于在某些情况下可以偏离路径的信念。考察图 5 - 21 中的博弈，存在两个纯策略的完美贝叶斯纳什均衡：$(U, l; p = 1)$ 和 $\left\{ (A, r; p): p \in \left[0, \dfrac{1}{2} \right] \right\}$。

在第二个均衡中，参与人 2 的信息集是偏离路径的。给定这一信息集被到达，参与人 2 的信念是存在一个正的概率使得参与人 1 选择 D，从而这一信息集被到达。但需要注意的是，由这一博弈的策略形式可知，D 对参与人 1 来说是被 A 严格占优的，而 U 没有被占优。如果参与人 2 观察到与他的预期相反，参与人 1 没有选择 A，那么参与人 2 应该怎么确定参与人 1 的选择呢？参与人 1 选择的是 U 还是 D？

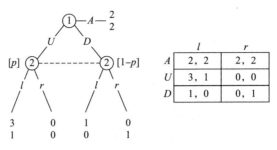

图5-21　完美贝叶斯纳什均衡可以有效改进

参与人1将不会在选择D而不是选择占优策略A中获益。然而，参与人1可能认为参与人2会选择l，并且因此选择U。所以，我们应该给参与人1偏离到D这一事件一个0的概率，我们需要假定当参与人2的信息集在路径之外时$p=1$。

这里存在一个限制：如果可能，每个参与人在偏离均衡路径上的节点（这些节点只有在其他参与人选择了一个严格被占优的策略时才能被到达）的信念应该是0。

5.5　声誉模型初步

所有动态博弈的中心问题是可信任性，这就需要以重复博弈为条件。然而现实生活中很难达到无穷期博弈，出现的往往是有限次博弈。例如，在一些车站、地铁和旅游景点等人流量大的地方，不仅商品和服务质量差，而且假货横行，因为在商家和顾客之间"没有下一次"（几乎没有惩罚的威胁）。

罗伯特·奥曼（Aumann, 1959）指出，人与人的长期交往是避免短期冲突、走向协作的重要机制。现实生活中反复交往的人际关系则是一种"不定次数的重复博弈"（Repeated Prisoners' Dilemma with No Last Period）。奥曼证明了在较长的时间内，可以使自利的主体之间走向合作。

博弈论最初对声誉的关注主要集中在与声誉密切相关的策略"可信性"[①]问题上。1982年，Kreps、Milgrom、Roberts和Wilson在一篇经典

---

① "可信性"是声誉产生的一个重要基础。

的文献中构建了一个声誉模型（Kreps et al.，1982）。该模型通过引入非对称信息，研究供应链合作关系及其隐性影响因素。同时，研究了在非完全信息重复博弈中经济主体之间合作行为的可信性问题，即非完全信息条件下有限次重复博弈中的合作均衡生成机制问题。这就是在信息经济学、博弈论以及产业组织理论中都非常有影响的"KMRW 声誉模型"。该模型证明，参与人对其他参与人收益函数或策略空间的信息的不完全了解对均衡结果有重要影响；只要博弈重复的次数足够多，合作行为会在有限次重复博弈中出现。尤其是"坏人"可能在相当长一段时间表现得像"好人"一样。当只进行一次性交易时，理性的参与人往往会采取"机会主义"行为，通过欺诈等"非声誉"手段来获取自身的最大化收益，其结果往往是"非合作博弈均衡"。但当重复多次交易时，为了获取长期利益，参与人通常需要树立自己的"声誉"，在一定时期内的"合作博弈均衡"就能得以实现。

KMRW 定理　在 T 阶段重复囚徒博弈中，如果每个囚徒都有 $p>0$ 的概率是非理性的（即只选择"针锋相对"或"冷酷策略"）。如果 T 足够大，那么存在一个 $T<T_0$，使得下列策略组合构成一个完美贝叶斯纳什均衡：所有理性囚徒在 $t \leqslant T_0$ 阶段选择合作，在 $t>T_0$ 阶段选择不合作，并且非合作阶段的数量 (T_0-T) 只与 p 有关而与 T 无关。

在经济生活中，非完全信息将会带来信息成本，但在重复博弈中这不一定是坏事。KMRW 声誉模型证明了在有限次重复囚徒困境博弈中，非完全信息（每个参与人对自己类型的了解属于私人信息，只知道对方属于非理性的概率为 p）可以导致合作的结果，而这在完全信息条件下是不可能的。例如，可以从国有企业内部经营者与所有者之间博弈关系的角度构建国有企业经营者正规的声誉模型，讨论声誉对国有企业经营者的激励效应以及声誉与国有企业经营绩效之间的关系。

在非完全信息动态博弈中，理论证明在某些情况下当交易只有有限次（甚至仅一次）时，交易者同样有积极性树立和维持良好的声誉[①]。

---

① 这里涉及可交易声誉理论，可参见李军林《声誉理论及其近期进展——一种博弈论视角》，《经济学动态》2004 年第 2 期。

5.6　总结

● 完美贝叶斯纳什均衡是给定信念策略为序贯理性，并且给定策略时信念与之弱一致的纳什均衡。一个完美贝叶斯纳什均衡是一些策略和信念的简单集合。在博弈的任意阶段，这些策略在给定信念时都是最优的，并且信念都是在任何可能的时候通过贝叶斯法则从均衡策略和观测到的行动中获取的。完美贝叶斯纳什均衡一定是贝叶斯纳什均衡，都由各参与方的类型依存策略以及对对手分布的信念构成。

● 在完美贝叶斯纳什均衡中，信念被限制在均衡路径上，而没有包含偏离均衡的路径。然而，偏离均衡路径的信念对于支持均衡行为也是很重要的。

● 在某些博弈中，完美贝叶斯纳什均衡的概念不会排除那些看似序贯非理性的行为。均衡精炼，比如序贯均衡，已经被发展出来解决这些问题。

5.7　习题

1. 给出下面两个扩展式博弈，推导其标准式博弈，并且找出所有的纯策略纳什均衡、子博弈完美纳什均衡和完美贝叶斯纳什均衡。

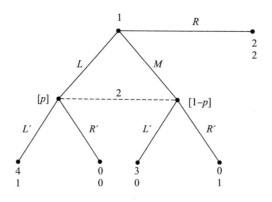

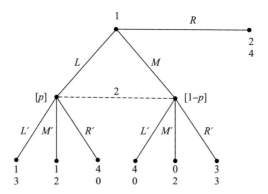

2. 证明在下面的扩展式博弈中，不存在纯策略完美贝叶斯纳什均衡，并求出其混合策略完美贝叶斯纳什均衡。

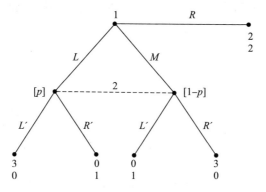

3. 考虑下图描述的这个三人博弈，此博弈即著名的"泽尔腾的马"（原因一目了然）。

（1）这个博弈的纯策略贝叶斯纳什均衡是什么？

（2）你在问题（1）中找到的哪一个贝叶斯纳什均衡是完美贝叶斯纳什均衡？

（3）你在问题（1）中找到的哪一个贝叶斯纳什均衡是序贯均衡？

4. 有两个政治家，一个是在位者（参与人1），另一个是潜在对手（参与人2），正在竞争当地的市长职位。在位者要么有广泛的群众基础（B），要么支持者较少（S），都以 0.5 的概率出现。在位者知道他的支持水平，但是潜在对手不知道。在位者首先选择其对选战的融资

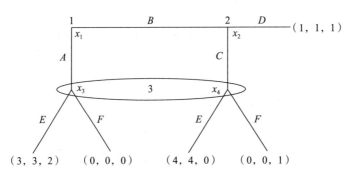

水平——较低数量（L）或较高数量（H），这个决策是潜在对手能够观察到的。潜在对手然后决定是参加选战（R）还是不参加选战（N）。如果在位者选择一个选战融资水平 L，那么给定支持基础和潜在对手的回应，收益由下列收益矩阵给出（这些表示从获胜、胶着等情形中得到的期望收益，不是一个矩阵博弈）。

参与人 2 的回应

	R	N
B	6，4	10，0
S	4，4	6，0

参与人 1 的支持基础

如果在位者具有广泛的群众基础，则他选择 H 而不是 L 所引发的收益成本为 2，否则为 4（即这些是以类型为条件的收益矩阵中的收益引致的成本）。潜在对手应战具有广泛的群众基础且选择 H 的在位者会得到收益 -10，而应战支持者少且选择 H 的在位者得到的收益为 -4。如果潜在对手选择不应战，那么他只能得到收益 0，这就是收益矩阵所显示的情况。

（1）画出此博弈的扩展式，并给出真子博弈。画出该扩展式的标准式矩阵。

（2）如果潜在对手能够提前提交一个确定的纯策略，即他不管在位者选择何种融资水平，预期到在位者将会选择其最优反应，他总是遵守这一纯策略，那么这个策略会是什么？在位者针对这一策略的最优反应是什么？这对策略是你要找的贝叶斯纳什均衡吗？

（3）你在问题（2）中找出的这对策略是一个完美贝叶斯纳什均衡的一部分吗？

（4）存在其他策略对可以成为一个完美贝叶斯纳什均衡的一部分吗？

5. 假设两个合伙人必须就其合伙企业进行清算。合伙人 1 拥有的权益份额为 s，合伙人 2 拥有的权益份额为 $1-s$。两个合伙人同意进行如下博弈：合伙人 1 提出一个价格 p，合伙人 2 可以选择以 ps 的价格购买合伙人 1 的股份，或以 $p(1-s)$ 的价格将自己的股份卖给合伙人 1。假设两个合伙人对拥有全部企业价值的估价相互独立，且服从 $[0,1]$ 区间上的均匀分布，以上是共同知识。但每一个合伙人的估价是私人信息。求出博弈的完美贝叶斯纳什均衡。

6. 一个申请上大学的学生（参与人 1）正在决定是去沿革大学（B）还是属实大学（S）。这两所大学是愿意接收这名学生的大学中排名较靠前的。其差别在于，属实大学能够提供更加舒适的生活环境，而沿革大学则可以对学生投入更多的科研经费，需要学生更加努力地学习。因此，去沿革大学学习的参与人将来在工作中会变得更加独立和高效。学习成本和最终的生产效率取决于参与人 1 的类型，其类型可能是优秀的（E），也可能是非常好的（G）（因为这两所大学不接收其他类型的申请人）。参与人 1 知道自己的类型，但社会上其他人员仅知道类型 E 的概率为 p。每一种类型的学习成本和生产效率由下表给出。

类型	所选大学	学习成本	生产效率
E	B	2	12
E	S	0	4
G	B	8	10
G	S	2	2

一旦参与人 1 完成学业，他将会被一家公司（参与人 2）雇用。参与人 2 能为参与人 1 提供两种岗位：低技能岗位（L）和高技能岗位（H）。低技能岗位的薪酬 $w_L=2$，高技能岗位的薪酬 $w_H=6$。参与人 1

的收益等于薪酬减去教育成本。公司的利润取决于工作安排和员工的类型。如果员工被安排在高技能岗位上，则公司的净利润等于参与人1的生产效率减去其薪酬。如果员工被安排在低技能岗位上，则公司的利润等于参与人1生产效率的一半减去其薪酬。

（1）画出该博弈的拓展式。

（2）假设 $p = 1/2$，写出该贝叶斯博弈的矩阵表达式。

（3）请找出所有的纯策略贝叶斯均衡。

（4）请找出所有的纯策略完美贝叶斯纳什均衡。

（5）请用简短的语言说明问题（4）和问题（3）的区别。

参考文献

[1] Aumann, R. J., "Acceptable Points in General Cooperative N-person Games", In Tucker, Luce, R. D. (eds.), *Contributions to the Theory of Games* (*AM − 40*), *Volume IV*, Princeton University Press, 1959, pp. 287 −324.

[2] Kreps, D. M., Milgrom, P., Roberts, J., Wilson, R., "Rational Cooperation in the Finitely Repeated Prisoners' Dilemma", *Journal of Economic Theory*, 1982, 27, pp. 245 −252.

[3] Luce, R. D., Raiffa, H., *Games and Decisions*, Wiley, New York, 1957.

[4] Myerson, R. B., "Comments on 'Games with Incomplete Information Played by Bayesian Players, I − III Harsanyi's Games with Incomplete Information'", *Management Science*, 2004, 50 (12), pp. 1818 −1824.

[5] Savage, L. J., *Foundations of Statistics*, Wiley, New York, 1954.

[6] Schmeidler, D., "Subjective Probability and Expected Utility without Additivity", *Econometrica*, 1989, 57 (3), pp. 571 −587.

[7] Spence, M., "Job Market Signaling", *Quarterly Journal of Economics*, 1973, 87, pp. 355 −374.

第6章　信号博弈

　　在非完全信息博弈中，至少有一个参与人不了解另外一个参与人的类型。在有些情况下，向对手揭示其类型是有利可图的。例如，如果一个潜在的对手知道自己很强大，他就可能会向在位企业或者在位政治家揭示其信息，并声称"我很强大，因此你不应该浪费时间和精力抵制我"。当然，即便是一个弱小的参与人，也想尝试让他的对手相信他很强大，因此只是说说"我很强大"并不会有什么效果。在这样的"廉价交谈"（Cheap Talk）之外，还有一些可信的方式，可以使参与人将其类型的信号发出，并使其对手相信。

　　在均衡中可能发送这种信号的一类博弈被称为信号博弈（Signaling Games）。信号博弈源自诺贝尔奖得主迈克尔·斯彭斯（Spence，1973）的贡献，这是他在其博士论文中提出的。斯彭斯检视了教育作为信号发送的功能，它可以将信息发给潜在的雇主，以便对一个人的内在能力有所了解，但这些不是雇主必然能认识到的。

　　信号博弈所共享的结构包括以下四个成分。

　　（1）自然为参与人1选择一个参与人2不知晓的类型，而参与人2比较关心（共同价值）。

　　（2）参与人1在以下意义上具有丰富的行动集：至少存在与类型一样多的行动，每个行动都给每一类型带来不同的成本。

　　（3）参与人1首先选择一个行动，参与人2在观察到参与人1的选择之后做出回应。

　　（4）给定参与人2关于参与人1策略的信念，参与人2在观察到参与人1的选择之后更新其信念，然后参与人2做出针对其更新后信念的最优反应的选择。

这些博弈之所以被称为信号博弈，是因为参与人 1 的行动传递给参与人 2 的潜在信息。如果在均衡中参与人 1 的每一类型都在进行不同的选择，那么在均衡中参与人 1 的行动将会向参与人 2 完全揭示自己的类型。也就是说，即便参与人 2 不知道参与人 1 的类型，在均衡中参与人 2 也完全可以通过其行动了解到参与人 1 的类型。

当然，参与人 1 的类型不一定真的会被揭示。例如，如果在均衡中参与人 1 的所有类型都选择同样的行动，那么参与人 2 根本就无法更新其信念。由于在发送参与人 1 的潜在策略的信号上存在差异，因此这些博弈具有两类重要的完美贝叶斯纳什均衡。

（1）混同均衡（Pooling Equilibrium）。在这类均衡中，所有类型的参与人 1 都选择相同的行动，这样就无法向参与人 2 揭示任何信息。参与人 2 的信念必然只有在以正概率到达的信息集上运用贝叶斯法则才可导出。对于所有其他以 0 概率到达的信息集，参与人 2 都必有支持其策略的信念。给定参与人 2 的信念，其序贯理性策略是，阻止参与人 1 偏离其混同策略的策略。

（2）分离均衡（Separating Equilibrium）。在这类均衡中，不同类型的参与人 1 选择不同的行动，这样就可以将其在均衡中的类型向参与人 2 揭示。如此则参与人 2 的信念就可以在以正概率到达的信息集上根据贝叶斯法则得到定义。如果对于参与人 1 来说有超过其类型的行动可供选择，那么参与人 2 必在其不可能到达的信息集上有信念（参与人 1 的任何类型都不会选择这些行动），这相应地就必然会支持参与人 2 的策略。参与人 2 的策略也支持参与人 1 的策略。

在混同均衡中，参与人 1 的所有类型在行动集上混作一团，致使参与人 2 无法从参与人 1 的行动中了解任何蛛丝马迹。参与人 2 在参与人 1 行动之后的后验信念必然与其关于自然对参与人 1 类型选择的先验分布相同。在分离均衡中，参与人 1 的每一类型都可以通过选择一个其他类型不会选择的独一无二的行动来将其分离开来。这样一来，在观察到参与人 1 的行动之后，参与人 2 可以正确地推断出参与人 1 是何种类型。

除混同均衡和分离均衡外，还有第三组均衡，我们称之为混合型均衡（Hybrid Equilibrium）或半分离型均衡（Semi-separating Equilibrium）。在这类均衡中，不同类型的参与人会选择不同的混合策略，结果是某些属于信息未知一方的参与人的信息集可以以不同的概率被不同的类型所到达。如此一来，贝叶斯法则就意味着在这些信息集上参与人 2 可以对参与人 1 有所认识，但不能总是确切地推断他是何种类型。

6.1　发送接收者博弈

我们来研究最简单的非完全信息动态博弈（也是信号博弈）——发送接收者博弈。这个博弈有两个参与人：发送者 S 和接收者 R。发送者的行动是在一个信号空间 M 中选择一个信号 $m \in M$，并将信号发送给接收者。接收者观察到这个信号后，在他的行动空间 A 中选择一个行动 a 作为回应。

为了简化这个博弈，但不使其成为毫无意义的非完全信息博弈，我们赋予发送者一些私人信息，即他的类型 $\theta \in \Theta$。接收者没有私人信息，所以接收者只有单个类型（此处不再赘述）。在观察发送者的信号之前，接收者没有限定的关于发送者类型的信念。换言之，在观察到发送者的信号之前，接收者相信发送者是某个特定类型 θ 的概率为 $p(\theta)$。

一般地，我们假设类型空间 Θ、信号空间 M 和接收者的行动空间 A 是有限的集合。

在接收者采取行动 $a \in A$ 后，每个参与人都会有一个收益，这个收益通常取决于发送者发送的信号、接收者采取的行动，以及自然为发送者选取的类型 θ。发送者和接收者的收益分别为 $u(m,a,\theta)$ 和 $v(m,a,\theta)$。

我们可以通过隐藏自然的存在将这个非完全信息博弈表示为一个不完美信息的扩展式博弈。因为发送者观察自然的选择，每一个发送者的信息集是一个单节，并且发送者的信息集数量等于可能的发送者数量。接收者仅仅观察到发送者发送的信号，因此接收者的信息集数量等于发送者可能发送的信号类型的数量。在他的每一个信息集上，接收者不能分辨出发送者可能的类型，每个接收者信息集节点的数量都等于发送者可能的类型的数量。因此，接收者信息集总节点的数量是信号和类型空间不同组合的产物。

我们来看"生命是一个海滩？"这个例子。发送者可能是一个求职者，而接收者是一个雇佣者。发送者需要决定去大学还是去海滩。这个由发送者做出的决定是他的信号。雇佣者将观察到这一决定并决定是雇用发送者还是拒绝他的求职申请。在这个例子中，发送者的信号空间是 $M = \{大学，海滩\}$，接收者的行动空间是 $A = \{雇用，拒绝\}$。发送者的私人信息可能有关他的天赋：他知道自己是聪明还是愚钝。因此，他的类型空间应该是 $\Phi = \{聪明，愚钝\}$。接收者关于发送者聪明或者愚钝的概率可以用一个数字 $\gamma \in [0,1]$ 来描述。发送者聪明的概率为 γ，发送者愚钝的概率为 $1 - \gamma$。接收者的前定信念被定义为 p（聪明）$= \gamma$ 和 p（愚钝）$= 1 - \gamma$。

考察图 6 – 1 中这个简单的发送接收者博弈。注意这里发送者有两个信息集，对应他的两种类型。接收者也有两个信息集，但对应的是发送者两种可能的信号，而不是发送者可能的类型（接收者左边的信息集是他观测到海滩时的信息集，右边的信息集是他观测到大学时的信息集）。

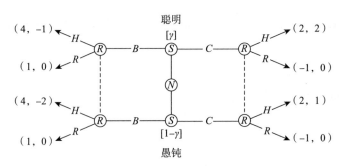

图 6 – 1   一个简单的发送接收者博弈

我们来阐述图 6-1 中的最终收益。每一个收益对的第一个和第二个收益分别是给定特定的类型/信号/行动时发送者和接收者的收益。当类型和接收者的行动固定时，发送者去海滩的收益总是比去大学的收益高 2。当受教育决策和雇佣决策给定时，发送者的收益与其类型是相互独立的。当发送者类型及其受教育决策固定时，发送者在被雇用时的收益总是比被拒绝时的收益高 3。总结一下发送者的收益：发送者更喜欢去海滩而不是去大学，更喜欢被雇用而不是被拒绝，并且认为自己既不愚钝，也不聪明。

当接收者拒绝发送者时，接收者的收益为 0。尽管发送者的天赋并不直接影响其收益，但当他被雇用时，他的天赋与接收者的收益是相反的：当教育决策固定时，如果接收者选择雇用，那么当发送者为聪明时他的收益比发送者为愚钝时的收益多 1。尽管发送者不喜欢去大学，但接收者更喜欢被雇用的发送者拥有更高的学历：对于一个给定的类型，当发送者选择去大学而不是去海滩时，接收者的收益将会高 3。事实上，接收者非常看重发送者的学历，以至于发送者的受教育决策对接收者是否雇用他起决定性作用：对于每种类型的发送者，如果他选择去大学，那么接收者选择雇用的收益都超过了选择拒绝的收益。

6.2　发送接收者博弈中的策略

在任何给定的扩展式博弈中，参与人的纯策略都是一个在相关信息集上从他的信息集到他可获取行动的计划。在发送者的信息集和他的类型空间之间存在一一对应的关系。因此，发送者的纯策略是计划 $m:\Theta \to M$，即从他的类型空间 Θ 到他的信号空间 M。在接收者的信息集和发送者的信号空间之间存在一一对应的关系。因此，接收者的纯策略是计划 $\bar{a}:M \to A$，即从发送者的信号空间 M 到接收者的行动空间 A。

我们同样可以定义所有参与人的行为策略。发送者可以发送混合信号。令 $\mathcal{M} \equiv \Delta(M)$ 为发送者信号空间上的概率分布集，那么发送者的策略是计划 $\sigma:\Theta \to \mathcal{M}$，即从他的类型空间 Θ 到他的混合信号空间

$\mathcal{M}$的对应。因此，对所有的类型$\theta \in \Theta$，$\sigma(\theta) \in \mathcal{M}$是发送信号上的混合。特别地，对任意信号$m \in M$，根据发送者的行为策略$\sigma$，我们定义$\sigma(m \mid \theta)$是类型为$\theta$的发送者将要发送信号$m$的概率。

对给定的发送者行为策略σ，当且仅当在σ下存在一个类型以正的概率发送σ时，信号σ才在均衡路径上。对发送者策略σ，在均衡路径上的信号集为：

$$M^+(\sigma) = \{m : \exists\, \theta \in \Theta, \sigma(m \mid \theta) > 0\} = U_{\theta \in \theta}\, supp\sigma(\theta) \qquad (6-1)$$

接收者也可以随机化其行动，作为对他观察到的信号的回应。令$\mathcal{A} \equiv \Delta(A)$为接收者行动空间上的概率分布集，那么接收者的行为策略为$\rho : M \to \mathcal{A}$，即从发送者的信号空间M到混合行动空间$\mathcal{A}$的对应。因此，对所有的信号$m \in M$，$\rho(m) \in \mathcal{A}$是接收者行动的混合策略。特别地，对任意行动$a \in A$，根据接收者的行为策略ρ，我们定义$\rho(a \mid m)$是接收者观察到信号m时选择行动a的概率。

6.3 发送接收者的最优反应策略

我们首先会有这样的疑问：什么情况下一个发送者的策略$\overline{m} \in M^\theta$是对接收者行为策略$\rho \in \mathcal{A}^M$的最优反应呢？考虑到以下情况，我们知道接收者将会根据他的行为策略$\rho \in \mathcal{A}^M$选择回应行动，一个类型为θ的发送者将选择发送什么样的信号m呢？这个发送者的期望效用是对接收者特定行动的凹函数。给定接收者将会根据策略ρ选择回应行动，如果对每一个发送者的类型θ，由其策略$m(\theta)$所确定发送的信号m将最大化其期望效用，那么一个纯策略$m \in M$将会是最优反应。对于给定的接收者策略$\rho \in \mathcal{A}^M$，类型为θ的发送者的最优信号集为：

$$\widehat{M}(\rho, \theta) \equiv \underset{m \in M}{\operatorname{argmax}} \sum_{a \in A} \rho(a \mid m) u(m, a, \theta) \qquad (6-2)$$

因此，当且仅当对任意$\theta \in \Theta$，$\overline{m}(\theta) \in \widehat{M}(\rho, \theta)$时，发送者的策略$m$是对接收者行为策略$\rho$的最优反应；当且仅当对所有的$\theta \in \Theta$，

$supp\sigma(\theta) \in \widetilde{M}(\rho,\theta)$ 时，发送者的行为策略 σ 是对接收者行为策略 ρ 的最优反应。

现在我们要问：什么时候接收者的策略 a 是对发送者行为策略 σ 的最优反应？接收者在观察到发送者的信号后会选择一个行动。他想要在给定他对发送者类型的最佳信念的情况下选择最优行动。接收者在进入博弈时，对发送者的类型 θ 有一个前定信念 $p \in \Delta(\theta)$。因为接收者知道与发送者类型相关的信号发送策略 σ，发送者可以推断更多关于发送者类型的信息并且因此更新自己的信念。

给定发送者选择了行为策略 σ，所有被观察到的信号都不是完全未被预期到的，即存在某些发送者的类型，其在 σ 的策略下以正的概率发送这一信号。我们可以用贝叶斯法则来更新接收者的前定信念。特别地，对任意被观测到的在均衡路径上的信号 $m \in M^+(\sigma)$，我们定义接收者在观测到该信号后对发送者类型为 ϕ 的信念是 $p^B(\theta \mid m)$，这一信念由贝叶斯法则给出：

$$p^B(\theta \mid m) \equiv \frac{p(\theta)\sigma(m \mid \theta)}{\sum_{\theta' \in \Theta} p(\theta')\sigma(m \mid \theta')} \tag{6-3}$$

我们知道，信号必须在均衡路径上是有理由的：如果无论发送者的类型如何某些信号 m 都不会被发送，那么式（6-3）恒等号右边的分母将会为 0，这是不存在的。

通常我们可以定义更新后的信念，甚至在观察到不在均衡路径上的信号后也是如此。对每个信号 $m \in M$，令 $\tilde{p}(m) \in \Delta(\Theta)$ 为接收者在观察到信号 m 后对发送者类型的更新信念。换言之，在接收者观察到信号 m 的条件下，接收者将概率 $\tilde{p}(m) \in \Delta(\Theta)$ 附到发送者的类型为 ϕ 这一项目上。因此，$\tilde{p}:M \to \Delta(\Theta)$ 是一个条件更新信念系统。

接收者的条件更新信念系统 $\tilde{p}:M \to \Delta(\Theta)$ 是怎么来的呢？它来自接收者的前定信念 $p \in \Delta(\Theta)$，并且根据他观察到的发送者的信号 m 进行更新。我们在任何需要的时候根据贝叶斯法则对这个信念系统进行更新。这意味着，对所有在均衡路径上的信号 m，以及所有的类型 θ，$\tilde{p}(m \mid \theta) = p^B(m \mid \theta)$。除此之外，我们可以说条件更新信念系统

$\tilde{p}:M \to \Delta(\Theta)$ 是符合贝叶斯法则的。

考察发送者的纯策略 $\hat{a} \in A^M$，如果一个类型为 θ 的发送者发送了信号 m，并且接收者根据他的纯策略 $\hat{a}$ 进行反应，那么接收者的收益将会是 $v(m,\hat{a}(m),\theta)$。他获得这一特定的收益的概率等于事件“发送者为类型 θ 并且发送信号 m”的概率。这个概率就是发送者为类型 θ 的概率乘以发送者为类型 θ 时发送信号 m 的概率。因此，在发送者的行为策略为 σ 时，选择策略 $\hat{a}$ 的接收者的期望收益为所有可能的信号和类型组合下概率加权收益的总和，即 $p(\theta)\sigma(m\mid\theta)v(m,\hat{a}(m),\theta)$。

$$V(\hat{a},\sigma) \equiv \sum_{m\in M}\sum_{\theta\in\Theta}p(\theta)\sigma(m\mid\theta)v(m,\hat{a}(m),\theta) \tag{6-4}$$

当且仅当接收者的纯策略 $\bar{a} \in A^M$ 在所有可能的接收者纯策略中最大化其期望效用时，接收者的纯策略 $\bar{a}$ 为其对发送者行为策略 $\sigma \in M^\Theta$ 的最优反应，即：

$$\bar{a} \in \operatorname{argmax} V(\hat{a},\sigma) \tag{6-5}$$

初看之下，式（6-5）中的最大化问题可能是错误的，因为它需要在一个函数空间上找到最大化的解。幸运的是，这一最大化问题在不同的信号中是加性可分的，因此我们能够对一个个信号进行检验，寻找每一个信号的接收者最优反应的行动 $\bar{a}(m)$ 来构建接收者的最大化策略。这一简化过程由以下定理引出，读者可以自己给出其证明。

定理 6.1 令 A 为一个集合，M 为一个有限集合。令 f 为一个函数 $f:M\times A\to R$。那么，对所有的 $m\in M$，当且仅当

$$\bar{a} \in \operatorname*{argmax}_{\hat{a}\in A^M} \sum_{m\in M}f(m,\hat{a}(m)) \tag{6-6}$$

时，有：

$$\bar{a}(m) \in \operatorname*{argmax}_{a\in A} f(m,a) \tag{6-7}$$

为了将这一定理运用到最优化问题中，我们定义：

$$f(m,a) \equiv \sum_{\theta\in\Theta}p(\theta)\sigma(m\mid\theta)v(m,a,\theta) \tag{6-8}$$

现在可得：

$$V(\acute{a},\sigma) \equiv \sum_{m \in M} f(m,\acute{a}(m)) \qquad (6-9)$$

由此可知，对所有的 $m \in M$，当且仅当 $\bar{a}(m) \in \underset{a \in A}{\mathrm{argmax}} f(m,a)$ 时，接收者的策略 $\bar{a} \in A^M$ 是对发送者行为策略的最优反应。

如果一个信号 $m \in M \setminus M^+(\sigma)$ 是偏离均衡路径的，那么它将不会被任何类型的发送者发送：对每个类型 $\theta \in \Theta$，$\sigma(m \mid \theta) \equiv 0$。因此，$\forall m \in M \setminus M^+(\sigma)$，$\forall a \in A, f(m,a) \equiv 0$。所以，当 m 是均衡路径之外的信号时，所有的行动 $a \in A$ 都是最优化的 $f(m,a)$。

$$A = \underset{a \in A}{\mathrm{argmax}} f(m,a) \qquad (6-10)$$

当 $m \in M^+(\sigma)$ 是在均衡路径上的信号时，用 m 被发送的概率这一非零的数字除以式（6-10）中的最大化方程是有用的。这不会改变式（6-10）中最大化解的集合。这个处理允许我们使用式（6-8）和式（6-3）来表达式（6-10），这一表达的格式是接收者的贝叶斯更新信念。对 $\forall m \in M^+(\sigma)$，有：

$$\bar{a}(m) \in \underset{a \in A}{\mathrm{argmax}} \sum_{\theta \in \Theta} p^B(\theta \mid m)v(m,a,\theta) \qquad (6-11)$$

但是这一最大化问题仅仅是接收者在给定他关于发送者类型的贝叶斯更新信念时的期望效用最大化。因此，式（6-11）说明，为使接收者的策略 $\bar{a} \in A^M$ 是其对发送者行为策略 $\sigma \in \mathcal{M}^\Theta$ 的最优反应，对每一个在均衡路径上的信号，给定接收者的贝叶斯更新信念，在每一个均衡路径上的信号都有一个最优反应的行动是其充分必要条件。

对于一个给定的条件更新信念系统 $\tilde{p}:M \to \Delta(\Theta)$，接收者在观察到信号 $m \in M$ 时，其行动 $a \in A$ 所带来的期望效用为 $\sum_{\theta \in \Theta} \tilde{p}(\theta \mid m)v(m,a,\theta)$。因此，对一个给定的条件更新信念系统 $\tilde{p}$，对某一信号 m 的最优行动集为：

$$\bar{A}(\tilde{p},m) = \underset{a \in A}{\mathrm{argmax}} \sum_{\theta \in \Theta} \tilde{p}(\theta \mid m)v(m,a,\theta) \qquad (6-12)$$

当且仅当对所有的 $m \in M, \bar{a}(m) \in \bar{A}(p^B,m)$ 时，接收者的纯策略

$\bar{a} \in A^M$ 是对发送者行为策略 $\sigma \in \mathcal{M}^\Theta$ 的最优反应。当且仅当对所有的 $m \in M$，$supp\rho(m) \subset \check{A}(p^B, m)$ 时，接收者的行为策略 $\rho \in \mathcal{A}^M$ 是对发送者行为策略 $\sigma \in \mathcal{M}^\Theta$ 的最优反应。

6.4　发送接收者的贝叶斯纳什均衡

定义 6.1　发送接收者博弈的贝叶斯纳什均衡是一个均衡 $(\sigma, \rho, \tilde{p}) \in \mathcal{M}^\Theta \times \mathcal{A}^M \times (\Delta(\Theta))^M$，它满足以下三个条件。

(1) 对所有的类型 $\theta \in \Theta$，$supp\sigma(\theta) \subset \check{M}(\rho, \theta)$。

(2) 对所有在均衡路径上的信号 $m \in M^+(\sigma)$，$supp\rho(m) \subset \check{A}(\check{p}, m)$。

(3) 条件更新信念系统 $\tilde{p}$ 在任何可能的时候都与贝叶斯法则一致，在某种程度上，$\tilde{p}$ 对在均衡路径上信号 $M^+(\sigma)$ 的限制为 p^B。

注意到接收者的最优反应要求信号必须在均衡路径上。因此，在接收者的信息集上，满足条件更新信念系统以及贝叶斯纳什均衡定义的信息集为在均衡路径上的信号的信息集，其中这些更新的信念都由贝叶斯法则推出，即像式（6-3）所描述的那样。

我们来考察图6-2中的"生命是一个海滩？"的博弈。为了使接收者的更新信念在扩展式博弈中更加明晰，我们在每个接收者的节点都用相等的概率来标示他在到达该信息集时认为自己到达该节点的信念。例如，如果接收者观察到发送者去了海滩，那么 $s \in [0,1]$ 就是接收者认为发送者聪明的概率；如果接收者观察到发送者去了大学，那么 $1-t$ 就是接收者认为发送者愚钝的概率。

我们可以用一个6维向量 $(X,Y;L,R;s,t)$ 来描述这一策略组合。其中，X = 参与人聪明时的行动；Y = 参与人愚钝时的行动；L = 接收者观察到海滩时的行动；R = 接收者观察到大学时的行动；s = 接收者在观察到海滩时对发送者是聪明类型的信念；t = 接收者在观察到大学时对发送者是聪明类型的信念。

考察一下策略组合 $(C,C;R,H;*,\gamma)$，这个策略组合由图6-2中

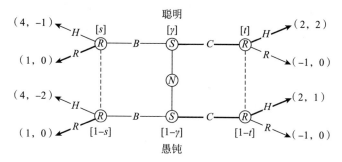

图 6 - 2   "生命是一个海滩?"博弈中的贝叶斯纳什均衡

的粗线条部分标示出（我们注意到根据这个策略组合，海滩这一信号
将不会由任何发送者发送，因此它是偏离均衡路径的。为了评估这一
策略是否为贝叶斯纳什均衡，我们不需要详述接收者在所有信息集上
的条件更新信念。因此，"＊"出现在上面的策略中。）

我们来证明这个策略组合是这个博弈的贝叶斯纳什均衡。首先我
们来检验是否所有类型的发送者在给定接收者将会雇用他时，都希望
偏离去大学这一行动而选择去海滩。每一个类型的发送者都在去大学
这一行动中获得收益 2。如果每个参与人选择去海滩的话，他将获得一
个更低的收益 1。因此，没有任何类型的发送者会偏离。

为了检验给定发送者可能的策略时接收者是否倾向于改变他的雇
用策略，我们只需检验那些在均衡路径上的信息集。有一个简单的方
法来确定在大学这一信息集上雇用是有效率的，即观察到对不同类型
的发送者，雇用都是比拒绝更好的策略。因此，无论接收者的信念 t 是
什么，对应的雇用的收益都将超过拒绝的收益 0。更一般地，对任意接
收者在观察到去大学时认为发送者聪明的信念 $\gamma \in [0,1]$，接收者在
大学这一信息集上选择雇用的期望收益为 $2\gamma + (1 - \gamma) > 0$。因此，对
任意 $\gamma \in [0,1]$，上述策略组合是一个贝叶斯纳什均衡。

在大学这一信息集上对更新信念的定义意味着，在观察到发送者
的信息之后，接收者关于发送者类型的信念仍然是他的前定信念。这
一无信念更新的结果之所以会发生，是因为这是一个共同策略组合，
即所有类型的发送者都发送相同的信号。我们可以用式（6－5）来正

式观察 $t = \gamma$ 是与贝叶斯法则一致的（这是验证这个策略组合是一个贝叶斯纳什均衡的最后一步）。令 $m =$ 大学，$\theta =$ 聪明，有：

$$p^B(聪明 \mid 大学) = \frac{p(聪明)\sigma(大学 \mid 聪明)}{p(聪明)\sigma(大学 \mid 聪明) + p(愚钝)\sigma(大学 \mid 愚钝)}$$

$$= \frac{\gamma \times 1}{\gamma \times 1 + (1 - \gamma) \times 1} = \gamma$$

也就是说，$\check{p}$（大学 | 聪明）$= t = \gamma = p^B$（聪明 | 大学），这与贝叶斯纳什均衡的限制条件 3 是一致的。

接下来我们观察另一个策略组合 $(B,B;R,R;\gamma, *)$。这个策略组合标示在图 6 – 3 中。给定接收者的雇用策略，每个发送者都发送了最优的信号，即选择去海滩（因为无论他发送什么信号，发送者都将被拒绝雇用，所以他将选择最让他舒适的信号）。为了检查接收者的最优雇用计划，我们只需要检查在均衡路径上的单个信息集，即发送者去海滩时接收者的信息集。没有接受高等教育的发送者不被雇用，因此在这个信息集上拒绝雇用对于接收者来说是最优的。同样可以证明，与图 6 – 3 中的策略组合相似，$s = \gamma$ 是符合贝叶斯法则的。

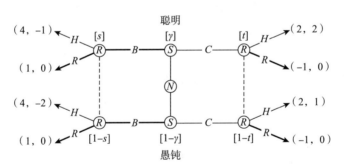

图 6 – 3 不可置信的贝叶斯纳什均衡

请注意，为什么上述策略组合中发送者的行动是对接收者雇用计划的最好回应？由于接收者计划拒绝大学毕业的求职者，所以无论是何种类型的发送者，都选择不去大学。但是无论发送者的类型如何，接收者选择雇用都会比选择拒绝雇用一个大学毕业的申请者要好。无论我们如何定义接收者不在均衡路径上的更新信念 $t \in [0,1]$，在大学这一信息集上，其最优反应为雇用。这个均衡是不成立的，原因在于它依赖于一个接收者不在均衡路径上的不可置信的行动。

6.5 发送接收者的完美贝叶斯纳什均衡

我们在前文的例子中看到图 6 – 3 的策略组合是这个博弈的贝叶斯纳什均衡，但是这个均衡存在疑点，因为它依赖于一个接收者不在均衡路径上的非最优行动。我们可以用一个简单的加强的解的概念来消除这种策略组合。

定义 6.2 发送接收者博弈的一个完美贝叶斯纳什均衡满足以下三个条件。

（1） 对所有的类型 $\theta \in \Theta$，$supp\sigma(\theta) \subset \check{M}(\rho,\theta)$。

（2） 对所有的信号 $m \in M$，$supp\rho(m) \subset \check{A}(\check{p},m)$。

（3） 条件更新信念系统 $\tilde{p}$ 在任何可能的时候都与贝叶斯法则一致，在某种程度上，$\tilde{p}$ 对均衡路径上的信号 $M^+(\sigma)$ 的限制为 p^B。

注意到完美贝叶斯纳什均衡与贝叶斯纳什均衡的定义之间的唯一区别是，前者加强了接收者最优化的条件。对于贝叶斯纳什均衡，这个条件仅对在均衡路径上的信号信息集是最优的，而完美贝叶斯纳什均衡要求在所有接收者的信号信息集上其策略都是最优的。这意味着接收者的更新信念在偏离均衡路径的信号信息集也是十分重要的。然而，我们并没有被贝叶斯法则约束在那些偏离均衡路径的信念中（即之前均衡路径上的信息集也必须是最优的）。同样要注意，假如所有的信息集都在均衡路径上，如果一个策略组合是贝叶斯纳什均衡，那么它同样是一个完美贝叶斯纳什均衡。

再来看我们之前考察的"生命是一个海滩？"博弈，但在这里其收益变为如图 6 – 4 所示的那样。注意到对于固定的雇用策略，每种类型的发送者更倾向于去海滩而不是去大学，但是聪明的发送者比愚钝的发送者觉得去大学更简单。事实上，这个区别在以下场景中更极端：聪明的发送者愿意承担上大学的成本，如果这个行动能够使得他被雇用而不是被拒绝。然而，愚钝的发送者发现上大学是一个累赘，因此他不愿意放弃海滩这个机会，尽管他的行动对接收者的雇用策略会有影响。

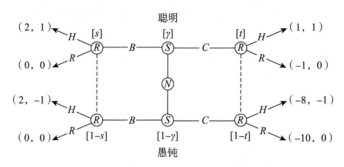

图 6-4   完美贝叶斯纳什均衡仍然可能是不合要求的

对于一个固定的教育决策，接收者倾向于雇用聪明的发送者，拒绝愚钝的发送者。假设发送者的类型是固定的，接收者在雇用一个大学毕业的发送者和一个去海滩晒太阳的发送者之间是无差异的。注意到这个收益结构中受教育是无用的。但是因为去大学对能力较低的参与人来说成本较高，受教育对接收者来说可能会是一个发送者类型的信号。

考察策略组合 $(C,R;R,H;0,1)$。这是一个分离均衡，因为每一种类型的发送者都会选择一种不同的行动（当每一种类型的发送者都发送一个有区别的信号时，接收者可以根据他观察到的信号将不同的发送者分离出来）。更新后的信念为 $s=0$ 且 $t=1$，并且符合贝叶斯法则。

令 $\gamma \in [0,1/2)$。考察策略组合 $(B,B;R,R;\gamma,t)$，其中 $t \in [0, 1/2)$ 是一个混同策略。偏离均衡路径的更新信念意味着如果观察到发送者没有上大学，那么发送者更有可能是愚钝的。然而，这一偏离均衡路径的信念是没有道理的，因为无论不去上大学对接收者的雇用策略会有什么影响，愚钝的发送者都不会觉得上大学是有价值的。然而，聪明的发送者却愿意去上大学，这一行动会让接收者相信发送者是聪明的并且因此值得被雇用。

6.6 占优信号的测试

我们在前文的例子中看到混同策略的完美贝叶斯纳什均衡策略组合是不合意的，因为它依赖于接收者相信一个偏离，而这个偏离来自一个类型的发送者，这一发送者认为偏离不是最优的。大学这一信号在以下情况下对愚钝的类型是占优的：无论接收者对之前的信号去海滩的反应对于发送者来说有多坏，也无论接收者对去大学的反应对于发送者来说有多好，愚钝的发送者仍然倾向于发送前定的信号。

给定信号 m，对某些更新的信念，定义接收者的最优行动集合为：

$$\acute{A}(m) = \underset{\check{p} \in (\Delta(\theta))^n}{U} \tilde{A}(\check{p}, m)$$

一个发送信号 $m \in M$ 的发送者将永远不用担心参与人的反应会在集合 $\acute{A}(m)$ 之外，因为这一反应对任意他可能有的更新信念都不是最优的反应。

定义 6.3 如果存在一个信号 $m' \in M$，使得：

$$\min_{a \in \acute{A}(m')} u(m', a, \theta) > \max_{a \in \acute{A}(m)} u(m, a, \theta)$$

那么信号 $m \in M$ 对于类型 $\theta \in \Theta$ 来说是占优的。

定义 6.4 令 $\psi \equiv (\sigma, \rho, \tilde{p})$ 为一个完美贝叶斯纳什均衡。如果存在类型 θ'，$\theta'' | \in \Theta$，以及偏离均衡路径的信号 $m \in M \setminus M^+(\sigma)$，使得：

（1）当 m 被观察到时，接收者对发送者的类型为 θ' 的信念 $\tilde{p}(\theta' | m) > 0$。

（2）m 对于类型 θ' 来说是占优的。

（3）m 对于类型 θ'' 来说不是占优的。

那么，均衡 ψ 就没有通过占优信号的测试。

在我们因一个均衡给予一个偏离的信号（这一信号来自某种类型的发送者，对于他而言这一信号是占优的）以正的概率而拒绝它之前，必须鉴别出一种类型的发送者，对于他而言这一信号不是占优的。否则在这一逻辑下所有类型到达这一信息集的概率为0，并且不会是一个合理的条件概率分布。

我们来看看混同策略的完美贝叶斯纳什均衡为什么没有通过占优信号的测试。如图6-5所示，现在尽管去大学对愚钝的发送者比对聪明的发送者的成本更高，但不会像图6-4中对愚钝的发送者的成本那么高。去大学对愚钝的发送者来说不再是被占优的，如果这一行动在被雇用和被拒绝之间有效果的话，他将愿意去上大学。

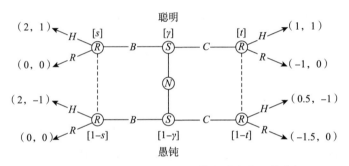

图6-5 分离均衡消失而混同策略成为合理的选择

分离均衡组合（C，B；R，H；0，1）在图6-3中是完美贝叶斯纳什均衡，但在图6-5中不再是一个均衡，因为愚钝的发送者将有激励偏离均衡去上大学。混同均衡组合（B，B；R，R；y，t）在本博弈中将不仅仅是一个完美贝叶斯纳什均衡，它甚至还能通过占优信号的检测。

考察图6-6中的博弈。接收者希望愚钝的发送者都没有接受过高等教育。对于发送者来说，聪明的发送者确实喜欢上大学，而愚钝的发送者觉得上大学不好。接收者严格地偏好于雇用一个聪明的发送者，并且发现发送者聪明时他上大学是无意义的。接收者在雇用或者拒绝一个去海滩玩的愚钝的发送者之间是无差别的，并且严格地偏好于拒绝一个上过大学的愚钝的发送者。

考察均衡组合（B，B；R，R；y，t），即如果偏离上大学的行动被观察到，那么信号发送者将更有可能是一个愚钝的发送者。这个均

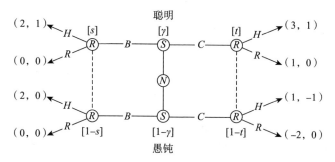

图 6 - 6 占优信号的检测强度不够

衡通过了占优信号的均衡检测,因为愚钝的发送者去海滩将会比去大学更差。然而,聪明的发送者希望通过偏离他的均衡得到更多,但是愚钝的发送者不希望这样,因此我们不能给愚钝的发送者的偏离以正的概率。

定义 6.5 令 $\psi \equiv (\sigma, \rho, \tilde{p})$ 为一个完美贝叶斯纳什均衡。令 $\overline{u}(\theta)$ 为类型 θ 的发送者在此均衡中的期望收益。对策略 ψ 以及类型 $\theta \in \Theta$,如果:

$$\overline{u}(\theta) > \max_{a \in \tilde{A}(m)} u(m, a, \theta)$$

那么信号 $m \in M$ 在均衡中是被占优的。

我们能很快地确定这个占优意味着均衡占优。事实上,如果对于类型 $\theta \in \Theta$ 的发送者来说 $m \in M$ 是被占优的,那么对于每一个完美贝叶斯纳什均衡 ψ,m 都是被占优的。

证明:

令 $m' \in M$ 为对类型 θ 的一个占优于 m 的策略。对任意均衡的接收者策略 ρ,发送者对信号 m' 的期望收益为:

$$\sum_{a \in \tilde{A}(m')} \rho(a \mid m') u(m', a, \theta) \geq \min_{a \in \tilde{A}(m')} u(m', a, \theta)$$

对任意 $m'' \in supp\,\sigma(\theta)$,有:

$$\overline{u} = \sum_{a \in \tilde{A}} \rho(a \mid m'') u(m'', a, \theta)$$

假设 m 对均衡策略 ψ 不是均衡占优的，那么有：

$$\sum_{a \in \hat{A}(m')} \rho(a \mid m') u(m', a, \theta) \geq \sum_{a \in A} \rho(a \mid m'') u(m'', a, \theta)$$

因此，$m'' \in \widetilde{M}(\rho, \theta)$。注意到在前文的方程中 $\rho(a \mid m') = 0$（对 $m' \in A \setminus \hat{A}(m')$），这是矛盾的。

定义 6.6 令 $\psi \equiv (\sigma, \rho, \tilde{p})$ 为一个完美贝叶斯纳什均衡。如果存在类型 $\theta', \theta'' \in \Theta$，并且一个偏离均衡路径的信号 $m \in M \setminus M^+(\sigma)$，使得：

（1） 当 m 被观察到时，接收者认为信号 m 由类型 θ' 的发送者发送的概率为正。

（2） m 对于类型 θ' 来说是均衡占优的。

（3） m 对于类型 θ'' 来说不是均衡占优的。

那么，均衡 ψ 就没有通过改进 $\mathcal{F}$。

一个完美贝叶斯纳什均衡策略组合可能能够通过直观估计检测，但是不能通过占优信号检测。如果一个完美贝叶斯纳什均衡通过了直观估计检测，那么存在一个贝叶斯纳什均衡，不仅能够产生相同的收益（即在最终节点上的概率分布相同），而且能够通过这两种检测。

6.7 均衡选择的理性基础——知识、信念与最优反应

在前面几章分析的基础上，本书尝试总结均衡选择的理性基础。理性人在博弈互动中将采取怎样的行为？纳什表明"任何其他博弈理论都可以被划归为对均衡的分析"，那么人们在博弈中采取的行为将是均衡策略行为。均衡直接反映了研究者对"理性决策"的理解。人们的均衡选择是在多人交互决策情境下，根据各自已有知识而形成的信念，是对理性原则的贯彻和坚持。

6.7.1 纳什均衡的理性基础

纳什均衡是一个全部参与人的策略组合，其中每个参与人的策略

是在给定其他参与人策略不变的前提下对自己最有利的策略。换言之，没有一个参与人能够通过改变自己的策略来提高福利水平，所有行为人都选择了自己最优的策略。纳什均衡把社会科学带入了一个新世界，在那里可以发现一个研究所有冲突与合作局面的统一分析框架。

我们在前面章节已经讨论过，纳什均衡的理性基础中最重要的一点是：每个参与人是理性的在所有参与人之间是共同知识。

特别需要注意的是，共同知识是所有行为人的理性方式。博弈论的一个显著特点是决策的"交互性"（Interactive）。在传统的个人选择理论中，影响一个人选择过程的因素仅与他本人相关，如他的偏好（或效用）、预算约束等。在博弈论中，由于每个参与人的收益都与其他参与人的策略有关，因此他不得不对其他参与人的选择过程进行分析，如其他参与人的偏好、约束等。例如，在双人博弈中，行为人 I 及 II 的选择过程实际上相互嵌套在彼此的选择过程中：你的选择要以正确地判断我会怎么选择为基础，而我的选择也要以正确地判断你会怎么选择为基础。在现实生活中，只有在非常熟悉的人之间才能大致满足此条件，因为它要求两个人具有相当高程度的默契。

观察表 6-1 的这个例子，对于行为人 II 来说，M 严格劣于 R，即 $2>1$，$6>4$，$8>6$。这就是共同知识。所以两个行为人都知道可以将策略 M 从行为人 II 的策略集合中剔除，这样博弈就简化了，如表 6-2 所示。在表 6-2 中，对于行为人 I 来说，M 严格劣于 U，即 $4>2$，$6>3$；D 也严格劣于 U，即 $4>3$，$6>2$。这也是共同知识。所以两个行为人都知道可以将策略 M 和 D 从行为人 I 的策略集合中剔除，得到表 6-3。在表 6-3 中，行为人 I 会选择策略 U，这是共同知识，因此行为人 II 选择策略 L，因为 $3>2$。通过以上重复的理性思考过程，我们最终得出了纳什均衡（U，L），这是一个建立在关于理性的共同知识假设之上的结果。一般来看，纳什均衡的第一步，大家是理性的；第二步，大家都知道大家是理性的；第三步也顺理成章，是因为大家都知道大家都知道大家是理性的，最终会导致一个唯一的一致预测。所以，纳什均衡无非就是大家都知道的一种玩法。

表 6-1 双人博弈举例

行为人 Ⅱ

	L	M	R
U	4, 3	5, 1	6, 2
M	2, 1	8, 4	3, 6
D	3, 0	9, 6	2, 8

行为人 Ⅰ

表 6-2 双人博弈举例（剔除 M 策略）

行为人 Ⅱ

	L	R
U	4, 3	6, 2
M	2, 1	3, 6
D	3, 0	2, 8

行为人 Ⅰ

表 6-3 双人博弈举例（剔除 M 和 D 策略）

行为人 Ⅱ

	L	R
行为人 Ⅰ　U	4, 3	6, 2

　　"对方在想什么？"或许是每个行为人做选择时首先要考虑的问题[①]。也就是说，决策人要有一个关于对方的判断。为了处理该问题，我们需要赋予行为人关于其他参与人在"做什么"的推断能力。这就是信念，即认为所有对手所采取策略的一个组合。显然，单人选择就不需要信念这个概念，如天气预报。在信念的一致推断基础上，理性带给行为人的合理思考方式是：针对对方的策略选择，都以最优反应来应对。事实上，理性意味着给定一个行为人对其对手的信念，他必须就其信念做出最优行动选择。也就是说，一旦相信对手在采取某个策略，理性行为人总会针对这个策略采取一个最优反应（策略）。再回到前文的例子，表 6-4

---

　　① 正常情况下，我们不质疑对方的智商，不考虑对方头脑是否清醒。

中带下划线的数字就能清晰地表达这个意思。这样看来，纳什均衡就是一个关于信念及最优反应的系统。行为人可以很自然地想到一起，就是具有一致信念的推断，所以可以达成均衡。这具有认识论的意义。

表 6 - 4　双人博弈举例（画线法——最优反应）

行为人 II

		L	M	R
行为人 I	U	<u>**4**</u>, <u>3</u>	5, 1	<u>6</u>, 2
	M	2, 1	8, 4	3, <u>6</u>
	D	3, 0	<u>9</u>, 6	2, <u>8</u>

6.7.2　非完全信息博弈均衡的理性基础

纳什均衡的实现所需的大量共同知识在实际经济生活中很难满足——经济参与者往往不能对客观现实产生如此一致且正确的认识。因此，20 世纪 50 ~ 60 年代，博弈论学者便提出了"非完全信息"的概念。但是我们可以想象，如果信息不完全，问题将变得多么复杂。至此，关于选择的分析出现了一种新的博弈——非完全信息博弈。该博弈的特点是行为人不仅受到多人策略选择本身所带来的不确定性影响，而且受到信息不完全的不确定性影响。

值得一提的是，曾经在决策理论领域做出突出贡献的两位学者 Luce 和 Raiffa（1957）就非完全信息博弈做了一些启发性的工作。在一个标准的 n 人博弈中，有 n 个收益函数。一方面，由于信息不完全，每个人都认为自己的收益函数就是 n^2。他们马上就意识到问题的难度与复杂性。海萨尼指出，如果按照这一思路，就会产生信念的无限阶层问题。

对此，海萨尼提出了海萨尼转换、海萨尼规则、贝叶斯纳什均衡，给出了一个关于这类问题的标准分析框架。首先，海萨尼令人信服地论证所有对模型的不确定性可以分为三类：对事件的不确定性、对收益的不确定性和对参与人策略的不确定性。其次，他进一步论证这三种不确定性完全可以转化为对参与人收益的不确定性。再次，他根据参与人收益的不同将参与人分为不同的"类型"，在正式博弈开始之前，由自然按照先验的概率（是共同知识）对参与人的类型进行选择，并且所有参与人仅能观察到自己的类型，而不知道其他参与人的类型。因此，虽然参与人不能确切地知道其他参与人的类型，但是可以根据先验概率和自己的类型对他们的类型进行推测（贝叶斯推断），从而得到共同信念。最后，在余下的博弈中，参与人依照自己的条件期望收益选择最优反应。以上过程被称为海萨尼转换，而转换后的博弈被称为海萨尼博弈，最终的均衡选择被称为贝叶斯纳什均衡。

我们再举例说明，考虑如下信号博弈。

参与人：信号发射者（Sender），信号接收者（Receiver）。

类型：发射者有两种类型，$T = \{t_1, t_2\}$；接收者的类型只有一种共同信念，即 $P(t_1) = P(t_2) = 0.5$。

策略：发射者根据自己的类型发送信号 $\{L, R\}$，其策略集合为 $S_1 = \{(L, L), (L, R), (R, L), (R, R)\}$［例如，$(L, L)$ 表示无论什么类型，发射者总是选择 L］；接收者根据接收到的信号选择 u 或 d，其策略集合为 $S_1 = \{(u, u), (u, d), (d, u), (d, d)\}$［例如，$(u, u)$ 表示无论什么类型，接收者总是选择 u］。

博弈的扩展型如图 6 - 7 所示。

接下来，我们直接写出如表 6 - 5 所示的标准型博弈，具体计算过程可以利用前面章节的知识来完成，然后通过完全信息博弈的画线法，便可以找出纳什均衡。

表 6 - 5　非完全信息动态博弈举例（画线法——最优反应）

		接收者			
		u, u	u, d	d, u	d, d
发射者	L, L	(1.5, 3.5)	**(1.5, 3.5)**	(2, 0.5)	(2, 0.5)
	L, R	(1, 1.5)	(1, 2.5)	(2.5, 0)	(2.5, 1)
	R, L	**(2, 2.5)**	(1, 1)	(1, 2)	(0, 0.5)
	R, R	(1.5, 0.5)	(0.5, 1)	(1.5, 0.5)	(0.5, 1)

可以看出，海萨尼首先对信息问题进行了处理，把所有信息不完全归结为行为人类型不确定，其次把冯·诺伊曼与摩根斯坦提出的信

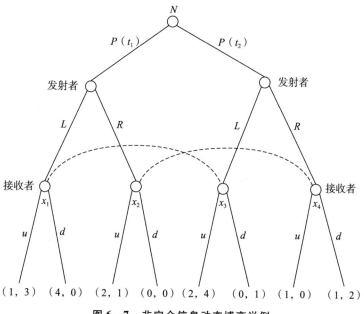

图 6 - 7　非完全信息动态博弈举例

息不完全——"部分结构没有被清晰定义"转化为信息完全但不完美，最后假设行为人拥有共同信念。海萨尼博弈对高阶信念简洁且精妙的处理，为后来的研究扫清了障碍，是方法论上的巨大突破。正是由于海萨尼的杰出贡献，经济学进入了前人认为"不可分析"的领域，没有他的贡献，信息经济学便永远不会产生[1]。此外，更重要的是，他的

---

[1]　海萨尼的论文对现代信息经济学的产生与构建具有里程碑意义。其他一些学者关于非完全信息问题也有过奠基性的研究成果，如维克里关于拍卖竞标的论文［Vickrey, W., "Counter-speculation, Auctions, and Competitive Sealed Tenders", *The Journal of Finance*, 1961, 16 (1), pp. 8 - 37.］；阿克尔洛夫关于二手车市场问题的论文［Akerlof, G., "The Market for 'Lemons', Quality Uncertainty and the Market Mechanism", *Quarterly Journal of Economics*, 1970, 84 (3), pp. 488 - 500.］；斯彭斯关于劳动力市场信号传递问题的论文［Spence, M., "Job Market Signaling", *Quarterly Journal of Economics*, 1973, 87 (3), pp. 355 - 374.］；罗斯柴尔德和斯蒂格利茨关于保险市场销售的论文［Rothschild, M., Stiglitz, J., "Equilibrium in Competitive Insurance Markets: An Essay on the Economics of Imperfect Information", *Quarterly Journal of Economics*, 1976, 90 (4), pp. 629 - 649.］；等等。尽管他们也都因对信息经济学的杰出贡献而先后获得了诺贝尔经济学奖，但从研究的方法论上看，他们的工作针对的都是对某个市场上特殊商品的分析得出的结论，而海萨尼的工作是给出了非完全信息竞争市场（有不同信息行为人）的一般分析框架。

工作还使纳什均衡的思路在非完全信息博弈中得到了很好的继承和延续，为非合作博弈的均衡选择奠定了统一的理性基础。

6.8 总结

- 在非完全信息博弈中，参与人的某些类型将会从将其私人信息传递给其他参与人中获益。
- 单是报告或者"廉价交谈"并不能被当作均衡，因为那样的话不利的类型会假装成有利的类型，并试图报告"我就是那个类型"，以便从中获得预期的好处。这个策略不可能是均衡的一部分，因为根据定义，参与人不可能在均衡中被愚弄。
- 有利的类型要能够将自己可信地与那些不利的类型区分开来，必有某种发送信号的行动，其代价对于有利的类型要小于那些不利的类型。
- 信号博弈经常具有很多完美贝叶斯纳什均衡，这是偏离均衡路径信念的灵活性所致。

6.9 习题

1. 一家制药公司（参与人 1）引进了一种新的感冒药。该药的效果可能很好（H），也可能很差（L）。公司知道该药的疗效，但一个代表性消费者（参与人 2）只知道效果很好的概率为 1/2。该公司可以选择以成本 $c > 0$ 为感冒药做广告（A），也可以不做广告（N），此时广告成本为 0。在观察到公司是否为感冒药做广告后，代表性消费者决定是否购买该药品。关于消费者购买该药品的净收益，在药品为 H 时是 1，在药品为 L 时是 -1，且不购买该药品的净收益为 0。如果药效很好，那么消费者一旦购买便可知道其效果，且以后将会多次购买，在这种情形下，公司可获得一个较高的收益 $R > c$。相反，如果药效很差，则消费者只会购买 1 次，此时公司的回报为 $r > 0$。如果消费者不购买该药品，则公司的收益为 0。假设 $R > c > r > 0$。

（1）写出该博弈的扩展式博弈树。

（2）找出一个分离完美贝叶斯纳什均衡，此时公司会根据药品的疗效选择不同的行动。

（3）找出一个混合完美贝叶斯纳什均衡，此时无论药品疗效如何，公司都会选择相同的行动。

（4）若 $R > r > c > 0$，则结果会发生什么变化？

2. 所罗门王断案。两个女人为争夺一个婴儿争扯到所罗门王面前。她们都说这个孩子是自己的，请所罗门王为自己做主。所罗门王决定：用刀将婴儿劈成两段，两位妇人各得一半。这时，其中一位妇人立即要求所罗门王将婴儿判给对方，并说婴儿不是自己的，千万不要将婴儿劈成两半。听完这位妇人的话，所罗门王立即将孩子判决给这位请求不劈孩子的妇人。

（1）请用分离均衡解释所罗门王为什么这么判决。

（2）如果两名母亲都请求不要把婴儿劈成两半该怎么判决？请给出一个方案。

3. 考虑以下父亲和孩子之间玩的非完全信息动态博弈。周日，父亲和孩子出去散步。走到半路，自然决定孩子是否疲惫（疲惫发生的概率为 1/3）。如果孩子感到疲惫，他可以要求父亲背。如果孩子不疲惫，他可以不要求父亲背，也可以假装疲惫要求父亲背。父亲不能识别孩子是否真的疲惫。父亲可以接受也可以拒绝孩子的要求。如果孩子不疲惫而且承认不疲惫，父亲和孩子的效用都为 0。如果孩子疲惫，他的效用会降低 1 个单位。此外，如果孩子的要求被父亲拒绝，他的效用将会进一步下降 1 个单位。如果孩子不疲惫而要求背的请求被接受，则他的效用将增加 1 个单位。而如果孩子的确疲惫且要求背的请求被接受，则他的效用将增加 2 个单位。如果父亲采取了不合适的行动（拒绝了疲惫孩子的请求，或者接受了不疲惫孩子的要求），则他的效用将会下降 1 个单位。如果父亲采取了合适的行动，则他的效用为 0。

（1）画出博弈树。

（2）求该博弈的完美贝叶斯纳什均衡。

参考文献

［1］Luce, R. D. , Raiffa, H. , *Games and Decisions*, Wiley, New York, 1957.

［2］Myerson, R. B. , "Comments on 'Games with Incomplete Information Played by Bayesian Players, I – III Harsanyi's Games with Incomplete Information'", *Management Science*, 2004, 50 (12), pp. 1818 – 1824.

［3］Savage, L. J. , *Foundations of Statistics*, Wiley, New York, 1954.

［4］Schmeidler, D. , "Subjective Probability and Expected Utility without Additivity", *Econometrica*, 1989, 57 (3), pp. 571 – 587.

［5］Spence, M. , "Job Market Signaling", *Quarterly Journal of Economics*, 1973, 87, pp. 355 – 374.

第7章 合作博弈及其解

冯·诺伊曼与摩根斯坦的《博弈论与经济行为》，是标志着博弈论体系建立的划时代著作。在该书中，作者首次提出了合作博弈的概念。但是，这个概念与随后发展起来的、与本书前面章节重点介绍的、目前已经成为主流经济学的主要分析工具——非合作博弈论是有区别的。事实上，在非合作博弈理论还没有完全建立起来之前，合作博弈理论一直是博弈论专家研究关注的领域。随着非合作博弈论的兴起及其广泛应用，合作博弈论遭到了人们的冷遇。这是对合作博弈的误解和不公平对待。从学理的层面讲，我们几乎可以肯定地说，如果没有合作博弈论前期对整个博弈论的奠基性工作，以及对非合作博弈的基础所起到的必不可少的补充作用，那么非合作博弈不一定会取得现在的辉煌成就。

尽管近年来大部分研究集中在非合作博弈论，但这并不代表非合作博弈要比合作博弈更为重要。不论是非合作博弈还是合作博弈，它们都反映了针对不同类型的策略所做的分析和论述，都是博弈论中对不同情形进行分析的重要模型方法，都便于我们理解策略的推理并从中受到启发。本章简单介绍合作博弈理论及其发展。

7.1 联盟博弈

合作博弈（Cooperative Games）又被称为联盟博弈（Coalitional Games）。在合作博弈中，合作（Cooperation）是指"大家为了共同的目标而一起行动"。通俗地讲，在行为人集合中由若干个行为人组成一个团体，他们达成一个协议且彼此合作，以一个方案来分配合作给团体所带来的总收益。为了把这样的问题纳入我们的博弈分析中，可以先做一些简单的技术处理，即引入联盟（Coalition）的概念，它是合作博弈的主要分析工具。一般地，若用 N 表示所有行为人的集合，那么这个集合的任意非空子集（如对任意 S，$T \subseteq N$）就被称为联盟，其中 N 被称为一个大联盟（Grand Coalition）。而且，对于由两个以上为共同目标而一起行动的行为人所组成的集体（也就是一个联盟）而言，我们可以假设个人不得不先搁置自己的效用函数以创造一个符合他们集体利益的联盟的效用函数。当然，这样处理有些难度，因为我们在博弈论中始终不能放弃的是以个体效用为最大化的个人决策模型。因此，合作博弈模型也应该是建立在这个基础之上的。这样我们就把合作问题处理成了不同联盟获取不同收益的问题，这也是我们把合作博弈称作联盟博弈的原因。

在一个由 N 个行为人组成的博弈中，若要讨论和分析由此产生的联盟之间的相互作用，其实是一项非常复杂的工作。对此，博弈论专家给出了一个被称作可转移效用（Transferable Utility）的假设，这是对联盟的约束。通常，这一重要假设是为了保证行为人的效用可以在行为人之间自由地转让，在技术上可以假设存在一种类似于货币等价物的特殊中介商品（有些教科书也称之为"货币"），这样每个行为人给予任何其他行为人的任意"货币"数量，就相当于自己减少了这么多"货币"单位的效用，而其他行为人也增加了这么多"货币"单位的效用。

给定可转移效用假设后，就可以引出特征函数的概念。这时，博弈的合作可能性可以用特征函数（Characteristic Function）v 来描述。这个特征函数对联盟 S 都指定了一个实数 $v(S)$。特征函数的概念是由冯·诺伊曼在 1928 年给出的，它是 N 人合作博弈理论最基本的分析工具。他的主要思想是用一个数字指标来衡量每个联盟的潜在收益值。特征函数表示的是，从行为人所有联盟的集合到实数集合的函数。因此，不同的联盟对应不同的实数值。此处的 $v(S)$ 被称为联盟 S 的值（Worth），表示集合 S 的行为人无须求助于 S 之外的行为人所能得到的可转移效用的总量。一般规定对于空集 ϕ，令 $v(\phi)=0$。这样一个联盟博弈就可以用一个特征函数来表示。在具体研究和实际应用中，一般假设特征函数 v 具有超可加性，即对任意 S，$T \subseteq N$，且 $S \cap T = \phi$，总是有 $v(S \cup T) \geqslant v(S) + v(T)$。超可加性意味着 S 与 T 一起行动至少能做得和各自分开一样好，这是一个联盟博弈中的普遍假设。

如果说标准形式（Normal Formal）和扩展形式（Extensive Formal）是非合作博弈的主要表述形式的话，那么特征函数形式则是合作博弈的主要表述形式。使用特征函数的概念，我们可以把任何一个联盟博弈用一个特征函数来表示。

然而，这个特征函数的概念并没有得到广泛的应用。因为用一个数字代表联盟的价值要求效用是可转移的（Transferable）。对于效用不可转移的情况，需要一个不同的特征函数的概念。可是很多博弈在策略最优问题和谈判问题之间没有被清楚地划分。这使得在使用特征函数对博弈进行分析的过程中出现了信息丢失的情况。本章主要讨论可转移效用（或收益）的联盟博弈，对不可转移效用（或收益）的联盟博弈仅略有提及，不做详细介绍。

7.2　联盟博弈解的概念

在联盟博弈中，解的概念很多也很复杂，而且很难找到一个像非合作博弈中具有纳什均衡那样拥有核心地位的解的概念。因此，博弈论专家们从合作博弈的不同角度给出了具有不同特征的解的概念，这些概念之间既有联系，也存在较大的区别。应该说，合作博弈解的概念的发展演变轨迹也正反映出了合作博弈本身的发展轨迹。下面我们介绍几个比较重要的解的概念。

7.2.1　核及其应用

最简单的合作博弈所分析的问题是：有两个效用可转移的个人，

还有一个固定的不能达成协议的点（Disagreement Point），双方就特定收益的分配问题进行讨价还价（Bargaining）。在这种情况下，妥协（Split the Difference）是唯一的合理解。从这种基本的情况开始，合作博弈沿着以下三个方向发展：①增加更多的参与人，于是提出了联盟的问题；②增加更多的策略，于是提出了威胁的问题；③效用由可转移变为不可转移，于是提出了个人之间比较的问题。

核（Core）的概念无疑是沿着第一个方向发展的。在 20 世纪 50 年代早期，Gillies（1953）引进了核的概念，作为冯·诺伊曼和摩根斯坦关于稳定集研究的一个工具，Shapley（1977）和 Shubik（1982）把它发展为一个解的概念。后来，他们又把这个概念推广到收益不可转移的情形中。

令 $v = v$ (S)，$S \subseteq N$ 是任意一个具有可转移效用的联盟博弈，用 $N = \{1, 2, \cdots, n\}$ 表示所有行为人的集合。一个收益分配（Payoff Allocation）就是指 R^N 中的任一向量 $x = (x_i)_{i \in N}$，其中每个分量 x_i 都可以理解为集合 N 中行为人 i 的效用收益。进一步地，一个收益分配 y 对联盟 S 是可行的（Feasible for a Coalition S），当且仅当 $\sum_{i \in S} y_i \geqslant v(S)$。故 S 中的行为人可以通过在他们之间分配共同合作所得的值 v (S) 来实现每个行为人在这个分配中的收益。当我们不具体针对某个特定的联盟说一个分配可行时，就意味着它对大联盟 N 也是可行的。

这样，我们就将核正式定义为所有可行的收益向量 $\alpha = (\alpha_i)_{i \in S}$ 集合，该收益向量满足对所有 $S \subseteq N$，$\sum_{i \in S} y_i \geqslant v(S)$。核的条件是对帕累托最优条件和个人理性条件的直接一般化。在这一点上，核的思想与非合作博弈中的纳什均衡有些类似：如果没有偏离是有利的，则一个结果是稳定的。在核的情形中，一个稳定的结果是指：没有任何一个联盟能偏离且使得其所有成员都有更好的结果。由前文对联盟的超可加性假设可知，稳定性条件是联盟不能获得一个超过它的成员现有收益总和的收益。

根据上文的简单分析，我们可以给出一个核的等价定义，即核是一个满足对每个联盟 S，有 v (S) $< x$ (S) 的可行收益向量 x $(x_i)_{i \in N}$

的集合。所以，在几何上，效用可转移情况下的核是一个闭的、凸的、多面的分配集合（Imputation Set）空间。

尽管在逻辑上核作为联盟博弈的解是非常吸引人的，但是核的最大问题就是，在很多情况下，它常常是一个空集，即合作博弈无解。对这一问题的处理，夏普利等人做出了贡献，后来被人们称作 Bondareva-Shapley 定理，这个定理给出了一个可转移收益联盟博弈存在核的充分必要条件（Bondareva，1963；Shapley，1967）。

还有一些情况，尽管核是非空的，但又很极端，可能很大。特别是在行为人的数量很大时，核的敏感性也很高。也就是说，这个概念非常不稳定。在这种情况下，ε-核（ε-core）的概念就是对核的概念做出的进一步扩展。设 ε 为任意正数，对于所有的 $S \subseteq N$，如果帕累托最优 α 满足 $\sum_S \alpha_i \geq v(S) - s\varepsilon$，那么 α 的集合是强 ε-核；对于所有的 $S \subseteq N$，如果帕累托最优 α 满足 $\sum_S \alpha_i < v(S) - s\varepsilon$，那么 α 的集合是弱 ε-核。其中，s 代表联盟 S 中参与人的数量。强 ε-核和弱 ε-核都是准核（Near-Core），它们反映了与形成一个实际联盟相关的成本和摩擦。但 ε-核并不能代替核在模型中的作用。到目前为止对 ε-核的主要应用是当 ε 趋近于 0 的时候，它可以作为对核本身的近似。

核理论最主要的应用在于研究有价格体系的经济（Economies with Price Systems）与有核的市场博弈（Market Games with Cores）之间的关系。运用核理论可以证明，随着竞争者数量的增加，核是收敛的。

核与经济的竞争均衡集合间的关系首先由埃奇沃斯（Edgeworth，1881）注意到，因此也被称为埃奇沃斯猜想。它与现代博弈理论概念间的关系是被 Shubik（1959）重新认识的。后来由 Debreu 和 Scarf（1963）以及 Aumann（1964）证明了埃奇沃斯的古典猜想，即对于大市场博弈，核实质上等价于竞争（瓦尔拉斯）均衡集。一个一般的结论是：在一个竞争经济中，每个竞争分配都在核中。

埃奇沃斯的目的在于解释众多互动的竞争者的存在是如何导致一个被经济行为者视为给定且接受的价格体系出现的，并因而导致一个瓦尔拉斯均衡结果。在当时，埃奇沃斯的工作没有立刻产生反响。直到后来随着合作博弈理论的兴起，人们在该理论中重新发现了他的解的概念，才有了对其理论的现代表述，并且这个解的概念因"核"而知名。另外，利用交换经济和完全平衡博弈之间的关系，我们可以研究一些互投赞成票以通过对双方都有利的议案的政治问题。

7.2.2 Shapley 值

核概念力图说明联盟的竞争力量是如何形成一个可能结果的。但正如我们前文所分析的那样，联盟博弈的核可能是空的，或者非常大。这就使核作为一个预测理论在应用时陷入了困境。我们所希望的最好的方法是导出一种理论，它对每个联盟型博弈都只能以局中人唯一的期望收益配置。我们现在将要探讨的另一个联盟博弈的解的概念——值（Value），就与此有关，Shapley 值（也被译为"夏普利值"）公理化地探讨了这个问题。值的性质在于规范性，因此在一个可行的分配中，它要兼顾公平性或公正性的原则。

值理论（Value Theory）最初是按照两种独立的思想发展起来的。第一条路径是两人讨价还价问题的"最大化得到的产品"解，最早由泽尤森（Zeuthen，1930）提出，随后纳什（Nash，1950）和海萨尼（Harsanyi，1956）通过另外一种方法得到了这个解。第二条路径是根据冯·诺伊曼－摩根斯坦特征函数表示的 N 人博弈的解的 Shapley 值公式。之后不久，纳什（Nash，1953）把讨价还价解扩展到了两人博弈的一般情况，但此时两个解的概念之间仍没有什么联系，只有两人效用可转移博弈的"妥协"解是相同的。海萨尼（Harsanyi，1959）做出的扩展使得该理论的这两个分支结合成一个一致的单一模型。这个领域后来的发展可以大致看作海萨尼综合修改、扩展或选择性的证明。

因此，在可转移效用的联盟博弈中，另一个中心概念就是 Shapley 值。Shapley 值沿着方向 I 扩展了妥协解，即研究了 N 人效用可转移联盟博弈解的情况。我们可以理解为一个行为人加入各种联盟时所做出的贡献，也就是由于他的加入，各种联盟总和收益的增长情况。可利用公式计算出联盟中行为人的平均边际值，进而得到 Shapley 值。

　　假设值是外部对称的，因为任何参与人的不同都应该让他们通过
$v(S)$的数值感觉出来，而不是通过这些数字插入的函数形式看出来。

　　值公式被假设为完全线性的，这是为了技术上的方便，或者线性
是由一个启发式的考虑推导出来的。可行性和帕累托最优也是很重要
的条件。

　　因此，Shapley 值的一般特征是对称性、线性性、有效性（或称帕
累托最优）和哑公理（Dummy，我们也可以称之为虚拟行为人）。

　　这四个特性完整地描述了 Shapley 值。给定一个博弈，Shapley 值
给博弈指派了一个唯一的结果，它是一个确定的数值。与之相反，核
的解则指派了一个集合。我们必须指出，Shapley 值不必属于核。在某
种意义上，我们已经知道了这一点，因为 Shapley 值对所有的博弈都有
定义，而核在某些博弈中是空集。

　　在应用方面，Shapley 值对成本分摊（Cost-sharing）问题应用分析
的解释是由 Shubik（1962）提出的，后又经过许多人的完善得到了发
展（Roth and Verrecchia，1979）。

7.3　合作博弈其他解的概念

　　核与 Shapley 值只是博弈论专家研究过的具有可转移效用的联盟博
弈众多解的概念中的两个。在核的定义中，除了有一个可行性的约束
假设之外，并没有限制一个联盟的可置信偏离。特别是核的概念假设
任何偏离都是事件的结束，并且忽略了这样的事实，即一个偏离可能
导致两个不同最终结果的反应。下面我们要研究的解的概念考虑了由
此所引发的偏离的各种限制。

　　（1）核仁。并不是每个博弈都存在核，所以需要对核的概念做进
一步扩展。我们引入超额（Excess）的概念。联盟相对于给定收益向
量的超额可以定义为联盟的值超过其收益向量的数量。通过不断最小
化最大超额，可以将准核最小的非空 ε – 核缩小到一个点，这个点就是
核仁（Nucleolus）（Maschler et al.，1972）。核仁是博弈的连续函数，

即特征值 $v(S)$ 的连续函数 (Schmeidler, 1969; Kohlberg and Turiel, 1971)。如果核存在，核仁便是它的有效的中心 (Center)；如果核不存在，核仁则代表了它的"潜在的"(Latent) 位置。

Sobolev (1975) 提出了一种利用函数方程 (Functional Equation) 来解释决定核仁的方法。Kalai 和 Smorodinsky (1975) 研究了核仁的解的稳定性。一个结论是：任一可转移收益的联盟博弈的核仁是非空的。

直观上核仁的解释在很大程度上取决于人与人之间效用可比性的假设。当货币可以被作为有固定边际价值的可转移效用的一个较好近似时，核仁在税收和津贴方面便可以给出一个满意的解释 (Shubik, 1982)。

(2) 内核。内核 (Kernel) 是与核仁密切相关的解。内核是一个可以被参与人在最终结果中作为运用手段获得收益的讨价还价武器 (Bargaining Weapon) 的解。内核可以被正式定义为：对于任意两个参与人 i 和 j，满足 $\max\limits_{\substack{i \in S \\ j \notin S}}(S, \alpha) = \max\limits_{\substack{i \in S \\ j \notin S}}(T, \alpha)$ 的所有分配 (Imputation) α 的集合 K (Davis and Maschler, 1965)。这是一个简化形式的定义，尽管它们与超可加性博弈中的定义是等价的。在一个可转移收益联盟博弈中，核仁是内核的一个子集 (Peleg, 1965)。任一可转移收益联盟的内核都是非空的 (Schmeidler, 1969)。

通过在无转移收益博弈和转移收益博弈 (Side-payment Game) 之间建立联系，Billera (1972) 提出了关于转移收益博弈内核解的概念的一般化，但除了它的存在性以外，对它的性质了解很少。

(3) 稳定集。冯·诺伊曼和摩根斯坦所研究的第一个解的概念就是现在被我们称为稳定集 (Stable Set) 的概念。这个解所隐含的思想及稳定的逻辑是：不满意 $v(N)$ 现有分配结果的联盟 S 可以置信地提出这样一个 $v(N)$ 的稳定分配 x 来反对，即对 S 的所有成员都更好，并由对自己实行 $(x_i)_{i \in S}$ 的威胁来支持 [通过 S 的成员间分配 $v(S)$ 的值]，否则对现存联盟分配的反对可能引起其他联盟的反对，在此过程结束时，偏离联盟的一些成员的状况会更好。

冯·诺伊曼和摩根斯坦利用早期所提出的特征方程的分析工具对

博弈进行了分析，他们将稳定集定义为任意一个既是内部稳定又是外部稳定的分配，该稳定集是分配空间中优于其补集的任意子集。其中，外部稳定性（External Stability）是指一个分配集中的成员要比所有该集合以外的联盟分配占优；内部稳定性（Internal Stability）是指分配集中的成员之间不存在任何占优的联盟。稳定集的数量不是唯一的，有时它们之间是互相交叉的，但是没有一个稳定集完全位于另一个稳定集内部。一个稳定集同时是一个最小化的外部稳定集和最大化的内部稳定集。如果核存在，每个稳定集中都包含它，因为在核中的点是非占优的。如果核恰好是外部稳定的，那么它是一个唯一的稳定集。但是当不存在核的时候，稳定集之间是不相关的，在形式上也有很大不同（Shapley，1953；Lucas，1972）。

在很长一段时间内，稳定集的一般存在性问题一直是博弈论中的主要问题。1964 年，效用不可转移情况下的这个问题得到了解决；对于效用可转移的情况，这个问题也在同年得到了解决（Steams，1964）。稳定集吸引了很多数学家，有很多文献研究了解决特殊种类博弈的稳定集，如四人博弈、简单博弈（Simple Game）、配额博弈、对称博弈，以及其他具有特殊性质的博弈，如有限性、对称性、歧视性或异常病理特征（Unusual Pathological Feature）。经验表明，大多数博弈含有大量的稳定集，还有一些理论的提出有利于对定义和稳定性条件进行修正，修正的目标是减少多样性，但这些理论并没有得到广泛的接受。

冯·诺伊曼和摩根斯坦提出的稳定集应该被看作行为的标准、传统、社会习俗、正教的教规（Canon of Orthodoxy）或道德标准，任何预期的结果都可以得到验证。因为假设所有的参与人都知道这个行为标准，无论何时，一个"异端的"（Heretical）、违背常规的分配被提出来，它很快便会受到一个优于它的"正统的"（Orthodox）分配的反驳。但是稳定集理论没有对行为的标准进行预测，也没有对知道行为标准时的结果做出预测。通过研究一个给定的社会的或经济的程序产生的分配集合占优的性质，稳定集理论可以告诉我们该过程是否稳定。

（4）讨价还价集。冯·诺伊曼－摩根斯坦稳定集的概念考虑的是

分配集合的稳定性，Aumann 和 Maschler（1964）引入了讨价还价集
（Bargaining Set）的概念，并提供了几个可选择的定义，我们先讨论其
中的一个形式，记为 $M_i^{(i)}$。讨价还价集背后的思想是，当一个行为人
对另一个行为人所提出的收益配置持反对意见时，倘若他害怕另一个
行为人可能会针对他的异议而提出反异议，那么他就有可能不对所提
出的收益配置表示异议。

讨价还价集是相对于行为人集合的某一个划分而定义的。$M_i^{(i)}$ 考
虑的是单个分配的稳定性。但在某种意义上，讨价还价集 $M_i^{(i)}$ 不是一
个解而是一个解集。使用这个特殊的解的概念不可能包含所有可能的
结果的集合。相反，如果每个稳定集都只有一个解，那么使用这个解
的概念的所有结果的集合一般不是一个稳定集。还有另外一个讨价还
价集的概念 $M^{(i)}$（Aumann and Maschler，1964），在这个讨价还价集
中，不考虑单个的参与人 i 和 j，而是考虑互为对手的参与人的集合 I
和 J，集合 I 和 J 是不相交的。不难证明，核是 v 相对于 $\{N\}$（讨价还
价集）的一个（可能是空的）子集。对于讨价还价集的存在性，Peleg
（1963）证明了对于任一划分 Q，若 $I(Q)$ 非空，则 v 相对于 Q 的讨
价还价集是非空的。随后，他又证明了在所有可转移收益博弈中，另
一个讨价还价集 $M^{(i)}$ 总会至少含有一个元素。而且 Aumann 和 Maschler
（1964）也进一步证明了 $M^{(i)} \subset M_i^{(i)}$。

直觉上我们会猜想，如果我们把两个策略上完全独立的博弈放在
一起，那么它们的解可以直接相加。对于稳定集来说，这是不成立的；
对于内核来说，这也是不成立的。Peleg（1965）提供的一个例子说明
了这种情况。合作解忽略了过程，讨价还价和交流沟通并没有被直接
处理。然而讨价还价集和内核的结构在某种程度上受对简单实验的观
察的影响，因此它们与过程的联系更为紧密。

还有其他一些解的概念我们仅做简单的介绍。

（1）Nash-Selten 值。Nash-Selten 值只沿着方向 Ⅱ 扩展了妥协解，
研究了两人效用可转移情况下的解。可以通过求解 $v(S)$ 中的"合
作"和"竞争"的博弈得到。

$$v(S) = \begin{cases} 0 & \text{如果 } S \text{ 失败} \\ 1 & \text{如果 } S \text{ 取胜} \end{cases}$$

在两人效用可转移的情况下，Nash-Selten 的值与纳什合作解是一致的（Nash，1953；Selten，1960）。Nash-Selten 值可以用一种非常简单和直观的方法表示出来。

（2）Zeuthen-Nash 值。Zeuthen-Nash 值只沿着方向Ⅲ进行了扩展，研究了两人效用不可转移情况下合作博弈的解。这个解可以通过最大化效用产品得到（Zeuthen，1930；Nash，1950；Harsanyi，1956）。

（3）Harsanyi-Selten 值。Harsanyi-Selten 值沿着Ⅰ和Ⅱ两个方向对妥协解进行了扩展，研究了 n 人效用可转移的情况。

（4）纳什合作值。纳什合作值（Nash Cooperative Value）沿着Ⅱ和Ⅲ两个方向扩展了妥协解，研究了两人非合作博弈情况下的解。为得到这个解，我们将博弈分成非合作威胁博弈（Noncooperative Threat Game）和合作的纯讨价还价博弈（Cooperative Pure Bargaining Game）两类。纳什的两个贡献使得无转移收益讨价还价博弈和不变或可变威胁的讨价还价博弈得到公理化，它使得我们更容易研究联盟的公平和效率。

纳什最初对固定威胁（Fixed Threats）的两人讨价还价博弈给出了五个公理：①效用函数线性转换的解的不变性；②解的帕累托最优或有效性；③一个非自然结算点（A Natural No-settlement）的存在性；④对称性；⑤不相关选择的独立性。这五个公理导致了一个要求最大化个人效用积的公平分配方案。

（5）一般值。一般值（General Value）沿着Ⅰ、Ⅱ和Ⅲ三个方向扩展了妥协解，研究了 N 人不可转移博弈的解。为了得到这个解，引入了权重（Weights），并且寻找一个可行的 Harsanyi-Selten 值。

以上更多的是对可转移效用联盟博弈的解的概念进行分析和讨论。下面我们简单谈一下效用不可转移合作博弈中的一些最基本情况。

为了将分析从可转移博弈转到非可转移博弈理论上，我们应该预期将"非交换中介"引入博弈中会产生怎样的效果，否则该博弈的规则不会发生变化。我们将其称作博弈的"转移值"（Transfer Value），它在不可转移博弈中第一次用一个公式表达出来。但是参与人的效用是特殊的基数效用形式，不能保证转移值在最初的公式中是一个可行的结果。假设它恰好是可行的，我们就可以证明它是公平的，因为它在转移收益面前是公平的，并且不接受转移收益只从结果集中去掉一些无关的选择。然而我们可以证明：除了转移值之外，没有一个有效率的结果是公平的，因为它至少对于一个行为人而言，得到的比转移值要多；并且至少对于另一个行为人而言，得到的比转移值要少。无论转移值是否可行，这个结论都是成立的。最后，我们注意如果转移值是可行的，那么它就自动是有效率的。

因此，在等价原则下，在效用不可转移的情况下评价一个博弈的问题就等价于重新调节个人效用的问题，所以转移值可以在不使用转移收益的情况下得到。这种调节的存在性可以用拓扑的观点来证明（Shapley，1969）。它并不总是唯一的，但是一个等式和变量的计算表明，除非退化，否则只有一个零维的解集（Debreu，1970）。

7.4 合作博弈的应用

合作博弈的一个比较成熟的应用是在政治学方面，特别是对投票问题的分析。

Shapley 值最初被用于特征函数形式的一般博弈。Shapley 和 Shubik（1954）考虑将它应用于简单博弈，并且建议把它当作投票系统中权力的优先测量。这种测量后来被称为 Shapley-Shubik 权力系数（Power Index）。Banzhaf（1965）提出了一个新的与 Shapley-Shubik 权力系数在某种程度上不同的权力系数——Banzhaf 权力系数。他的目的是帮助解决一些法律的冲突，这些冲突是关于选举系统中法制的公平标准的。

Shapley-Shubik 权力系数的大小取决于 N 的等概率排列，然而 Banzhaf 权力系数的大小取决于 N 的等概率联合。Dubey（1975）提供了 Banzhaf 权力系数的公理化处理。尽管 Banzhaf 权力系数是作为 Shap-ley-Shubik 权力系数的替代品被提出的，并且被一些政治学家所研究，但可以证明 Shapley-Shubik 权力系数所具有的一些必要的性质没有包含在 Banzhaf 权力系数中。进一步地，正如 Dubey 和 Shapley（1979）所指出的，对于有一个或两个主要参与人的海洋博弈（Oceanic Game），参数的研究产生了更低的不确定性和直观上比 Banzhaf 权力系数更令人满意的改变。Shapley-Shubik 权力系数和 Banzhaf 权力系数在投票中的应用最早由 Owen（1971）提出，Shapley（1977）对其进行了扩展。Sha-pley-Shubik 权力系数和 Banzhaf 权力系数可以应用于多重结构，如由总统、参议院和众议院三个部分组成的立法系统（Shapley and Shubik，1954）。

最早用一种近似于博弈分析的方法对权力（Power）进行定义的尝试是由 Dahl（1957）做出的。他提出了一个关于个人 i 相对于个人 j 的权力的测量方法，即将 i 可以迫使 j 做那些他本来不会做的事的程度减去 j 可以迫使 i 做那些他本来不会做的事的程度。Dahl（1957）用条件概率将这一测量数学化。Allingham（1975）将 Dahl（1957）的概念应用于一般投票系统时，认为可以将它看成 Banzhaf 权力系数的变形公式。Cole-man（1971）在关于权力问题的研究中，将阻止行为和发起行为的权力区别开来。因此，他计算了这两个系数，这两个系数与 Banzhaf 权力系数直接相联系。Rae（1969）通过研究投票系统对选举的反应来对权力进行处理。他的基本思想是计算有多少种方法可以使得投票者发现他的投票与最终结果相同。

在合作投票的情况下，通常有少数大投票者（Major Voters）和很多小投票者（Minority Voters）。海洋博弈理论（Milnor and Shapley，1961；Shapley，1961）便是用来解决这类问题的。在一个海洋博弈中，只有几个有限的参与人，剩下的构成了一个无限参与人的海洋。作为一个更详细的和在一定程度上是动态的合作控制（Corporate Control）模型的起始点，这个模型是很有启发性的。

合作博弈的另一个重要应用就是前文谈到的成本分摊问题。

7.5 总结

● 一般地，若用 N 表示所有行为人的集合，那么这个集合的任意非空子集（如对任意 S，$T \subseteq N$）就被称为联盟，其中 N 被称为一个大联盟。

● 可转移效用的假设是对联盟的约束。这一重要假设是为了保证行为人的效用可以在行为人之间自由地转让，在技术上可以假设存在一种类似于货币等价物的特殊中介商品（有些教科书也称之为"货币"），这样每个行为人给予任何其他行为人的任意"货币"数量，就相当于自己减少了这么多"货币"单位的效用，而其他行为人也增加了这么多"货币"单位的效用。

● 特征函数是从行为人集合的所有联盟的集合到实数集合的一个函数。

● 核是一个满足对每个联盟 S，有 $v(S) < x(S)$ 的可行收益向量 $x(x_i)_{i \in N}$ 的集合。所以，在几何上，效用可转移情况下的核是一个闭的、凸的、多面的分配集合空间。

● Shapley 值研究了 N 人效用可转移联盟博弈解的情况。可以理解为，一个行为人加入各种联盟时所做出的贡献，也就是由于他的加入，各种联盟总和收益的增长情况。可利用公式计算出联盟中行为人的平均边际值，进而得到 Shapley 值。

● Shapley 值的一般特征是对称性、线性性、有效性（或称帕累托最优）和哑公理（也可称为虚拟行为人）。这四个特性完整地描述了 Shapley 值。给定一个博弈，Shapley 值给博弈指派了一个唯一的结果，它是一个确定的数值。与之相反，核的解则指派了一个集合。我们必须指出，Shapley 值不必属于核。

● Shapley 值对所有的博弈都有定义，而核在某些博弈中是空集。

● 在核的定义中，除了有一个可行性的约束假设之外，并没有限制一个联盟的可置信偏离。特别是核的概念假设任何偏离都是事件的结束，并且忽略了这样的事实，即一个偏离可能导致两个不同最终结果的反应。因此，产生并发展了诸如核仁、内核和稳定集等合作博弈的其他解的概念。

参考文献

[1] 李军林、李天有：《讨价还价理论及其最近的发展》，《经济理论与经济管理》2005 年第 3 期。

[2] Allingham, M. G., "Stability of Monopoly", *Econometrica*, 1975, XXII, pp. 705 – 716.

[3] Aumann, R. J., Maschler, M., "The Bargaining Set for Cooperative Games", *Advances in Game Theory*, 1964, 52, pp. 443 – 476.

[4] Aumann, R. J., "Markets with a Continuum of Traders", *Econometrica*, 1964, 32, pp. 39 – 50.

[5] Banzhaf, J. R., "Weighted Voting Doesn't Work: A Mathematical Analysis", *Rutgers Law Review*, 1965, pp. 317 – 343.

[6] Billera, L. J., "Global Stability in N-person Games", *Transactions of the American Merican Mathematical Society*, 1972, 17 (2), pp. 45 – 56.

[7] Bondareva, O. N., "Some Applications of Linear Programming Methods to the Theory of Cooperative Games", *Problemy Kibernet*, 1963, 10, pp. 119 – 139.

[8] Cole-man, R. G., "Plate Tectonic Emplacement of Upper Mantle Peridotites along Continental Edges", *Journal of Geophysical Research*, 1971, 76, pp. 1212 – 1222.

[9] Dahl, R. A., "Decision-Making in a Democracy: The Supreme Court as a National Policy-Maker", *Journal of Public Law*, 1957, 6, pp. 279 – 295.

[10] Davis, M., Maschler, M., "The Kernel of a Cooperative Game",

Naval Research Logistics Quarterly, 1965, 12, pp. 223 – 259.

[11] Debreu, G. , Scarf, H. , "A Limit Theorem on the Core of an E-conomy", *International Economic Review*, 1963, 4, pp. 235 – 246.

[12] Debreu, G. , "Economies with a Finite Set of Equilibria", *Econometrica*, 1970, 38, pp. 387 – 392.

[13] Dubey, P. , Shapley, L. S. , "Mathematical Properties of the Banzhaf Power Index", *Mathematics of Operations Research*, 1979, 4, pp. 99 – 131.

[14] Dubey, P. , Neyman, A. , Weber, R. J. , "Value Theory without Efficiency", *Mathematics of Operations Research*, 1981, 6, pp. 122 – 128.

[15] Dubey, P. , "On the Uniqueness of the Shapley Value", *International Journal of Game Theory*, 1975, 4 (3), pp. 131 – 139.

[16] Edgeworth, F. Y. , *Mathematical Psychics: An Essay on the Application of Mathematics to the Moral Sciences*, Kegan Paul, London, 1881.

[17] Gillies, D. B. , "Discriminatory and Bargaining Solutions to a Class of Symmetric N-person Games", *AnMS*, 1953, 28, pp. 325 – 342.

[18] Harsanyi, J. C. , "A Simplified Bargaining Model for the N-person Cooperative Game", *International Economics Review*, 1963, 4, pp. 194 – 220.

[19] Harsanyi, J. C. , "Approaches to the Bargaining Problem before and after the Theory of Games: A Critical Discussion of Zeuthens, Hick's and Nash's Theories", *Econometrica*, 1956, 24, pp. 144 – 157.

[20] Harsanyi, J. C. "A Bargaining Model for Cooperative N-person Games", In Tucker, A. W. , Luce, R. D. (eds.), *Contributions to the Theory of Games (AM – 40)*, *Volume IV*, Princeton University Press, 1959.

[21] Kalai, E. , Smorodinsky, M. , "Other Solutions to Nash's Bargaining Problem", *Econometrics*, 1975, 43, pp. 513 – 518.

[22] Kmlai, E., Smorodinsky, M., "Other Solutions to Nash's Bargaining Problem", *Econometrica*, 1975, 43, pp. 513 – 518.

[23] Kohlberg, L., Turiel, E., "Moral Development and Moral Education", In Kohlberg, L. (ed.), Collected Papers on Moral Development and Moral Education, 1971, pp. 410 – 465.

[24] Lucas, W. F., "An Overview of the Mathematical Theory of Games", *Management Science*, 1972, 18, pp. 3 – 19.

[25] Maschler, M., Peleg, B., Shapley, L. S., "The Kernel and Bargaining Set for Convex Games", *International Journal of Game Theory*, 1972, 1, pp. 73 – 93.

[26] Milnor, J. W., Shapley, L. S., "Values of Large Games II: Oceanic Games", *Mathematics of Operations Research*, 1961, 3, pp. 290 – 307.

[27] Nash, J. F., "The Bargaining Problem", *Econometrica*, 1950, 18, pp. 155 – 162.

[28] Nash, J. F., "Two Person Cooperative Games", *Econometrica*, 1953, 21, pp. 128 – 140.

[29] Osbome, M. J., Rubinstein, A., *A Course in Game Theory*, The MIT Press, 1994.

[30] Owen, G., "Political Games", *Naval Research Logistics*, 1971, 18, pp. 345 – 355.

[31] Peleg, B., "Solutions to Cooperative Games without Side Payment", *Transactions of the American Mathematical Society*, 1963, 106, pp. 280 – 292.

[32] Peleg, B., "An Inductive Method for Constructing Minimal Balanced Collections of Finite Sets", *Naval Research Logistics Quarterly*, 1965, 12, pp. 155 – 162.

[33] Rae, D. W., "Decision-Rules and Individual Values in Constitutional Choice", *American Political Science Review*, 1969, 63 (1), pp. 40 – 56.

[34] Rasmusen, E. , *Games and Information: An Introduction to Game Theory*, *Cambridge University Press*, 1989.

[35] Rosenthal, R. W. , "Cooperative Games in Effectiveness Form", *Journal of Economic Theory*, 1972, 51, pp. 88 – 101.

[36] Roth, A. E. , Verrecchia, R. E. , "The Shapley Value as Applied to Cost Allocation: A Reinterpretation", *Journal of Accounting Research*, 1979, 17 (1), pp. 295 – 303.

[37] Scarf, H. , "The Core of An N-person Game", *Econometrica*, 1967, 35, pp. 50 – 69.

[38] Schmeidler, D. , "Competitive Equilibria in Markets with a Continuum of Traders and Incomplete Preferences", *Econometrica*, 1969, 37, pp. 578 – 585.

[39] Selten, R. , "Valuation of N-person Games", In Dresher, M. , Shapley, L. S. , Tucker, A. W. (eds.), *Advances in Game Theory*, Princeton University Press, 1964.

[40] Selten, R. , "Bewertung Strategischer Spiele", *Zeitschrift fur die gesamte Staatswissenschaft*, 1960, 116 (2), pp. 221 – 282.

[41] Shapley, L. S. , *A Comparison of Power Indices and a Nonsymmetric Generalization*, RAND Publication, 1977, pp. 5872.

[42] Shapley, L. S. , Shubik, M. , "A Method for Evaluating the Distribution of Power in a Committee System", *American Political Science Review*, 1954, 48, pp. 787 – 792.

[43] Shapley, L. S. , "A Value for N-person Games", *Contributions to the Theory of Games*, 1953, 2, pp. 307 – 317.

[44] Shapley, L. S. , "On Balanced Sets and Cores", *Naval Research Logistics*, 1967, 14 (4), pp. 453 – 460.

[45] Shapley, L. S. , "Utility Comparison and the Theory of Games", *La Decision: Agregation et Dynamique des Ordres de Preference*, 1969, 17 (1), pp. 251 – 263.

[46] Shapley, L. S. , "Values of Games with Infinitely Many Players", In Maschler, M. , (ed.), *Recent Advances in Game Theory*, Proceedings of a Princeton University Conference, October 4 – 6, 1961.

[47] Shubik, M. , *Game Theory in the Social Sciences: Concepts and Solutions*, The MIT Press, 1982.

[48] Shubik, M. , "Edgeworth Market Games in Contributions to the Theory of Games", In Tucker, A. W. , Luce, R. D. (eds.), *Contributions to the Theory of Games (AM – 40)*, *Volume IV*, Princeton University Press, 1959, pp. 267 – 278.

[49] Shubik, M. , "Incentives, Decentralized Control, the Assignment of Joint Costs and Internal Pricing", *Management Science*, 1962, 8 (3), pp. 325 – 343.

[50] Sobolev, A. I. , "The Characterization of Optimality Principles in Cooperative Games by Functional Equations", *Math Methods Social Sciences*, 1975, 6, pp. 94 – 151.

[51] Steams, C. R. , "Comparative Accuracy of Recognizing American and International Road Signs", *Journal of Applied Psychology*, 1964, 49, pp. 322 – 325.

[52] Zeuthen, F. , *Problems of Monopoly and Economic Warfare*, Routledge and Kegan Paul, London, 1930.

后　记

　　以理性选择模型为基础发展而来的非合作博弈理论，是 20 世纪的重要科学成就，也是人类知识最重要的进展之一，为我们更好地洞察、认识和理解人类社会提供了重要的理论、方法与工具。从哲学社会科学的研究视角看，博弈论的核心概念——纳什均衡的提出对于经济学的意义堪与生物学中 DNA 双螺旋结构的发现相提并论。博弈论改变了传统的理性研究范式，其主要思想为哲学社会科学发展做出了独特的贡献。在当今哲学社会科学的知识版图上，博弈理论是必不可少的组成部分，对深化人类理性推理及认识至关重要。

　　我从 20 世纪 90 年代中期开始接触并关注博弈论，不仅因为其为经济学基本理论体系提供了新颖的逻辑分析框架，在经济学研究方法上实现了重大突破并做出了重要贡献，而且受其对哲学社会科学认识论问题的独特解释所吸引。例如，博弈论基础问题之一——共同知识的研究也出现在哲学研究的领域，其思想来源于谢林，后又与哲学家罗尔斯所给出的"无知之幕"联系密切。今天，越来越多的研究者运用博弈论的方法和思想研究自然科学、社会科学、人文科学的现象与问题，使得这些问题研究的跨学科属性愈加凸显，进而不断拓展新的研究领域，这也意味着博弈论会有更多有趣的研究议题。

　　本书汇聚了我多年来从事博弈论教学与学生互动交流的思想火花。各专业、各年级的优秀青年学子在博弈论的课堂上勤学好进、思维活跃、富有洞见。在与他们的思想碰撞中，一些困惑常常会"峰回路转"，让人"茅塞顿开"。经常与这样一些充满朝气和活力的年轻人在一起交流沟通研讨，也是我职业生涯的最大快乐。感谢那些曾经在我的博弈论课堂上的所有学生。

　　还要感谢那些在成书过程中提供了很大帮助的博士——张英杰、万燕鸣、朱丹、姚东旻、张晓芬、王麒植、钟洲、张威、崔琳、周方伟、胡树光、朱沛华、张黎阳、许艺煊，以及在读博士生陆树壇和路嘉明。尤其要感谢连续多年担任本课程助教的崔琳、朱沛华、许艺煊三位博士，他们细心记录每堂课上的重要笔记，整理后都融入本书中。

　　特别感谢社会科学文献出版社的资深编辑冯咏梅老师，本书也凝聚了冯老师大量烦琐细致的工作与心血，她的精心编辑为本书增色不少。

　　没有他们的大力支持与帮助，本书不可能如此顺利出版。

　　受本人学识所限，书中难免有疏漏、不足甚至错误之处，敬请读者朋友谅解并批评指正。

图书在版编目（CIP）数据

博弈论教程：从单人决策到策略互动／李军林著
. -- 北京：社会科学文献出版社，2023.6
ISBN 978 - 7 - 5228 - 1974 - 7

Ⅰ.①博…　Ⅱ.①李…　Ⅲ.①博弈论 - 教材　Ⅳ.
①O225

中国国家版本馆 CIP 数据核字（2023）第 106242 号

博弈论教程
——从单人决策到策略互动

著　　者／李军林

出 版 人／王利民
组稿编辑／恽　薇
责任编辑／冯咏梅
责任印制／王京美

出　　版／社会科学文献出版社·经济与管理分社（010）59367226
　　　　　　地址：北京市北三环中路甲 29 号院华龙大厦　邮编：100029
　　　　　　网址：www.ssap.com.cn
发　　行／社会科学文献出版社（010）59367028
印　　装／三河市龙林印务有限公司

规　　格／开　本：787mm × 1092mm　1/16
　　　　　　印　张：20.75　字　数：300 千字
版　　次／2023 年 6 月第 1 版　2023 年 6 月第 1 次印刷
书　　号／ISBN 978 - 7 - 5228 - 1974 - 7
定　　价／98.00 元

读者服务电话：4008918866